INTRODUCTION TO ADDITIVE MANUFACTURING TECHNOLOGY: PRINCIPLES AND APPLICATIONS

增材制造技术导论

——原理与应用

游志勇　主编

北京理工大学出版社
BEIJING INSTITUTE OF TECHNOLOGY PRESS

内 容 简 介

本书介绍了多种增材制造工艺，内容涵盖了增材制造的基本原理、材料、应用领域等方面。其内容共6章，分别对概论、增材制造工艺、增材制造材料、增材制造中的设计问题、增材制造的发展方向、增材制造的应用进行了系统的论述。

本书可作为普通高等教育院校和职业院校机械类或近机械类专业、相关岗位的培训教材，也可供相关工程技术人员学习参考。

图书在版编目（CIP）数据

增材制造技术导论：原理与应用/游志勇主编．
北京：北京理工大学出版社，2025.1.
ISBN 978－7－5763－5037－1

Ⅰ．TB4
中国国家版本馆 CIP 数据核字第 2025LD3168 号

责任编辑：王梦春　　**文案编辑**：魏　笑
责任校对：刘亚男　　**责任印制**：李志强

出版发行／北京理工大学出版社有限责任公司
社　　址／北京市丰台区四合庄路6号
邮　　编／100070
电　　话／（010）68944439（学术售后服务热线）
网　　址／http：//www.bitpress.com.cn

版 印 次／2025年1月第1版第1次印刷
印　　刷／廊坊市印艺阁数字科技有限公司
开　　本／787 mm×1092 mm　1/16
印　　张／15.25
字　　数／340千字
定　　价／66.00元

PREFACE 前言

增材制造技术又称3D打印技术，它采用高能量束或其他手段，将特定材料层层堆叠黏结，最后叠加成形，形成产品。该技术在过去几十年里经历了巨大的发展，从最初的简单模型制造到如今可以制造复杂的零件和器件。这一技术的快速发展受益于增材制造设备的进步、材料的研发以及制造过程优化的改进。随着制造业的不断发展和进步，对于更高效、精确和个性化的生产需求提出的要求越来越严格。增材制造技术能够满足这些需求，使制造过程更加灵活，产品更具设计自由度。

增材制造技术不仅能够满足制造业的需求，还具有环境友好和可持续发展的潜力。通过减少材料浪费和能源消耗，增材制造技术可以实现资源的高效利用、减少废弃物的产生，对于实现可持续发展目标具有重要意义。

进入21世纪，增材制造技术已经成为全球提高生产力的焦点技术之一，各国政府和科研机构对增材制造技术的研究投入持续增加，旨在提高国家制造业的竞争力、推动科技创新和实现产业升级。例如，美国航空航天局（NASA）和国防部等机构一直在资助和推动增材制造技术的研究和应用，以提升军事和航空航天领域的技术水平。我国政府也加大了对增材制造技术的支持力度，鼓励企业和科研机构加强技术创新，推动中国制造业向智能化、高端化发展。

本书以导论命名，是增材制造技术课程的开门课、引路课，目的是较全面地将整个技术的基本原理和应用向读者做一个引导，使读者对该技术有全面的了解。全书共分6章。第1章概论，简述增材制造技术的概念、基本原理、历史及发展趋势、优势；第2章增材制造工艺，分别介绍了光固化技术、材料喷射成形技术、黏结剂喷射技术、粉末床熔融技术、定向能量沉积技术、熔融沉积成形技术、材料挤出技术、材料薄材叠层技术、复合增材技术；第3章增材制造材料，简要介绍了高分子材料、陶瓷材料、金属材料；第4章增材制造中的设计问题，介绍了增材制造中的设计与加工概述、多材料零件、增材制造的质量规范和检验方法；第5章增材制造的发展方向，分别介绍了增材制造技术未来发展的新工艺、新材料、新设备和我国的增材制造产业发展方向；第6章增材制造的应用，介绍了增材制造技术在汽车、航空航天、铸造、建筑、文化、医学等领域的应用。每章附了习题和参考文献。

本书由太原理工大学游志勇担任主编，具体分工如下：第1章、第2章、第3章由太原理工大学游志勇编写；第4章由太原理工大学杜华云编写；第5章由太原理工大学荣幸福编写；第6章由太原理工大学薛凤梅、荣幸福编写。另外，太原理工大学材料科学与工程学院研究生于杰、艾雨蒙等参与了编写工作。

如今，国内很多高校在开设增材制造课程。越来越多的高校师生、设备制造与应用的相关技术人员、科研工作者对增材制造技术感兴趣。然而，目前适合这门课程的教材并不多。希望通过阅读本书，能够使读者全面了解和掌握增材制造技术的基本概念、工艺流程、材料特性、发展方向以及应用领域。希望本书能够为读者提供有价值的知识和启发，帮助读者在增材制造领域取得更好的成就。

由于作者水平和经验有限，不足之处在所难免，恳请广大读者批评指正。

编　者

2024年6月

目录
CONTENTS

第1章 概　论

1.1 概　念

增材制造（additive manufacturing，AM）技术是一种采用高能量束或其他手段，按照数字化 CAD 模型，将熔融体、粉末、细丝、薄片等特定材料层层堆叠黏结，最后叠加成形，形成产品的方法。其从 20 世纪 80 年代逐渐演变而来，又称 3D 打印技术、材料累加制造、快速原型、分层制造、实体自由制造、三维喷印等，我国多将其称为快速成形（rapid prototyping，RP）、快速制造、快速成形制造。这些名称从不同的角度说明了这种加工方法的技术特征。增材制造技术在诸多领域已获得广泛应用，但在材料选取、打印速度及品质调控上仍存在诸多问题。随着科技的发展与革新，增材制造必将成为制造业发展的动力，使人类的生活变得更加美好、更加可持续[1]。

关桥院士提出了广义和狭义增材制造的概念（见图 1－1），狭义增材制造是指不同的能量源与 CAD 计算机辅助设计或 CAM 计算机辅助制造技术结合，分层累加材料的技术体系；

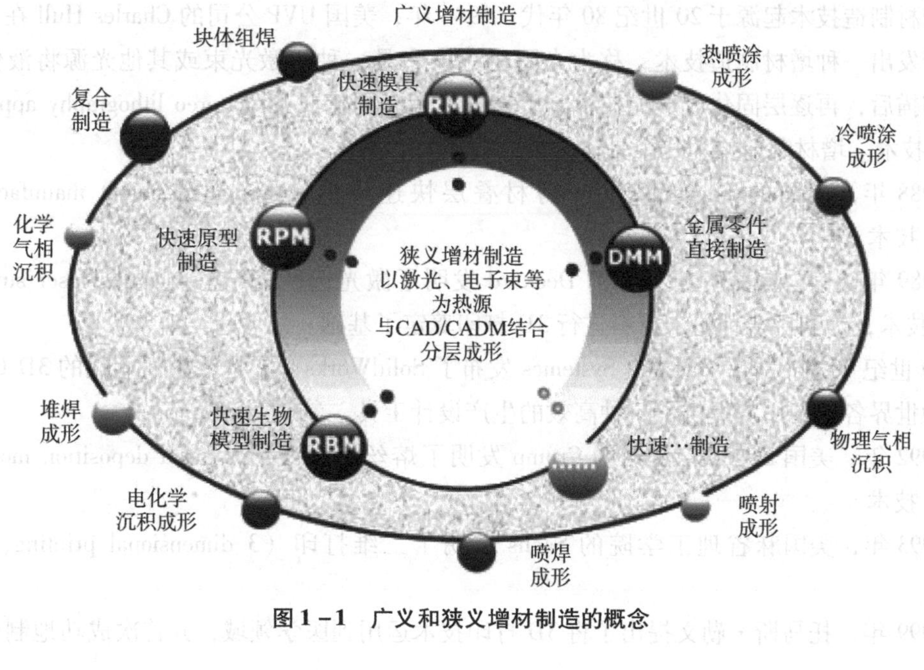

图 1－1　广义和狭义增材制造的概念

而广义增材制造则是指以材料累加为基本特征，以金属零件直接制造为目标的大范畴技术群。如果按照加工材料的类型和方式分类，又可以分为金属成形、非金属成形、生物材料成形等。

1.2 增材制造的基本原理

随着科技的发展，增材制造发展成多种不同的技术，但是这些技术的基本原理都是相同的，下面介绍增材制造的基本原理[2]。

（1）先用计算机辅助设计与制造软件建模，设计出零件的模型。构建的实体模型必须为一个明确定义了的封闭容积及闭合曲面。这一点对增材制造十分关键。

（2）构建的实体或曲面模型要转化为 STL（stereo lithographic）文件格式。STL 文件格式是利用最简单的多边形和三角形来逼近模型表面的。某些增材制造设备也能接受 IGES（initial graphics exchanger specification）文件格式，以满足特定的要求。

（3）计算机程序分析定义制作模型的 STL 文件，然后将模型分层为截面切片。这些截面将通过打印设备将液材、粉材、薄材固化被系统重现，然后层层结合形成 3D 模型。

增材制造技术能够实现对概念模型的触觉、功能性原型的探测，也可以直接应用到实际生产中。目前，该技术已广泛应用于制造、医疗、建筑和航空航天等多个行业，蕴藏着巨大的创新潜力。

1.3 增材制造的历史及发展趋势

1.3.1 增材制造发展历史

增材制造技术起源于 20 世纪 80 年代。1986 年，美国 UVP 公司的 Charles Hull 在早期研究中开发出一种增材制造技术，称为光固化[3]。它是一种用激光束或其他光源将液体感光树脂扫描后，再逐层固化成形的技术，后来被称为光固化成形（stereo lithography apparatus，SLA）技术。增材制造技术几个具体的重大突破如下。

1988 年，美国的 Feygin 发明了薄材叠层快速成形（laminated object manufacturing，LOM）技术。

1989 年，美国得克萨斯大学的 Deckard 发明了激光选区烧结（selective laser sintering，SLS）技术，为利用多种粉末材料进行 3D 打印奠定了基础。

20 世纪 90 年代初，Dassault Systemes 发布了 SolidWorks，它是首个商业化的 3D CAD 软件，为世界各地的用户提供了一种高效的生产设计工具。

1992 年，美国 Stratasys 公司的 Crump 发明了熔丝沉积成形（fused deposition modeling，FDM）技术。

1993 年，美国麻省理工学院的 Sachs 发明了三维打印（3 dimensional printing，3DP）技术。

1999 年，托马斯·勒文提出了将 3D 打印技术运用到医学领域，并首次成功地制作出头颅骨植入物。

2009年，迈克尔斯基金创立MakerBot公司，出售市场上第一款基于桌面的消费级3D打印机。这一举措使3D打印技术成为普通消费者的实用技术。

随着技术和市场的不断进步，3D打印技术现在已成为许多行业的重要生产方式，并且不断扩大应用范围。随着3D打印技术的不断创新和改进，它有望在未来变得更加精确，生产更多种类的物品，并显著改变制造业的面貌。

1.3.2 从原型制作到增材制造零件

原型制造是非常关键的一步，它是对一个产品的概念或设计进行建模与验证的过程。产品的原型一般都是以设计草图、CAD模型或者数字模型为基础的，旨在协助设计者与工程师了解并评价产品的外观与性能，及其交互的方式。通过创建原型，可以找出设计问题，并加以改善[4-5]。在进行原型制造时，往往需要耗费大量的资金和时间，同时在设计时也要冒很大的风险。然而，3D打印技术的应用提升了零件制造的速度与效率。通过3D打印技术，数字化样机能够在几个小时之内迅速转化为实物模型，从而实现设计迭代的快速进行。另外，3D打印技术具有众多优势，如减少废品、节约原材料、加快产品研发周期等。

目前，大部分3D打印技术都是针对高分子材料，不能对金属、陶瓷等材料进行加工，而且由高分子材料制成的样品无法直接应用。很多公司一直试图研发金属三维打印设备。Electro Optical Systems（EOS）公司最先采用立体光刻技术来制造金属零件。20世纪90年代初期，EOS公司开展了选区激光烧结技术的研究，并于1994年研制出首台直接金属激光烧结（direct metal laser sintering，DMLS）设备原型。DMLS方法类似SLS，但其制备方法可直接将金属粉末进行烧结，因而可广泛应用于铝、钴、镍、不锈钢、钛等多种工程材料，为金属材料的制备提供新途径[6]。

另外一项3D打印技术是由美国的阿尔伯克基开发的，它能制造金属零件，称为激光近净成形（laser engineered net shaping，LENS）。LENS是通过将一定范围内的金属粉末熔化和固化到基底上而成形的工艺。该工艺采用大功率的激光器，在装置的顶部和底部两个位置同时进行，并将金属粉逐层地堆在一起，直至成品。激光近净成形是一种能够在机器上直接制造可用金属零件的快速原型技术[7]。

与此同时，美国Arcam AB公司于1997年提出的电子束熔化（electron beam melting，EBM）技术也应运而生。电子束熔化技术是把电子束指向选择性区域的粉末材料，一层粉末在选定地区熔化凝固，另一层粉末便放在这一层的上面继续熔化凝固，该过程一直持续到零件制造完成[8]。2007年，一家整形外科植入物生产商利用电子束熔炼技术，生产出一种符合欧洲标准的钛髋关节植入物。从那以后，使用电子束熔化技术制作的植入物越来越多，在航空、航天等行业得到了广泛应用。

1.3.3 增材制造的发展趋势

随着增材制造技术的发展，增材制造产业也在持续发展，各种新的增材制造技术应运而生。新技术源于快速成形、分层制造和实体自由制造，起初用于展示和说明高分子材料，如令增材制造技术制作出的功能原型与零件可用于多种场合。随着增材制造设备融入工业体系，增材制造技术在世界范围内的占有率不断上升。图1－2显示了中国最近几年的增材制造市场规模趋势，可以看到，近年来增材制造市场的规模不断增加。

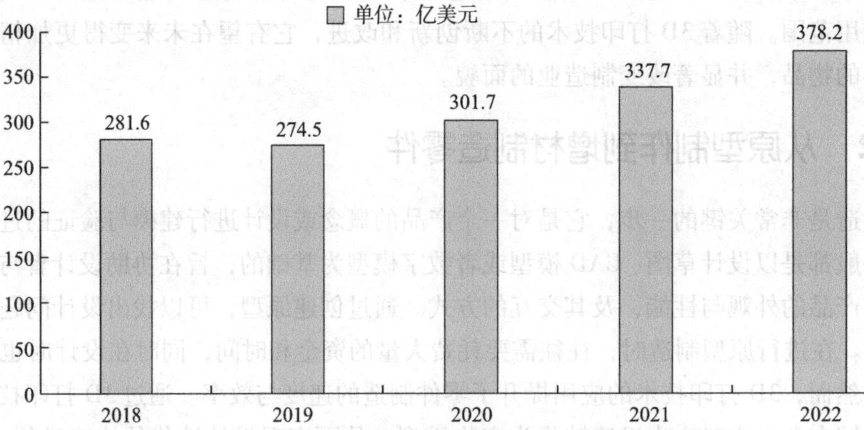

图1－2　2018—2022年中国3D打印市场规模趋势

未来，增材制造技术将继续向前发展和演进，以下是其中的一些趋势。

1. 定制产品的按需生产

增材制造技术可以帮助客户根据需求制造出个性化的产品，并且让这个过程变得更加简便。这是由于在生产过程中，大量生产工艺存在一定的缺陷。在多数情形下，当商品能够在离市场更近的地方加工，并满足顾客的特定需要时，生产就会更加经济。大规模制造导致产品成本大幅上升，而增材制造将使单一产品更具经济性。

由于消费者对个性化服务的要求越来越高，很多产业都采用了增材制造技术，如家具行业。利用增材制造技术，可以制作出一种十分独特而又复杂的桌子（见图1－3）。这显示出增材制造能够处理复杂的零件及细节，而且客户可以很容易地对其进行更改。此外，增材制造的制造中心可以跨越多个区域，不需要长途运输，为客户量身定做提供了便利。

图1－3　增材制造技术制作的桌子[9]

2. 创客和创业者的机会

增材制造技术可以大大降低生产成本，让更多的人成为创客、企业家。通过增材制造，设计师可以把自己的想法变成现实中的产品，而且花费更少，风险更小。这给创新与创业带来了更大的机遇。

3. 材料选择

增材制造能够打印多种材质，如塑料、金属、陶瓷等。随着材料科学和制备技术的不断发展，将会有越来越多的新材料出现，如高强度、高热、高导电材料等。

4. 多材料和多色彩打印

现有的增材制造工艺仅能在同一时间印刷一种材质，称为单一材质打印。在将来，多材质、多色印刷技术将会成为一种新的打印方式。

5. 大型规模打印

大多数增材制造设备的打印空间有限，因此无法打印较大的物件。未来会有更大的增材制造设备出现，可以打印更大体积的物品，从而扩展它的应用范围。

6. 生物打印和医疗应用

增材制造技术不仅能带动商业的发展，还能带动医药产业的发展。为满足不同病人的需求，当前医疗领域对各种型号的植入物提出了更高的要求。尽管目前已有多种不同种类的植入物，但是为了保证手术的顺利进行，植入物需要量身定做。另外，传统的手术方式难以满足个性化需求，病人通常要经过一个漫长的适应期和昂贵的费用，常规器械也不能用来代替骨骼或支架。而增材制造可以制作出与病人身体高度契合的植入体，也可以制作一些常规仪器不能制作的植入体，图1-4所示为采用增材制造方式，以生物材料为原材料，制造出的人体器官或组织。

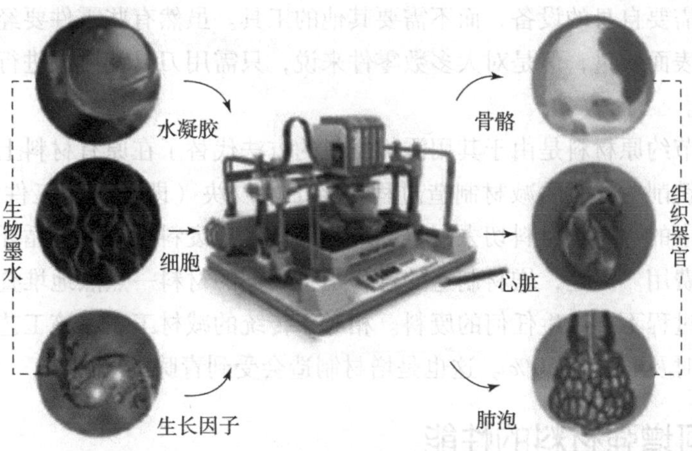

图1-4 生物增材制造原理图[10]

1.4 增材制造的优势

在传统的生产过程中有许多不足之处，具体如下。

(1) 高费用。传统的生产模式设备和模具的生产都要付出很大的费用。同时，由于批量生产所需的人员、材料也较多，企业的成本压力较大[11]。

（2）生产周期长、柔性差。在传统的生产模式下，生产过程非常烦琐，从设计到生产都要花费很长的时间。一种产品一旦设计出来，就难以改变或调整，不利于新产品的发展，更不利于柔性生产。

（3）大规模生产的局限性。传统的生产模式主要是大规模生产，这会造成库存的增多和存货过剩的问题。这类库存又会导致周转资金的占用和浪费[12]，不利于企业的发展。

（4）供应链管理的复杂性。传统的生产过程中，由于供应链中存在着众多的供应商与合作伙伴，所涉及的材料与零件数量庞大，因此难以对其进行管理与协调。

（5）设计自由度受限[2]。传统制造工艺受限于制造工艺，不能对新颖、复杂或异型的产品进行柔性制造。许多设计都要求用可重复使用的模具和工具来生产。

这些不足促使制造企业向更灵活、更迅速、更个性化的生产模式转变。利用增材制造技术，可实现复杂零件的快速成形、定制化生产，从而降低废品率，提升生产柔性与自主创新能力。因此，利用增材制造技术，可以解决很多传统生产模式所面临的难题，从而提升制造业的竞争力。

1.4.1 灵活的设计

增材制造的优势在于，在不采用多台设备、多道工序的情况下，一次成形就能完成一套完整的零部件。该技术能够高效地实现其他方法昂贵的或不可能实现的复杂几何结构，赋予设计者更多的自由进行设计。传统的制造方法通常不能达到最优设计需求，增材制造则不需要对零件的体积进行自适应，从根本上解决了这一问题。设计人员只需要根据使用条件设计零件，就可以开始安装、操作。

增材制造仅需要自身的设备，而不需要其他的工具。虽然有些零件要经过进一步的加工才能获得满意的表面质量，但是对大多数零件来说，只需用刀具就可以进行后处理，节省了大量的人力物力。

增材制造可节约原材料是由于其用添加材料的方法代替了在原有材料上减去部分体积而成形的方法。以铣削为代表的减材制造过程是将工件以块（即体积比工件大）为单位进行下料，再将工件中的一小块材料切去，得到最终的尺寸。废料被处理或循环利用时，生产商往往要花费一些费用。但是，增材制造的过程是将不同的材料一点点地堆叠在一起，直至最终的成品，这一过程不会产生任何的废料。相对于传统的减材工艺，该工艺可节省原材料约75%，并节省工时及成本约50%。这也是增材制造会受到青睐的原因。

1.4.2 可增强材料的性能

借助增材制造技术的先进制造工艺和材料处理方法，可以增强材料性能。其中一种常见方法是添加增强材料（如碳纤维、玻璃纤维等）到基础材料中，以减少变形，达到增加材料强度和刚度、降低质量的目的[13]。这些增强材料通过制造技术进行纤维化或添加到基础材料中，形成具有特定力学性能的复合材料，随后送入增材制造设备进行制造。

为了提高材料的强度和硬度，可以采用高温或高压工艺[14]。例如，利用热塑碳化硅

(HTCS) 进行增材制造，可制备高强度、耐高温、耐化学侵蚀的零件。

在此基础上，采用SLS、电子束熔化和直接金属激光烧结（DMLS）等特定的增材制造技术[15]。这些技术的工艺可以利用多种金属合金、复合材料来生产形状复杂的高性能金属零件。采用上述方法，可以有效地控制制备过程中的结晶度、硬度、强度等参量，从而强化材料的性能。

1.4.3 增材制造技术对制造业的影响

增材制造技术对制造业的冲击是巨大且深刻的，它正在改变制造方式，提升生产效率，拓宽设计自由度，促进创新。具体主要有以下几个方面的影响。

(1) 生产过程的优化[16]。传统的生产过程往往比较烦琐，涉及多个工序、工具、设备。而增材制造则是将材料层层叠加在一起，由数字化的模型进行加工，这极大简化了生产过程，提高了加工效率，从而实现复杂零件的快速生产。

(2) 高度定制化[17-20]。增材制造能够根据需求生产出具有个性化的产品，而不像传统的生产那样批量生产。每一种产品均可按用户需求定做，这给了消费者更多的选择，推动了个性化产品的开发。

(3) 产品设计与革新[21]。通过增材制造，设计者与工程师可以确认更具弹性的想法并进行试验，能够更快地生产并测试样件，不需要做任何模具或工具。这样就有了更多的创新空间，从而加速了新产品的研发，并促进了新产品及其设计思路的涌现。

(4) 降低库存与物流费用[22]。在传统生产模式中，企业为满足不断变化的市场需求，必须储备较多的存货，产生了较高的物流成本，而增材制造则实现了量身定制，减少了库存和降低了物流成本。

(5) 轻量化 低能耗。增材制造技术能够对复杂零件进行轻量化设计，降低零件质量，提升产品性能。这样既提高了生产效率，又降低了原材料消耗。另外，增材制造工艺相对于传统的生产工艺而言，只需极低的能耗和原材料，减少了对环境的污染[23]。

增材制造技术的应用将极大地提升制造企业的生产效率与品质，并促进其创新与转型。随着增材制造技术的深入发展，其必将对制造业的升级、定制化、可持续发展起到重要的推动作用。

习　题

1. 简述增材制造技术的历史，并讨论其在不同领域的应用。

2. 解释增材制造技术从原型制作到打印零件的演变过程，以及这种演变对制造业的影响。

3. 讨论增材制造的优势，如灵活的设计、多功能性和可增强材料性能。

4. 分析增材制造技术对制造业的影响，包括生产效率、定制化生产和供应链优化等方面。

参考文献

[1] 魏青松. 增材制造技术原理及应用 [M]. 北京: 科学出版社, 2017.

[2] 蔡志楷, 梁家辉. 3D 打印和增材制造的原理及应用 [M]. 4 版. 北京: 国防工业出版社, 2017.

[3] 王云. 3D 打印增强影视塑造力 [J]. 上海信息化, 2019, 23 (10): 39-42.

[4] ELTAWAB S. Rapid prototyping: principles and applications [M]. 2nd ed. Boca Raton, FL: CRC Press, 2015.

[5] GOSSELIN C, ELNABHANI A. Design for additive manufacturing: from prototypes to products [M]. London, UK: ISTE Press, 2012.

[6] GIBSON I, ROSEN D, STUCKER B. Additive manufacturing technologies: 3D printing, rapid prototyping, and direct digital manufacturing [M]. 2nd ed. New York: Springer US, 2015.

[7] 杨永强, 刘洋, 宋长辉. 金属零件 3D 打印技术现状及研究进展 [J]. 机电工程技术, 2013, 42 (4): 1-8.

[8] 田世藩, 马济民. 电子束冷炉床熔炼 (EBCHM) 技术的发展与应用 [J]. 材料工程, 2012, (2): 77-85.

[9] 方筱雅. 环保型聚乳酸木塑复合材料的制备及其在户外家具中的应用 [D]. 长沙: 中南林业科技大学, 2021.

[10] 纪闯. 高黏度生物材料的压电式微喷射 3D 打印关键技术研究 [D]. 哈尔滨: 哈尔滨工业大学, 2022.

[11] 上海新时达线缆科技有限公司. 电缆的制造方法、纵包模具及电缆制造设备: 中国, CN202110321410.6 [P]. 2021.

[12] 齐康. 精益生产在大型设备制作和管理中的应用 [J]. 现代制造技术与装备, 2017, 13 (9): 178-180.

[13] SLN F. Additive manufacturing technology: potential implications for US manufacturing competitiveness [J]. Social Science Electronic Publishing, 2014.

[14] CHAN H K, GRIFFIN J, LIM J J, et al. The impact of 3D printing technology on the supply chain: manufacturing and legal perspectives [J]. International Journal of Production Economics, 2018, 205 (7): 156-162.

[15] 王迪, 杨永强. 3D 打印技术与应用 [M]. 广州: 华南理工大学出版社, 2020.

[16] BERMAN B. 3D printing: the new industrial revolution [J]. Business Horizons, 2012, 55 (2): 155-162.

[17] COBB, JON. 3D printing jigs fixtures and other manufacturing tools [J]. Manufacturing Engineering, 2015, 154 (5): 168-175.

[18] 李昕. 3D 打印技术及其应用综述 [J]. 凿岩机械气动工具, 2014, 13 (4): 36-41.

[19] 张曼.3D 打印技术及其应用发展研究 [J]. 电子世界，2013，23 (13)：7 -8.
[20] 陈年.3D 打印技术在机械制造业中的优势及具体应用 [J]. 造纸装备及材料，2021，50 (08)：84 -85.
[21] 杨恩泉.3D 打印技术对航空制造业发展的影响 [J]. 航空科学技术，2013，01 (5)：13 -17.
[22] 陈晓航，刘政源.3D 打印在汽车模具领域的应用与发展趋势 [J]. 科技广场，2017，21 (1)：169 -173.
[23] KUMAR M，SHARMA V. Additive manufacturing techniques for the fabrication of tissue engineering scaffolds：a review [J]. Rapid Prototyping Journal，2021，27 (6)：1260 - 1272.

第2章

增材制造工艺

增材制造是一种利用数字模型去逐层加工、堆积材料制件的制造技术。它不同于传统的减材制造（subtractive manufacturing，SM），后者是通过切削、镗孔等方法去除材料来制作零件。增材制造具有高效、灵活、定制化生产等特点，越来越多的应用被发现并开发出来。美国试验与材料协会（American Society for Testing and Materials，ASTM）F42 增材制造技术委员会按照材料堆积方式，将增材制造工艺分为六大类，分别是 SLA、3DP、FDM、SLS/激光选区熔化（selective laser melting，SLM）/电子束熔化、LOM 和 LENS。每种工艺技术都有特定的应用范围，大多数工艺可用于模型制造，部分工艺可用于高性能塑料、金属零件的直接制造以及受损部位的修复。2018 年我国制定了 GB/T 35021—2018《增材制造　工艺分类及原材料》，于 2019 年 3 月 1 日实施，将增材制造工艺分为七大类，分别是 SLA、材料喷射（material jetting，MJ）、黏结剂喷射（binder jetting，BJ）、粉末床熔融、材料挤出（material extrusion，ME）、定向能量沉积（directed energy deposition，DED）、薄材叠层，增加了复合增材制造技术。本书将按照该标准逐一介绍增材制造工艺[1-2]。

2.1　光固化技术

SLA 技术又称立体光固化成形技术，是采用液态光敏树脂为原料，通过 3D 设计软件设计出三维数字模型，利用离散程序将模型进行切片处理，设计扫描路径，按设计的扫描路径照射到液态光敏树脂表面，并分层扫描固化，叠加成三维工件原型的一种增材制造技术。

2.1.1　光固化技术的发展历史

SLA 技术是增材制造的一种重要方法，其发展历程归纳如下[3-6]。

（1）1986 年，美国 3D Systems 公司的 Charles Hull 创立了世界上首个可商用的 3D 打印技术——立体光固化，并取得了发明专利。

（2）1992 年，多光束立体光固化（multi - jet stereo lithography apparatus，MJSLA）被引入，该技术应用于多喷头同步打印，可大幅提升打印速度。

（3）德州仪器（Texas Instruments）在 1998 年发展了一种使用微镜阵列来生成图形，并且在紫外线（UV）光固化的液态光敏树脂上打印的数字光处理（digital light processing，DLP）技术。

（4）2004 年，引进了低功率激光立体光固化（low - power laser stereo lithography，

LPLS）技术，使用低功率的紫外线激光器进行打印，降低了设备成本。

（5）2011 年，一种新型的多材料光固化成形方法被提出，它能够在同一个打印过程中使用多种光固化材料，实现了多种材质、多颜色的打印。

（6）近几年来，SLA 技术在材料、打印分辨率和打印速度上不断提高与创新，新型光敏树脂材料的研制拓展了打印对象的功能与适用领域，同时也为满足多样化的需求提供了高精度、高速打印设备。

总的来说，随着 SLA 工艺的不断创新与完善，已经从最初的 SLA 发展成为包括 SLA、DLP 等多种类型的 SLA 增材制造技术，在众多领域展现出广阔的应用前景。

2.1.2　光固化系统的组成

图 2－1 所示为 SLA 系统硬件部分，包含激光束、光路系统（1～5）、扫描照射系统（6）和分层叠加固化成形系统（8～10）。光学系统及扫描照明系统有很多种，主要以 325～355 nm 的紫外线为光源。光源设备包括紫外灯[3-6]、He－Cd 激光器、亚离子激光器、YAG 激光器、YVO_4 激光器等，目前常用的有 He－Cd 激光器和 YVO_4 激光器。

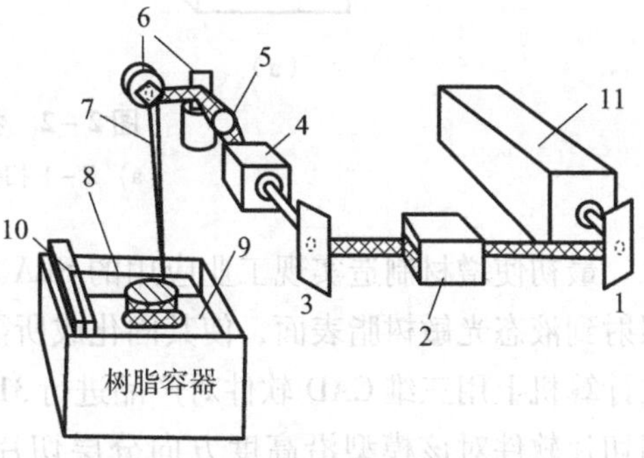

图 2－1　SLA 系统结构原理图[7]

1—反射镜；2—光阑；3—反射镜；4—动态聚焦镜；5—聚焦镜；6—振镜；7—激光束；8—液态光敏树脂；9—工作台；10—涂覆板；11—激光器

SLA 系统的工作原理[8]：从激光器发射的激光束，直径一般为 1.5～3 mm。激光束经过反射镜折射并穿过光阑到达反射镜，再折射进入动态聚焦镜。激光束经过动态聚焦系统的扩束镜扩束准直，再经过凸透镜聚焦。聚焦后的激光束投射到第一片振镜，称为 X 轴振镜。从 X 轴振镜再折射到 Y 轴振镜，最后激光束投射到液态光敏树脂表面。计算机程序控制 X 轴和 Y 轴振镜偏摆，使投射到树脂表面的激光光斑能够沿 X、Y 轴平面做扫描移动，将三维模型的断面形状扫描到光敏树脂上，使之发生固化。然后计算机程序控制托着成形件的工作台下降一个设定的高度，使液态光敏树脂漫过已固化的树脂，再控制涂覆板沿平面移动，为已固化的树脂表面涂上一层薄薄的液态光敏树脂。计算机控制激光束进行下一个断层的扫描，依次重复这个过程，直到整个模型成形完成。

液态光敏树脂的扫描曝光方法通常分为 $X-Y$ 扫描法和振镜扫描法，其中振镜扫描法最常用[9-13]。如图 2－2（a）所示，采用计算机控制 $X-Y$ 平面扫描方式，使光源通过位于 Y 轴臂上的聚焦镜聚焦，通过控制聚焦镜在 $X-Y$ 平面运动实现光束对液态光敏树脂的扫描曝光；另外，振镜式扫描系统由 X 轴、Y 轴伺服系统和 X 轴、Y 轴两个反射振镜组成，如图 2－2（b）所示。当向 X 轴伺服系统发出指令信号，X 轴、Y 轴电机就能分别沿 X 轴和 Y 轴做出快速、精确地偏转。激光振镜式扫描系统可以根据待扫描图形的轮廓要求，在计算机指令的控制下，通过 X 轴、Y 轴两个振镜镜片的配合运动，使投射到工作台面上的激光束沿 $X-Y$ 平面进行快速扫描。在大视场扫描过程中，一般需要在振镜系统前端加入动态聚焦系统，以纠正扫描平面上点的聚焦误差。同时，为了满足聚焦要求，需要在激光器后端加入光学转换器件（如扩束镜、光学杠杆等）。

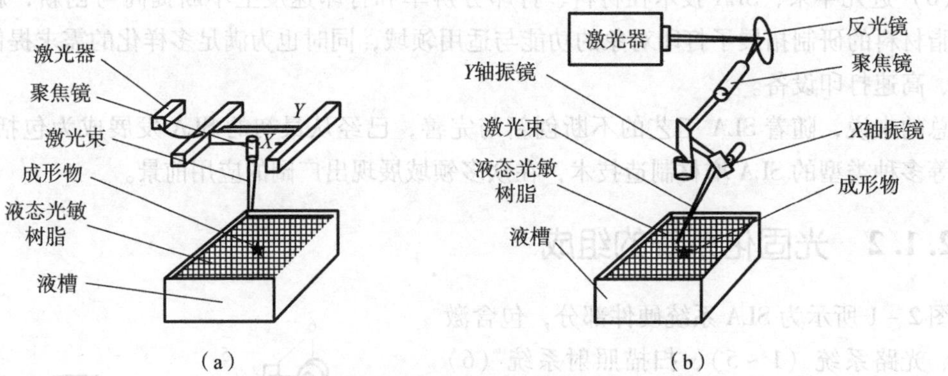

图 2-2　扫描曝光方法[14-15]

（a）X-Y 扫描法；（b）振镜扫描法

最初使增材制造实现工业应用的 SLA 技术是通过一组振镜扫描系统，将紫外线激光束照射到液态光敏树脂表面，使其固化成所需形状的技术[16]，SLA 过程如图 2-3 所示，首先在计算机上用三维 CAD 软件对产品进行 3D 建模，再以 STL 文件格式输出，在此基础上，采用切片软件对该模型沿高度方向分层切片，得到模型的各层断面的二维数据群 S_n（$n=1, 2, \cdots, N$），依据这些数据，计算机从下层 S_1 开始按顺序将数据取出，通过一个扫描头控制紫外线激光束，在液态光敏树脂表面扫描出第一层模型的断面形状。紫外线激光束扫描辐照过的部分，由于光引发剂的作用，引发预聚体和活性单体发生聚合而固化，产生一层薄固化层。形成第一层断面的固化层后，将基座下降一个设定的高度 d，在该固化层表面再涂覆

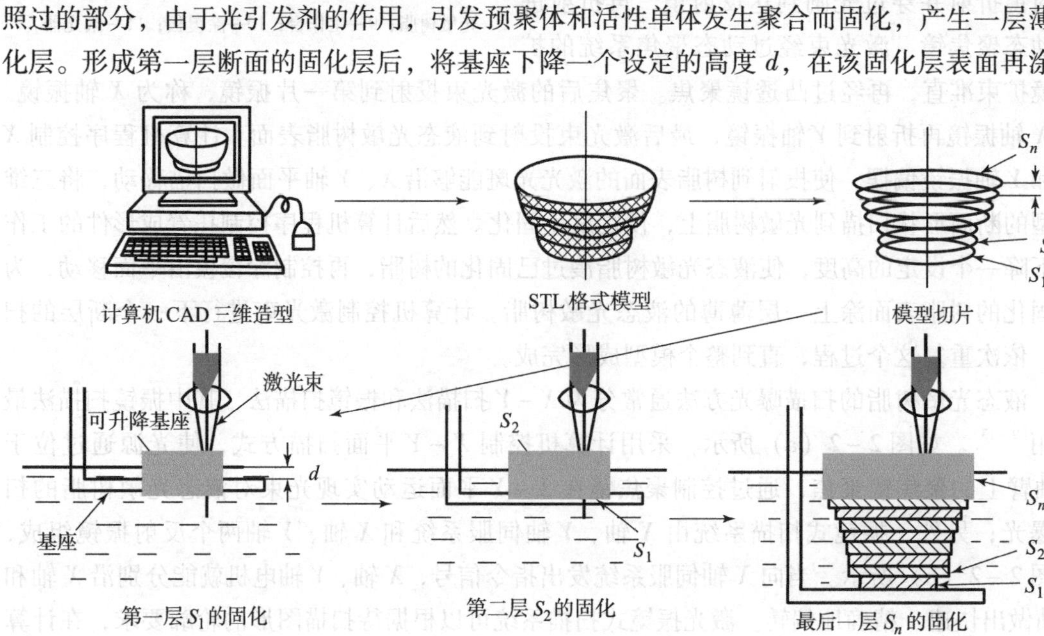

图 2-3　SLA 过程[17]

上一层液态光敏树脂。接着，依上所述用第二层断面 S_2 的数据进行扫描曝光、固化。当切片分层的高度 d 小于树脂固化的厚度时，上一层固化的树脂就可与下层固化的树脂黏结在一起。然后第三层 S_3、第四层 S_4……，这样一层层地固化、黏结，逐步按顺序叠加直到 S_n 层为止，最终形成一个立体的实体原型。

一般将从上方对液态光敏树脂进行扫描照射的成形方式称为自由液面型 SLA 系统，如图 2-4 所示。该系统要求对液态光敏树脂的液面高度进行准确测量，并精确控制液面与液面下已固化树脂层上表面的距离，即控制成形层的厚度。

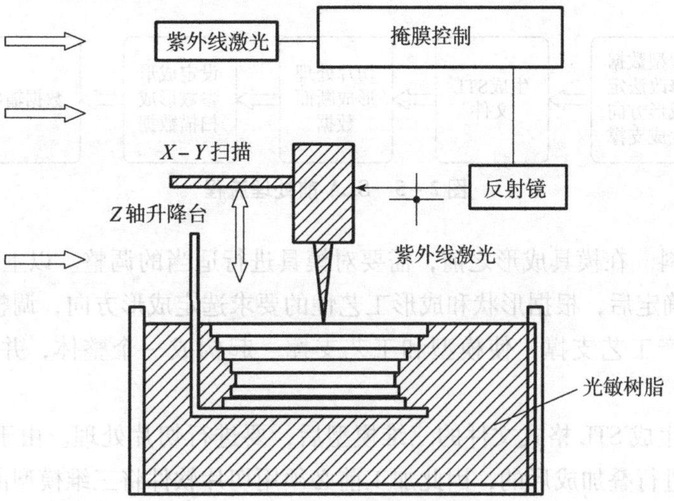

图 2-4　自由液面型 SLA 系统[18]

成形机由液槽、可升降工作台、激光器、扫描系统和计算机控制系统等组成。液槽中盛满液态光敏树脂。升降台在步进电机的驱动下可沿 Z 轴方向做往复运动。升降台表面分布着许多可让液体自由通过的小孔。光源为紫外线激光器，通常为氦镉（He-Cd）激光器和固态（solid state）激光器。

近年来，开始倾向于使用半导体激光器。激光器功率一般为 10～200 W，波长为 320～370 nm。扫描系统由一组定位镜和两个振镜组成[19]。两个振镜可根据控制系统的指令，按照每一截面轮廓曲线的要求做往复转摆运动，从而将来自激光器的光束反射并聚焦于液态光敏树脂的上表面，在该面上做 $X-Y$ 平面的扫描运动。在这一层受到紫外线光束照射的部位，液态光敏树脂在光能作用下快速固化，形成相应的一层固态截面轮廓[20]。

2.1.3　光固化工艺

2.1.3.1　成形过程

SLA 的整个过程分为三部分：前处理、分层叠加成形、后处理。

1. 前处理

前处理主要包括建立零件的三维模型、对其进行近似处理、选择模型成形方向、三维模型的切片处理和生成支撑结构。图 2-5 所示为 SLA 前处理流程。

(1) 设计模型。增材制造系统只有接受计算机构造原型的三维模型后，才可对其进行其他加工与建模。因此，应首先利用 CAD 辅助设计软件，按照产品的规格，在计算机上进行三维造型；另外，还可利用 3D 扫描仪对现有的物体进行扫描，利用反求技术获得物体的三维模型。

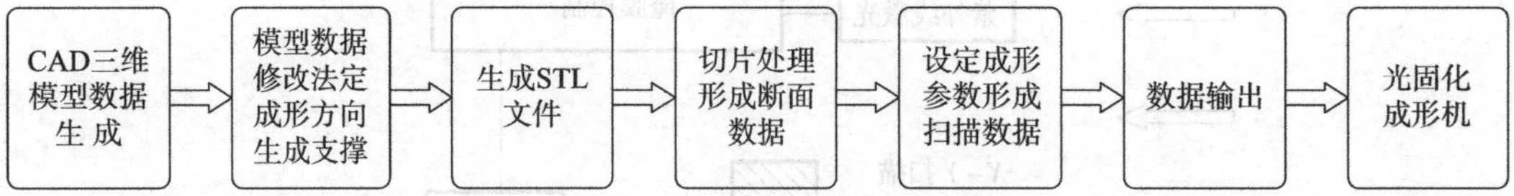

图 2-5 SLA 前处理流程

(2) 选择材料。在模具成形之前，需要对模具进行适当的调整。以上工作均可通过 3D 软件完成。模型确定后，根据形状和成形工艺性的要求选定成形方向，调整模型姿态。然后使用专用软件生产工艺支撑，使模型和工艺支撑一起构成一个整体，并转换成 STL 格式文件。

(3) 切片。生成 STL 格式文件的三维模型后，要进行切片处理。由于增材制造是用一层层断面形状来进行叠加成形的，因此加工前必须用切片软件将三维模型沿高度方向进行切片处理来提取断面轮廓的数据。切片间隔越小，精度越高。间隔的取值范围一般为 0.025 ~ 0.3 mm。

2. 分层叠加成形

分层叠加成形工艺是 SLA 的核心环节，其过程包括模型断面形状的制作与叠加合成。增材制造系统根据切片处理得到断面形状，在计算机的控制下，增材制造设备的可升降工作台的上表面处于液态光敏树脂液面下（一个截面层厚度为 0.025 ~ 0.3 mm），利用激光束在 $X-Y$ 平面内按断面形状进行扫描，扫描过的液态光敏树脂发生聚合固化，形成第一层固态断面形状，之后升降台再下降一层高度，使液槽中的液态光敏树脂流入并覆盖已固化的断面层。然后，成形设备控制一个特殊的涂覆板，按照设定的层厚度沿 $X-Y$ 平面平行移动，使已固化断面层的树脂覆上一层薄薄的液态光敏树脂，该层液态光敏树脂保持一定的厚度精度。在此基础上，再利用激光束对该层液态光敏树脂进行扫描固化，形成第二层固态断面层。新固化的一层黏结在前一层上，这样重复进行，直到完成整个制件[21]。

3. 后处理

在树脂固化成形为完整制件后，从增材制造设备上取下的成形实体需移除支撑结构，并将制件置于大功率紫外灯箱中做进一步的内腔固化。另外，由于分层制造，制件的曲面上存在阶梯效应（见图 2-6）；STL 格式文件的三角面片化，可能会产生微小的瑕疵；

制件的薄壁及一些小特征结构存在强度和刚度不足的问题；制件的某些外形尺寸不够精确；制件的表面硬度不足或工件表面的颜色达不到使用者的要求等。为解决上述问题，通常需要对增材成形件进行适当的后处理[22]。若制件表面存在明显的缺陷，需进行修补，可用热熔塑料、乳胶与细粉料混合而成的腻子或湿石膏予以填补，然后用砂纸打磨、抛光、喷漆。用于打磨、抛光的通用工具包括不同尺寸的砂纸、小型电动或气动打磨机以及喷砂打磨机[23]。

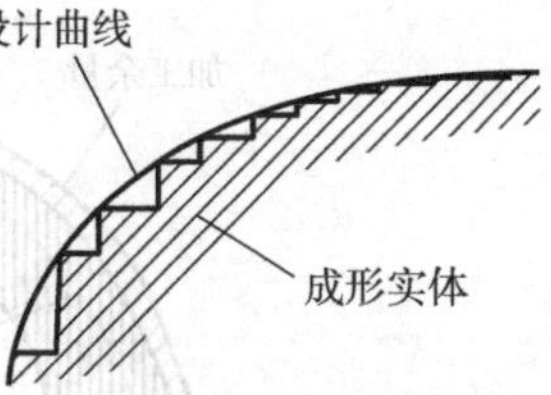

图2-6 因分层引起的阶梯效应

2.1.3.2 成形工艺

在加工过程中，存在受多种因素影响而产生收缩变形的复杂结构零件，需添加工艺支撑结构，阶梯效应需采取工艺措施减小等情况。制造实体模型前需要通过软件设定一些工艺措施对数字模型进行修饰、调整或补偿，措施主要有两种：一种是直接对CAD三维模型进行处理，另一种是修改或调整扫描路径数据。具体说明如下。

1. 直接对CAD三维模型数据的修改或调整

（1）增加或降低材料的厚度。通过在CAD模型中改变某一区域的几何结构，或添加/移除材料来调节零件的厚度。为了确保制件的组织与力学性能正常，这一方式被广泛应用于诸如注射成形等过程。

（2）调整孔的尺寸或形状。在CAD模式下，改变孔直径、深度或形状，可达到孔的精确度及功能上的需求。例如，通过调节内孔直径，使其适合于螺纹接头的安装。

（3）改变壁厚。通过计算机辅助设计改变结构壁厚，可以调节零件各部位的材料分布，从而改善零件的强度、刚度。尤其是在壳体结构等复杂零件中，通过合理地调节壁厚，可以有效地防止零件收缩变形，提高零件的稳定性。

2. 对三维模型数据修改、调整或对三维断面形状的扫描轨迹数据做修饰

（1）精度设定。是指在X、Y平面上，设定所设计的3D模型截面轮廓和激光束的实际扫描轮廓截面之间的最大允许误差。此误差越小，工件表面越平滑。

（2）模型断面切片厚度设定。如图2-7所示[24]，当切片厚度一定时，随着曲面与水平面的夹角减小，阶梯效应逐渐增强。因此，可以按照模型的方向和它与水平面之间的角度来设置较小的切片厚度。

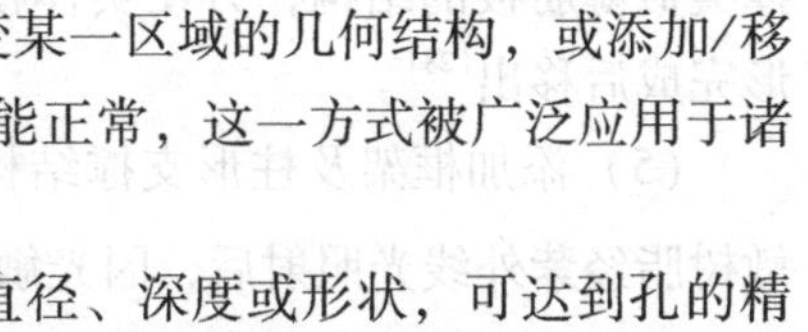

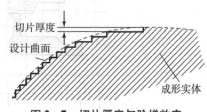

图2-7 切片厚度与阶梯效应

（3）扫描轨迹的偏移补偿。激光束扫描的轮廓大于设计外形轮廓（正补偿，见图2-8（a））[25]，使成形件具有一个加工余量，或者其所扫出的轮廓小于设计外形轮廓（负补偿，见图2-8（b）），使成形件具有一个涂覆涂料的余量[26]。

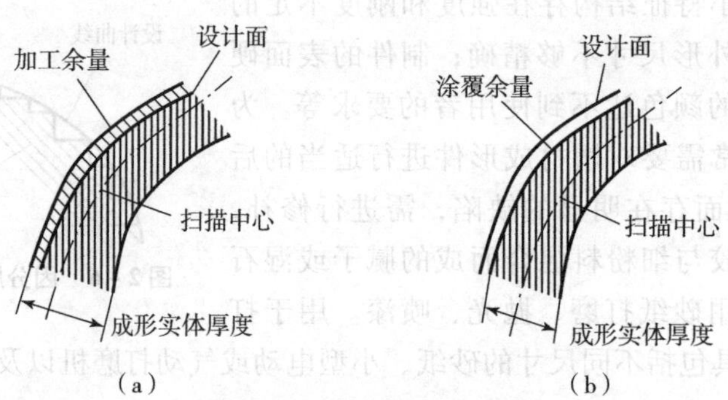

图 2-8　扫描轨迹的偏移补偿

（a）正补偿；（b）负补偿

（4）添加底垫支撑[27]。在成形实体和升降平台之间，必须设置一层底垫支撑框架，使模型与升降台有一段距离，从而使模型不会因升降台的不平整而受到影响，如图 2-9 所示。底垫支撑类似薄筋板的结构，方便实体模型成形完成后移出[28]。

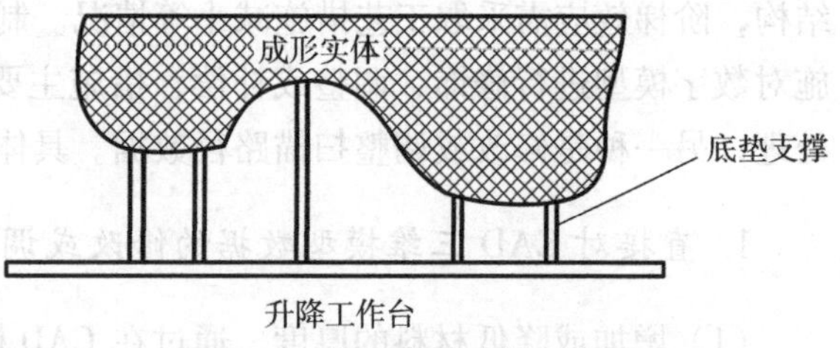

图 2-9　添加底垫支撑示意图

（5）添加框架及柱形支撑结构。光敏树脂经紫外线光照射后，因光敏树脂会收缩，成形实体产生变形。无论采用何种方法，只要稍微加固一下光敏树脂的曝光部分，就能避免成形实体变形。如图 2-10 所示[29]，框架支撑结构用于对成形实体整体进行加固，使框架支撑与成形实体一同成形。

图 2-11 所示为柱形支撑结构与制件一起成形。它的作用一是防止成形实体在水平方向伸出的部分发生变形，二是防止成形过程中成形实体从升降台脱落。上述框架支撑结构和柱形支撑结构均与底垫支撑一样，其强度远比成形实体低，因此在加工后对制件后处理打磨时，易于去除[30]。

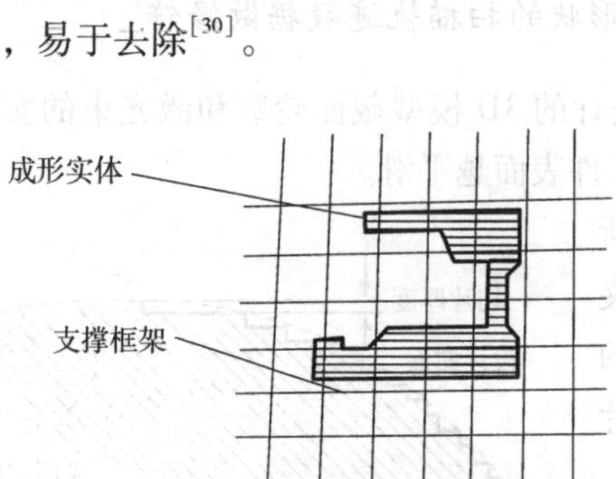

图 2-10　框架支撑结构示意图

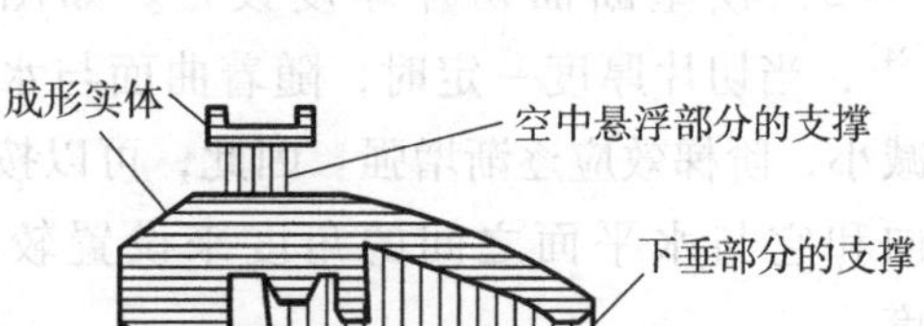

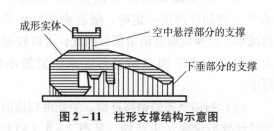

图 2-11　柱形支撑结构示意图

（6）扫描路径的选择。激光束扫描一个切片断面的方法有三种：沿断面外轮廓边沿的扫描；除轮廓边沿以外，内部的蜂巢状格子结构的扫描；内部的密集填充扫描。

2.1.3.3　成形时间

成形时间主要与模型的体积、模型内树脂的填充率、单位时间内的固化程度等有关，可以表示为

成形时间 = 总层数 ×（单层扫描时间 + 未固化层形成时间）

式中，总层数 = 模型高度/层厚度；单层扫描时间 = 断面积 × 扫描密度（断面内的填充率）/扫描速度。

扫描方式及填充示意如图 2－12 所示[31]，图 2－12（a）为仅扫描外圈，密度最低；图 2－12（b）为除了扫描外圈外，扫描其内部填充网格结构，密度次之；图 2－12（c）为整个断面全部扫描固化情况，密度最高。

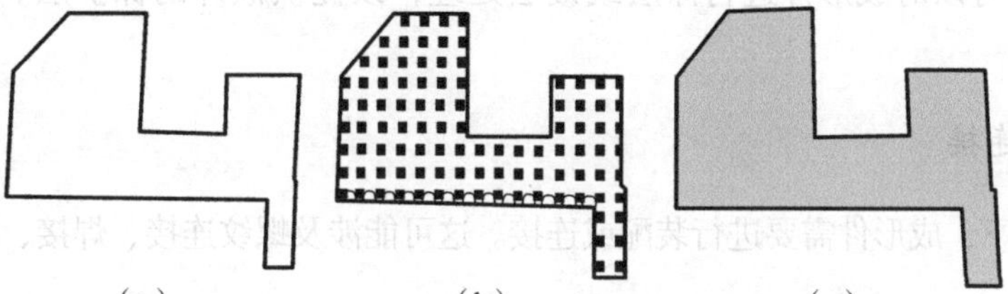

（a）　　（b）　　（c）

图 2－12　扫描方式及填充示意

（a）扫描外圈；（b）扫描外圈及网格；（c）全断面填充扫描

扫描速度是激光强度、树脂感光度和层厚度的函数，并与单位时间的固化量等因素有关。从以上分析可以看出，为了缩短成形时间，可以采取以下方法。

（1）提高激光强度[32]。增大激光的功率或者调节激光器的参数，使照射在树脂上的能量密度增大。这样可以加速树脂的固化速度，从而缩短每一层的成形时间。但是，需要注意的是确保激光强度不会过高，以免对材料造成过度固化或引起热影响。

（2）优化树脂感光度。选用适当的树脂材料，该材料感光度高，固化速度更快；通过调节树脂的配比或添加特定的感光剂，可以提高树脂的感光性能，从而减少固化时间。

（3）减小层厚度。通过减小每层光固化的厚度，可缩短每层的固化时间。较薄的层厚度可以更快地实现完整的固化，从而加速成形过程。由于需要产生更多层，所以层厚度越薄，成形时间就越长。

（4）提高扫描速度。通过增加激光扫描的速度，可缩短每一层的固化时间；通过优化运动控制系统和扫描路径，实现更快的激光扫描速度，可加快成形过程。

2.1.3.4　成形件的后处理

成形件的后处理是指在完成成形过程后对成形件进行进一步处理，以达到所需的最终性能和外观效果的过程。以下是一些常见的成形件后处理的方法。

1. 去除支撑结构

对于使用增材制造技术制造的成形件，往往需要移除添加的支撑结构。这个过程可以通过手工剪切、折断、热解等方式来实现。

2. 表面处理

成形件的表面可能存在粗糙、有毛刺或不均匀的层面。表面处理包括打磨、研磨、抛光、喷砂、化学处理等，使成形件获得更光滑、均匀的表面质量。

3. 热处理

某些材料在成形后需要进行热处理，以改善材料的性能。例如，热处理可以改变材料的硬度、强度、韧性或导电性等特性。

4. 涂层或镀层

根据需要，可以对成形件进行涂层或镀层处理，以提供额外的保护层、增加表面硬度、改善耐磨性等。

5. 装配和连接

在特定条件下，成形件需要进行装配或连接。这可能涉及螺纹连接、焊接、胶接等方法。

6. 检验和质量控制

为了保证产品达到规范的要求，加工后的产品还需要进行检测及质量控制，包括尺寸测量、材料分析、强度检测等。

如果制件表面需要喷涂漆处理，则可按照下列步骤。

(1) 表面清洁。在进行喷涂之前，必须先确定制件表面是否干净。使用清洁剂或溶剂擦拭制件表面，以去除污垢、油脂、灰尘等。

(2) 表面磨砂。如果制件需要较高的喷涂附着力和表面质量，可以进行表面磨砂处理。使用砂纸、砂轮或砂布等工具打磨制件表面，去除表面不均匀区域。

(3) 填充和修补。如果制件表面存在缺陷，如凹陷、裂纹等，则需要对其进行填充和修补。使用填补剂、蜡块或其他修补材料填平制件表面的缺陷，并进行光滑处理。

(4) 底漆涂装。在喷涂之前，一般需要进行底漆涂装。底漆能使涂料具有更好的附着力和表面平滑度，并可保护涂层。根据材料及工艺，选用适当的底漆，并将其喷涂到制件表面。

(5) 涂漆喷涂。选择符合要求的涂漆材料，用喷涂枪或其他喷涂设备进行喷涂。确保涂层均匀、充满，并且满足涂层的厚度和颜色要求。

(6) 干燥和固化。喷涂完成后，必须进行干燥和固化。根据涂漆材料的需要，进行自然干燥、烘干或使用影响固化的其他方法。

2.1.4 光固化精度

2.1.4.1 影响制件精度的因素

在 SLA 过程中，影响制件精度的因素有造型及工艺软件、成形过程及材料、后处理过程。其中，液态光敏树脂的固化收缩作用最为显著，层间的阶梯效应次之。以下是对制件成形过程中影响制件精度的因素的简单分析。

1. 软件造成的误差

1）数字模型近似误差

当前增材制造领域普遍采用 STL 格式文件的三维数字模型，即用大量的三角面片逼近三维曲面的实体模型[33]，从而导致曲面的近似误差，如图 2-13 所示。

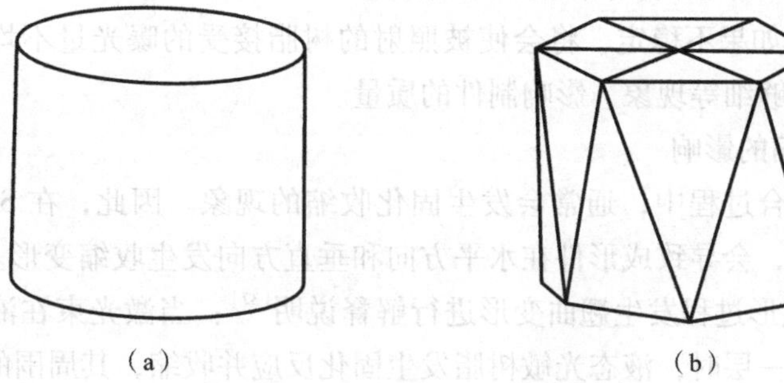

图 2-13　三角面片近似曲面过程

（a）CAD 三维模型；（b）三角面片近似模型

若采用更细小的三角面片去近似曲面可减小近似误差，但会生成大量的三角形，使数据量增大，处理时间拉长[34]。

2）分层切片误差

在成形之前，模型需要沿 Z 轴方向进行切片分层，这样会导致曲面沿 Z 轴方向形成阶梯效应。降低分层的厚度可以减小阶梯效应造成的误差，目前最小的分层厚度可达到 0.025 mm。

3）扫描路径误差

对于扫描设备而言，要对曲线进行实际的扫描是非常困难的，虽然可以用很多短线段来近似表示曲线，但会产生扫描误差（见图 2-14）[35]。当误差超过了允许范围，可以通过添加插补点使路径逼近曲线，从而减少扫描路径的近似误差[36]。

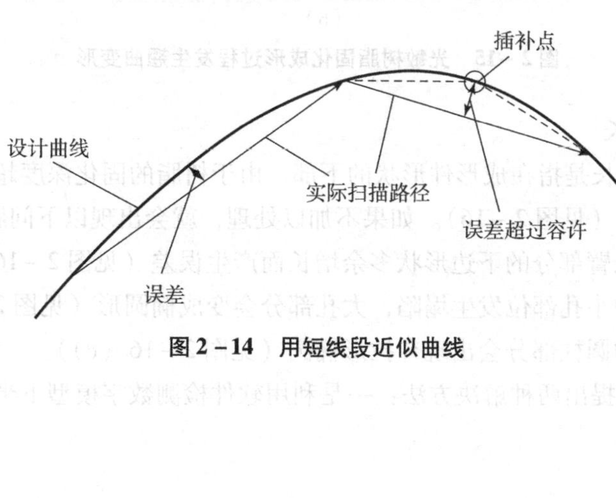

图 2-14　用短线段近似曲线

2. 成形过程造成的误差

1）激光束的影响

（1）激光器和振镜扫描头由于温度等因素的影响，容易产生“零漂”或“增溢漂移”现象，导致扫描坐标系偏移，使下层的坐标原点与上层的坐标原点不重合，致使各个断面层间产生相互错位。该误差可以通过对光斑在线检测和对偏差量进行补偿校正来消除。

（2）振镜扫描头结构本身会造成原理性的扫描路径误差，振镜扫描头安装误差造成的扫描误差，可以用 X/Y 平面的多点校正方法消除。

（3）激光器功率如果不稳定，将会使被照射的树脂接受的曝光量不均匀，造成光斑的质量差、光斑直径不够细等现象，影响制件的质量。

2）树脂固化收缩的影响

高分子材料在聚合过程中，通常会发生固化收缩的现象。因此，在 SLA 过程中，由于光敏树脂的固化收缩，会导致成形件在水平方向和垂直方向发生收缩变形。在此通过图 2－15 对光敏树脂固化成形过程发生翘曲变形进行解释说明[37]：当激光束在液态光敏树脂表面扫描，悬臂部分为第一层时，液态光敏树脂发生固化反应并收缩，其周围的液态树脂迅速补充，此时固化的树脂不会发生翘曲变形（见图 2－15（a））；随后升降台下降一个层厚度，使已固化成形的部分沉入液面以下，在其上表面涂覆一层薄树脂（厚度与下降的层厚一致），然后使激光束对上表面这层液态光敏树脂进行扫描，令其发生固化反应，并与下面一层已固化的树脂黏结在一起，此时上层新固化的树脂因为收缩力拉动下层已固化的树脂，引起了悬臂部分的翘曲变形（见图 2－15（b））[38]；如此一层一层继续固化成形，已固化部分越来越厚，且刚度增强，此时上层固化的薄层树脂微弱的收缩力已拉不动下层，于是翘曲变形逐渐停止，而下部的变形部分得到定形（见图 2－15（c））[39]。

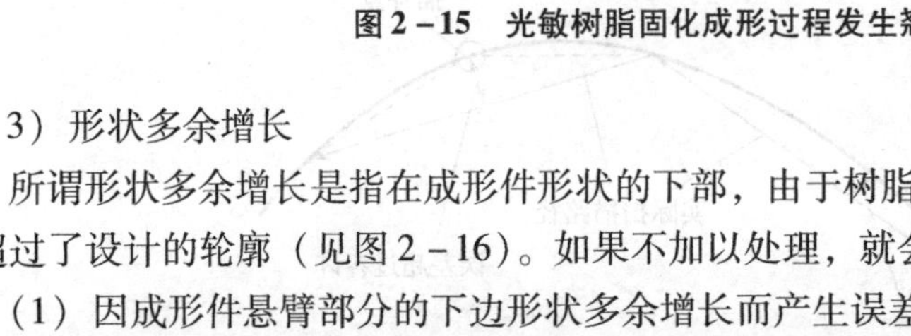

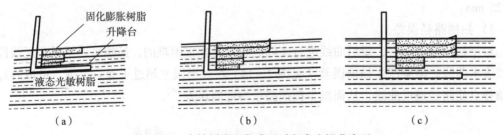

图 2－15　光敏树脂固化成形过程发生翘曲变形

3）形状多余增长

所谓形状多余增长是指在成形件形状的下部，由于树脂的固化深度超量，导致产品的外形超过了设计的轮廓（见图 2－16）。如果不加以处理，就会出现以下问题[40－41]。

（1）因成形件悬臂部分的下边形状多余增长而产生误差（见图 2－16（a））。

（2）在成形件的小孔部位发生塌陷，大孔部分会变成椭圆形（见图 2－16（b））。

（3）在成形件的圆柱部分会出现奋拉形椭圆（见图 2－16（c））。

针对这些问题，提出两种解决方法：一是利用软件检测数字模型下半部的特征，并通过

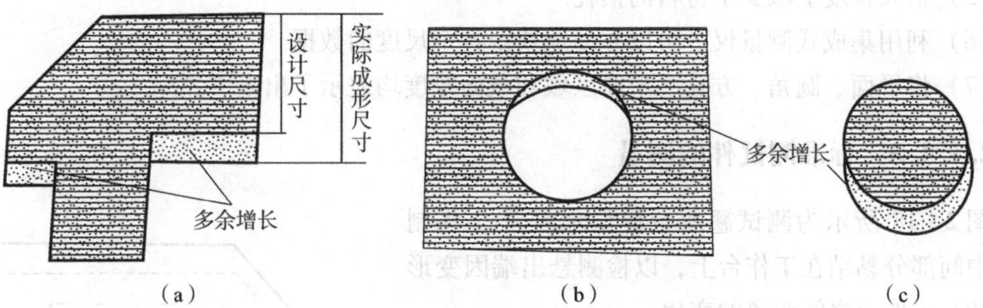

图 2－16　成形件出现多余增长现象示意

(a) 悬臂的状况；(b) 圆孔洞的状况 ；(c) 圆柱形的状况

修改模型的数据对其有可能向下多余增长的部分修正，进行向上补偿；二是在成形之前，将模具转动一个角度，使一些精度要求高的部分处于不会产生多余增长的垂直方向。

2.1.4.2　衡量制件精度的标准

确定一种检测制件精度的标准形状，有利于定量描述成形系统的精度，比较两台设备间的精度差别、几种树脂不同的特性，验证成形工艺经改善后的效果。

北美 SLA 技术应用组织在 1990 年开发出一种能对增材制造整体全过程进行精度测量的测试件，称为 User－Part，如图 2－17 所示。该几何形状具有以下特点[42-43]。

(1) 在 X 轴，Y 轴上的尺寸足够大，以致可以表示光固化成形机的承物台边缘和中间所有部分的精度。

(2) 具有大、中、小三种不同类型的数据。

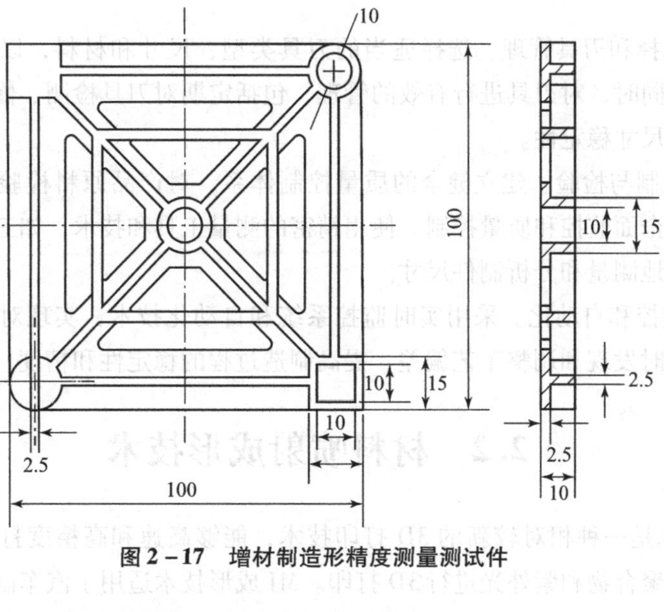

图 2－17　增材制造形精度测量测试件

(3) 采用内、外两种尺寸来衡量线性补偿的合理性。

(4) 在 Z 轴方向上的尺寸很小，可缩短测量时间。

(5) 很大程度上减少了材料的损耗。

(6) 利用集成式测量仪，可以方便地获得各个尺度的数据。

(7) 将平面、圆角、方孔、平面区域和截面厚度均表示了出来[44-45]。

2.1.4.3 标准测试件的测量

图 2-18 所示为测试翘曲量模型示意[46]，将制件的中间部分黏结在工作台上，以检测悬出端因变形导致的与工作台之间距离的变化。

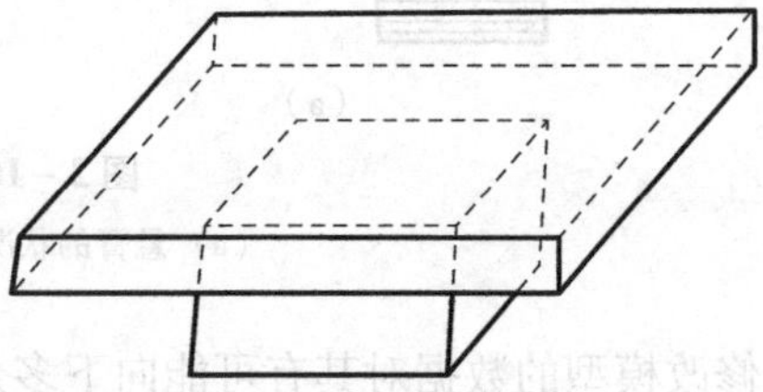
图 2-18 测试翘曲量模型示意

2.1.4.4 提高制件精度的方法

制件精度可通过下列方式得到改进。

(1) 设备和工具选择。选用高精度的机械设备和加工工具，以保证生产过程的稳定性和精确性。例如，高精度的机床、精密的测量仪器、尺寸稳定的刀具等。

(2) 加工参数优化。针对材料的性质和工艺要求，对切削速度、进给速度、切削深度等进行合理地选择和优化，从而获得更好的表面质量和尺寸精度。

(3) 加工策略和路径规划。通过合理规划加工策略和路径，最大限度地减少刀具的过渡运动和停机时间，以降低误差和提高加工效率。使用先进的切削路径生成算法和优化方法，如自适应切削和高速加工等。

(4) 夹具和定位系统。使用稳固的夹具和精准的定位系统，保证工件的稳定性和定位准确度。在加工过程中，夹具设计要充分考虑工件的形状、受力情况等因素，尽量减少工件的变形和偏移。

(5) 刀具选择和刃具管理。选择适当的刀具类型、尺寸和材料，以满足工艺要求，并提高切削质量。同时，对刃具进行有效的管理，包括定期对刀具检测、修复或更换，保证刀具的切削质量和尺寸稳定性。

(6) 质量控制与检验。建立健全的质量控制体系，对产品原料检验、加工过程、成品检验等环节进行全面监控和质量控制。使用精密的测量工具和技术，如三坐标测量仪、光学测量仪等，精确地测量和分析制件尺寸。

(7) 过程监控和自动化。采用实时监控系统和自动化技术，实现对加工过程实时监测和反馈控制，及时发现和调整工艺偏差，提高制造过程的稳定性和精度。

2.2 材料喷射成形技术

MJ 成形技术是一种相对较新的 3D 打印技术，能够高速和高精度打印多色、多材料零件，利用液体光聚合物和紫外光进行 3D 打印。MJ 成形技术适用于汽车制造商、工业设计公司、艺术工作室、医院和所有类型的产品制造商，材料喷射机能够快速测试产品设计及生产，有效提高工作效率。

2.2.1　材料喷射的概念

MJ 是最快、最精确的 3D 打印技术之一，其基本原理是使喷射出的液体光聚合物液滴在紫外光的照射下固化，由此制造零件[47-48]，如图 2-19 所示。因为光聚合物树脂在固化之前以液滴喷射，所以 MJ 通常被比作 2D 喷墨工艺。两者的区别在于，喷墨打印机仅沉积单层墨滴，而 MJ 可逐层构建，直到零件完成。

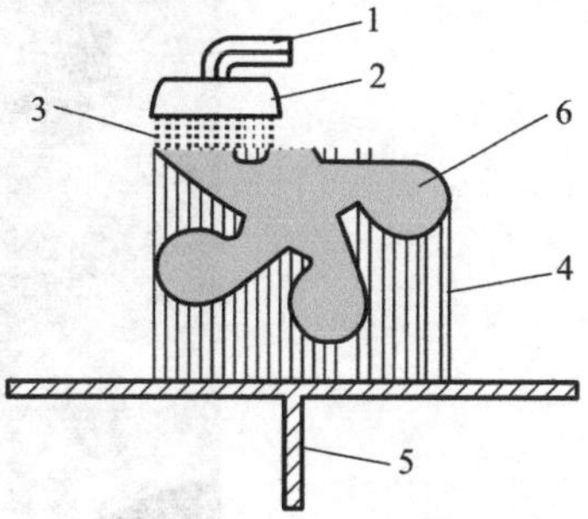

图 2-19　MJ 工艺原理示意

1—成形材料和支撑材料的供料系统（为可选零件，根据具体的成形工艺来定）；2—分配（喷射）装置（辐射光或热源）；3—成形材料微滴；4—支撑结构；5—成形和升降平台；6—成形工件

MJ 与 SLA 非常相似，两者均使用紫外线光源来固化树脂。但不同之处在于 MJ 3D 打印机一次喷射数百个微小液滴，而 SLA 3D 打印机则在一整桶树脂中，通过激光选择性地逐点固化。

2.2.2　线型沉积

MJ 独特的一个方面是材料沉积（并因此固化）的方式。基本上，MJ 打印机沿着 X 轴载体从多个打印头喷射树脂，X 轴载体在不断变化的打印件上来回移动。为了帮助可视化设备的运动，请参考 2D 扫描仪中的光源或汽车的雨刮。

FDM、SLA 和 SLS 这三种最流行的 3D 打印技术均以逐点沉积、固化和烧结材料的方式打印物件，MJ 基于上述的工作原理，被认为是最快、最准确的 3D 打印技术之一[49]。

MJ 3D 打印机的主要组件是打印头、紫外线光源、构建平台和材料容器，打印头和光源沿着相同的 X 轴托架悬挂。

打印过程从将树脂倒入材料容器开始。就像 SLA 一样，MJ 使用热固性光聚合物树脂，意味着必须加热至 30～60 ℃才能达到合适的黏度。

随着 X 轴滑架开始穿过构建平台，打印头开始选择性地喷射数百个微小的树脂液滴。在打印头之后是紫外线光源，用来立即固化喷涂的树脂。完成整个图层后，构建平台会下降一个层高，并重复该过程直到零件完成。

除了允许材料沉积跨越整个 X 轴之外，多个打印头还提供一个好处：多材料打印。与其他多材料 3D 打印机类似，MJ 3D 打印机允许可溶解的支撑材料、多种类或全彩的功能材料[50]。

MJ 有很多可供选择的材料。通常标准树脂用于制造原型和最终用途零件，但也有柔性、可浇铸的透明和耐温的材料可供选择。

MJ 在生产力方面独树一帜，它能够在每次打印生产的同时制造数十个甚至数百个模型，其他 3D 打印方法根本无法与 MJ 3D 打印机提供的生产速度和细节精度相媲美。其真正的特点是多色多材质。没有任何技术能够像 MJ 那样制造出全彩色和透明的产品，并且在同一零件上印刷多达 7 种聚合物（加上一种支撑材料）[51]。MJ 成形零件如图 2-20 所示。

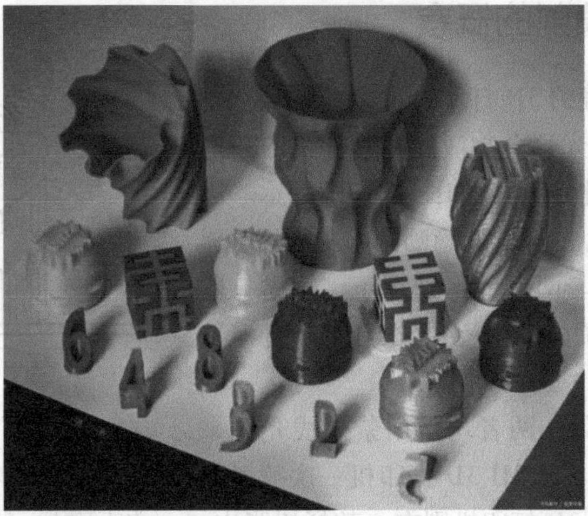

图 2 –20　MJ 成形零件

2.2.3　材料喷射技术的优、缺点

与任何其他增材制造技术一样，MJ 成形技术也有其优缺点。

2.2.3.1　MJ 成形技术的优点

（1）彩色打印。由于每个打印头使用多个喷头，MJ 可实现全彩彩色 3D 打印。打印机可以将染料喷射到基材上，从而在整个 CMYK 光谱中再现颜色，即数以万计的颜色。打印机喷射的染料甚至可以在透明的、玻璃状的透明零件内产生颜色，如医疗模型。

（2）多材料打印。与颜色一样，多个喷头可以在一次打印中分配多种材料（最多 8 种）。通过在不同的部分加入不同的材料，MJ 可以生产出具有优秀的力学性能和光滑表面特性的零件。该系统能在一项工作中构建具有清晰灵活的组件的彩色零件。

（3）极高的精度。由于 MJ 分散微小的树脂液滴，它可以实现薄至 13 μm 的层高。除了可以精确再现最细微的细节外，MJ 还可以产生与注塑成形相媲美的光滑表面。

（4）快速打印速度。MJ 通常可以达到比其他 3D 打印技术更高的打印速度，尤其是在一次打印多个零件时。然而，打印速度很大程度上取决于材料、细节水平和零件的尺寸。打印头需要移动得越远，系统打印速度就越慢。

（5）可溶性支撑。尽管 MJ 不是一种无支撑技术，但它确实使后处理中的移除支撑变得简单。大多数 MJ 打印机使用可溶性材料作为支撑，这些材料可以很容易地溶解在超声波机中，零件表面遗留的痕迹很少甚至没有。

2.2.3.2　MJ 成形技术的缺点

（1）高性能打印和极其光滑的表面处理具有很高的价格。因此，MJ 是最昂贵的 3D 打印技术之一，这是由机器和材料的成本决定的。

（2）MJ 打印零件的强度。MJ 零件结构薄弱，这意味着它们不适合用来制造需承受某种负载的零件。事实上，MJ 与 SLA 具有同样的缺点。由于树脂的性质，用这两种技术打印的零件都是脆弱的。

（3）MJ 并非没有废料。与 FDM 和 SLA 一样，MJ 打印带有悬伸结构的零件也需要支撑。鉴于树脂的高成本及可溶解的支撑材料，任何数量的废料都会使使用者觉得不太理想。

2.2.4 材料喷射技术的应用领域

MJ 成形技术主要用于制作漂亮、逼真的原型。例如，可能会吸引需要精确的身体部位模型的医生和学生，同样建筑师、设计师和艺术家也可以从 MJ 模型的精确度和美学质量中获益。由于材料的高度细节和温度稳定性，MJ 成形技术还可用于制造低转速注塑模具。

无论如何，使用 MJ 3D 打印零件的成本，成为该技术在大多数情况下用于专业应用的限制。

2.3 黏结剂喷射技术

BJ 技术是一种常见的 3D 打印技术。该技术基于粉末床工艺，通过喷墨打印头逐层喷射黏结剂选区沉积在粉末床上，黏结打印三维实体零件初坯，随后将打印的初坯置于均匀的热环境中进行脱脂和烧结，使其致密化并获得力学性能良好的零件。

2.3.1 黏结剂喷射技术工艺原理

BJ 技术是利用喷头在粉末层上喷洒黏结剂，使粉末颗粒黏结成固体，然后逐层叠加构建出三维物体。BJ 技术的工作原理是将离散堆叠与液滴喷射两种思路相结合，其工作过程为由辊筒先完成铺设粉末，随即黏结剂按一定的形状在粉末上面进行喷射，重复这两步，直至黏结全部的截面，此时已经初具三维实体零件的规模。BJ 技术对粉末材料的要求没有限制，常用的成形材料有覆膜砂、硫酸钙粉、陶瓷粉、金属粉、高分子材料等[52]。

BJ 技术实施步骤如图 2－21 所示[53]。从图 2－21 可以看出，铺粉辊运动的起点是位于设备右侧的储粉腔，终点是位于设备左侧的成型腔，铺粉辊在起点与终点间做往复运动，将储粉腔中的粉末平齐地铺在成型腔表面，完成一层的铺粉工作；然后喷头移动至成型腔表面正上方，喷头喷出三维模型的切片形状，喷射过程完成；固化设备移动到截面图案的上方，对之前喷射好的图案进行 UV 光照射，完成黏结剂的固化过程。固化反应完成后进行下一层的打印，成型腔下移一个层厚，储粉腔向上移动一层，铺粉辊再次把储粉腔中的粉末平铺到刚刚固化完成的图形上，根据第二层的切片形状，再次喷射黏结剂，反复操作最终得到层层堆积的零件。

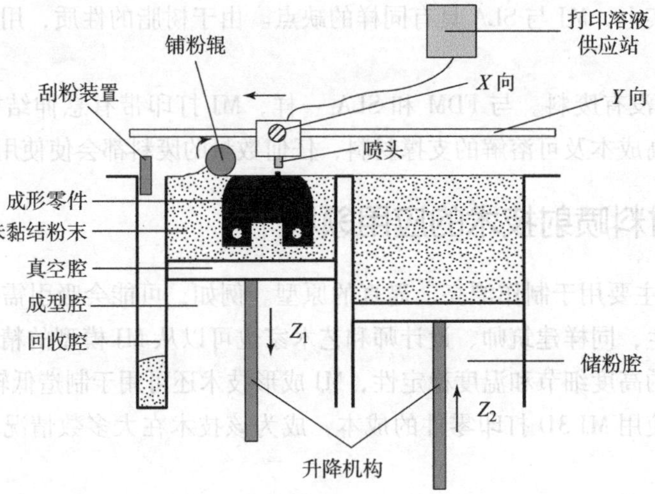

图 2-21　BJ 技术实施步骤

2.3.2　黏结剂喷射技术的分类

1）根据黏结剂固化时机分类

根据黏结剂固化时机的不同，BJ 技术分为整体固化和即时固化两种。

（1）整体固化通常是采用热固性黏结剂，由于其交联过程较慢，需经过层层“铺粉 + 喷射”后，将粉末床整体移出成型腔并送进加热炉，待黏结剂固化之后再将成形零件取出。该成形方法具有在打印过程中无应力产生、不添加支撑结构、材料种类几乎不受限制等优点[54-56]，是目前 BJ 增材制造所采用的主要方法。

（2）即时固化是使用紫外光敏型黏结剂，采用每层“铺粉 + 喷射 + 照射”的工艺，即喷射后随之采用紫外光照射并固化，省去了整体移出成型腔再加热的烦琐过程。在打印过程中，因黏结剂固化产生的应力很小，所以不需要添加支撑。即时固化增材制造的装备结构及工艺流程比较简单，成形效率相对较高。

即时固化的技术原理决定了粉末铺展、黏结剂渗透及紫外光照射在时间和空间上的良好匹配，是获得优质零件的前提。尽管粉末可以自由流动，但是铺粉过程非常复杂，粉体之间的作用力会随着粉末颗粒的大小、形状、组成、湿度等发生变化。因此，不同的铺粉工艺会形成致密度和孔隙大小分布不相同的粉末层。黏结剂在粉末层中的铺展渗透不仅取决于黏结剂的表面张力和黏度、粉末颗粒的形状、大小及表面能，还与粉末堆积体的孔隙特征息息相关。较小的孔隙尺寸可以增大黏结剂渗透的距离，但是会减慢其渗透的速度；较高的黏结剂饱和度有利于提高零件强度，但冗余的渗透黏结会降低零件精度。

2）根据黏结剂类型和喷射方式分类

根据黏结剂类型和喷射方式的不同，BJ 技术可以分为以下几类。

（1）热熔型喷射技术。对于热熔型喷射技术，黏结剂是一种热塑性材料，需要在喷射头中加热至其熔点以上，然后将其喷射到粉末层表面，从而实现粉末的黏结。该技术适用于喷射熔化热塑性黏结剂，常用的黏结剂包括热熔胶、热塑性聚合物等。

（2）化学反应型喷射技术。化学反应型喷射技术使用反应型黏结剂，其喷射方法根据反应机理的不同而有所区别。常用的化学反应型喷射技术有二元反应型、三元反应型和环氧树脂型等。

（3）冷固型喷射技术。对于冷固型喷射技术，黏结剂使用快速凝固的胶水。该胶水一般是含有化学反应活性物质的双组分溶液，通过在混合后立即喷射到粉末层表面来实现黏结。这种喷射技术常用于大批量制造情况下。

砂型打印属于冷固型喷射技术的一种，又称冷冻喷墨打印或固化喷墨打印。在砂型打印过程中，所使用的黏结剂会通过喷射头以液体的形式喷射在砂料或砂芯上，然后通过冷却或化学反应固化。

砂型打印的具体步骤如下。

①模型准备。首先，需要准备一个用于砂型打印的三维模型。这个模型可以通过计算机辅助设计（CAD）软件创建，也可以使用三维扫描仪扫描现有的零件。

②切片。将三维模型切割成一系列的薄层，每一层的厚度可以根据需求进行调整。这个切割过程可以使用专门的切片软件完成。

③砂型堆积。通过砂型打印机，逐层堆积砂料来构建砂型。砂料通常是一种颗粒状的物质，如硅砂。在每一层堆积之前，喷射头会喷射黏结剂，将砂料固定在一起。这个过程会不断重复，直到构建出完整的砂型。

④黏结剂固化和去除。在完成砂型堆积后，黏结剂通常需要进行固化，以增加砂型的强度。该步骤可以通过热处理、紫外线照射或其他方法来实现。一旦黏结剂固化，砂型可以从砂型打印机中取出，并准备进行后续的铸造或其他加工步骤。

⑤铸造和后处理。完成砂型之后，可以将熔融金属或其他材料倒入砂型中，进行铸造。一旦铸造完成，砂型可以被破碎或用其他方式去除，以暴露出铸件。最后，铸件可以进行后处理和修整，以获得最终的产品。

砂型打印具有许多优势。首先，砂型打印可以实现高度复杂的几何形状，包括内部空洞和细微结构。其次，砂型打印减少了模具制造过程中的人力和时间成本，提高了生产效率。此外，通过数字化设计和控制，还可以实现更精确和重现性的砂型制作。

砂型打印技术在铸造行业得到广泛应用，它提供了一种快速、灵活和经济的方法来制造具有复杂形状的砂型，为铸造行业带来了许多新的机遇和挑战。

2.3.3　影响黏结剂喷射技术的因素

BJ 技术因其性能受到多种因素的影响，常见的影响因素如下。

（1）粉末材料特性。粉末材料的物理性质对 BJ 技术的效果有直接影响，包括粉末的颗粒大小、分布、形状以及材料的粒度和流动性等特性。

（2）黏结剂特性。黏结剂的选择、组成和性质都会影响到 BJ 技术的效果。黏结剂必须具有适当的黏性和黏合特性，保证粉末颗粒之间能够良好地黏结。

（3）喷射头性能。喷射头的精度、喷雾形状和稳定性等性能对黏结剂的喷射质量至关重要。喷射头应能准确且均匀地喷洒黏结剂。

（4）喷洒参数。喷洒参数包括喷射头速度、喷射头喷射距离、喷洒压力等。这些参数的调节会直接影响喷洒黏结剂的密度、分布和均匀性。

（5）烧结条件。在喷射后，烧结是一项重要工序，它直接关系到最终产品的密度和结构。烧结温度、时间和气氛等烧结条件会对烧结效果产生影响。

（6）后处理工艺。在喷射后，为了除去残余的黏结剂，提高零件的密度和强度，一般需要进行后处理。后处理的方法和工艺参数同样影响产品的性能。

2.3.4 黏结剂喷射技术的优、缺点

1）BJ 技术的优点

（1）生产制造速度快。BJ 技术可以将粉末材料层快速堆积起来，实现产品的快速成形。与传统的加工方法相比，该工艺能大幅缩短生产周期。

（2）材料多样性。BJ 技术不但可以用于多种金属材料（如不锈钢、铝合金等），还可以用于陶瓷、塑料、石膏等非金属材料的制造。

（3）设计自由度高。采用 BJ 技术，可实现更加复杂的几何形状和内部结构设计，如中空结构、内腔等。这样的设计自由度，使产品的创新和优化具有很大的灵活性。

（4）成本低。相对于传统的加工方法，BJ 技术的成本一般较低。它不需要大量的人工操作和复杂的工装设备，极大地降低了制造成本。

2）BJ 技术的缺点

（1）分辨率限制。BJ 技术的分辨率相对较低，无法实现非常细致的细节和高精度要求。因此，在要求高精度和表面光滑度的应用中可能存在一定的局限性。

（2）强度和密度低。由于使用黏结剂和在制造过程中采用的材料特性，打印件的强度和密度通常相对较低。这可能导致一些应用的性能不足。

（3）后处理要求。喷射后的零件需要经过后处理，如除去残留的黏结剂、烧结等，以获得最终所需的强度和密度。这就使制造工艺更加复杂，并耗费更多时间。

（4）尺寸限制。BJ 技术设备的制造尺寸一般是有限的，大型零件的制造有时也存在局限性，限制了某些应用的范围。

2.4 粉末床熔融技术

粉末床熔融技术（laser powder bed fusion，PBF）是利用热能实现对粉末床区域进行选择性地熔化或烧结的增材制造工艺。典型的粉末床熔融工艺包括激光选区烧结（SLS）、激光选区熔化（SLM）以及电子束选区熔炼（electron beam selective melting，EBSM）等。

2.4.1 激光选区烧结技术

2.4.1.1 SLS 工艺定义

SLS 技术是通过激光束在粉末材料表面进行定向加热，使其熔化或烧结，从而实现粉末

的黏结和堆积，最终形成复杂的三维结构。其采用逐层堆积和烧结粉末等方式，可以制造出具有复杂几何形状的零件。

2.4.1.2　SLS 成形过程

SLS 技术基于“离散堆积”制造原理，利用计算机将零件的三维 CAD 模型转化为 STL 格式文件，并沿 Z 方向分层切片，再导入 SLS 设备中然后利用激光的热作用，根据零件的各层截面信息，选择性地将固体粉末材料层层烧结堆积，从而实现零件原型或功能零件的 SLS 成形。SLS 技术的基本结构和工作原理如图 2－22 所示，整个工艺装置由 4 部分构成，即储粉缸、加热系统、激光器系统、计算机控制系统，它的基本生产过程如下[57－58]。

（1）创建零件的 CAD 模型。

（2）将模型转化为 STL 格式文件（即将零件模型以一系列三角形进行拟合）。

（3）将 STL 格式文件进行截面切片分割。

（4）根据零件截面信息，利用激光束逐层烧结粉末，并分层制造零件。

（5）对零件进行清粉等后处理。

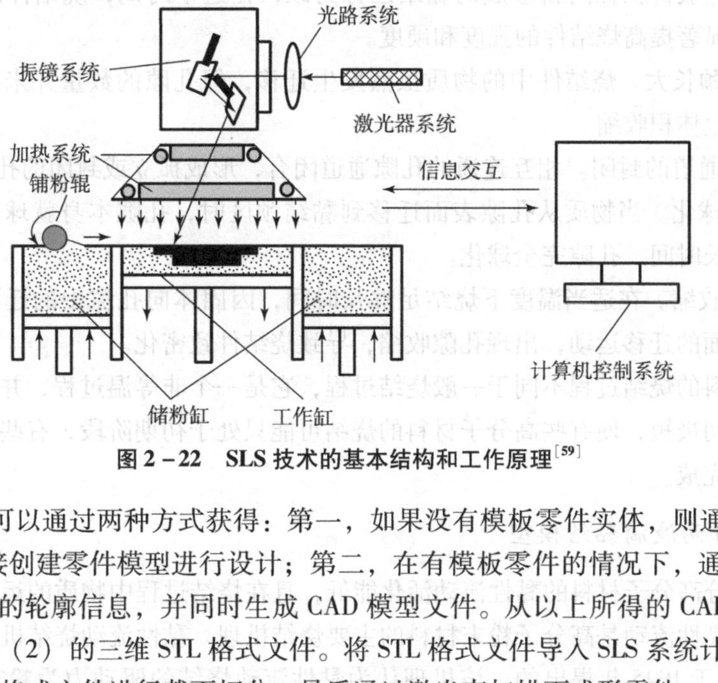

图 2－22　SLS 技术的基本结构和工作原理[59]

步骤（1）可以通过两种方式获得：第一，如果没有模板零件实体，则通过 Pro/E、UG 等 CAD 软件直接创建零件模型进行设计；第二，在有模板零件的情况下，通过逆向工程来反求，获得零件的轮廓信息，并同时生成 CAD 模型文件。从以上所得的 CAD 模型文件中，可转换得到步骤（2）的三维 STL 格式文件。将 STL 格式文件导入 SLS 系统计算机中，通过操作程序对 STL 格式文件进行截面切分，最后通过激光束扫描而成形零件。

具体制造过程：SLS 成形过程中，激光束每完成一层切片面积的扫描，工作缸相对于激光束焦平面（成形平面）相应地下降一个切片层厚度，而与铺粉辊同侧的储粉缸会对应上升一定高度，该高度与切片层厚度存在一定比例关系。随着铺粉辊向工作缸方向的移动与转动，储粉缸中超出焦平面高度的粉末层被推移并填补到工作缸粉末的表面，即前一层的扫描区域被覆盖，覆盖的厚度为切片层厚度。将覆盖的粉末层加热至略低于材料玻璃化温度或熔点，以减少热变形，并利用于与前一层截面的结合。随后，激光束在计算机控制系统的精确引导下，按照零件的分层轮廓选择性地进行烧结，使材料粉末烧结或熔化后凝固，形成零件的一个层面，未被烧结的地方仍保持粉末状态，并作为下一层烧结的支撑部分。完成烧结后工作缸下移一个层厚度并进行下一层的扫描烧结。如此反复，层层叠加，直到完成最后截面层的烧结成形为止。当所有截面烧结完成后除去未被烧结的多余粉末，再经过打磨、烘干等后处理，就可以获得所需的三维实体零件。激光扫描过程、激光开关与功率控制、加热温度、铺粉、储粉缸移动等均由计算机控制系统精确控制。

2.4.1.3 激光烧结机理

高分子材料的烧结是热作用下颗粒黏结和长大的过程[60]。粉末材料的表面能远高于实体，而烧结是材料由高能状态向低能状态过渡的过程，是一个热力学不可逆过程，其自由能的降低是实现这一过程的驱动力。在烧结之前，颗粒具有的过剩表面能越高，越有利于该过渡过程的进行，烧结活性就越大。

将烧结过程分解为一系列连续进行的烧结阶段，以揭示粉末烧结过程的物理实质。一般的烧结过程可划分为以下几个阶段。

（1）颗粒之间形成接触。在烧结初始阶段，通过原子的扩散或黏性流动，相邻颗粒之间产生黏结，一般将颗粒间新形成的黏结区称为颈，在这个时期，烧结件的尺寸无明显变化，但是可以显著提高烧结件的强度和硬度。

（2）烧结颈长大。烧结件中的物质虽然发生迁移，但孔隙的数量并未减少，也就是说烧结件没有发生体积收缩。

（3）孔隙通道的封闭。相互连通的孔隙通道闭合，形成孤立或封闭的孔隙。

（4）孔隙球化。当物质从孔隙表面迁移到黏结颈区时，孔隙本身就球化了。在适当温度下烧结足够长时间，孔隙完全球化。

（5）孔隙收缩。在适当温度下烧结足够长时间，因固体向孔隙中的迁移作用和孔隙中的气体向外表面的迁移运动，出现孔隙收缩，导致烧结件致密化。

高分子材料的烧结过程不同于一般烧结过程，它是一个非等温过程，并且激光对高分子材料作用的时间极短，使有些高分子材料的烧结可能只处于初期阶段，有些高分子材料的烧结却可在瞬间完成。

1. Frenkel 两液滴黏结模型

由于大部分高分子材料的黏性流动活化能低，且在烧结过程中物质的运动方式以黏性流动为主，因此黏性流动是高分子粉末材料的主要烧结机理。黏性流动烧结机理最早是由苏联科学家 Frenkel 于 1945 年提出的，该机理认为黏性流动烧结的驱动力为粉末颗粒的表面张力，而粉末颗粒黏度则起到了阻碍其烧结的作用，并且作用于液滴表面的表面张力 γ 在单位时间内做的功与流体黏性流动造成的能量弥散速率相互平衡，这是 Frenkel 对于黏性流动烧结机理的理论依据。由于颗粒的形态非常复杂，无法精确地计算颗粒间的黏结速率，因此简化为两球形液滴对心运动来模拟粉末颗粒间的黏结过程。从图 2－23 可以看出，两个相同半径

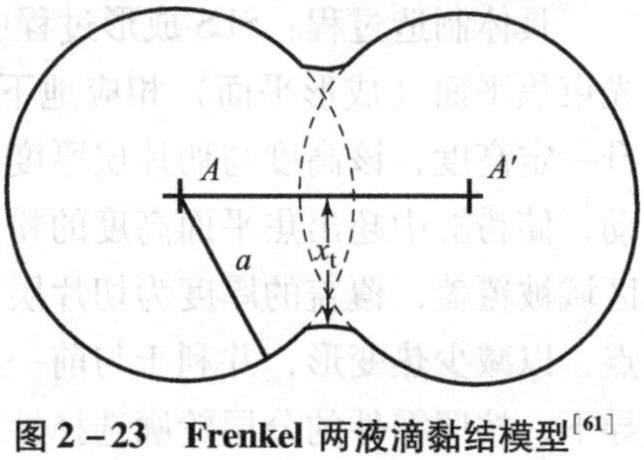

图 2－23　Frenkel 两液滴黏结模型[61]

的球形液滴开始点接触 t 时间后，液滴靠近形成一个圆形接触面，而其余部分仍保持为球形。

基于两球形液滴黏结模型，Frenkel 在利用表面张力 γ 在单位时间内做的功与流体黏性流动造成的能量弥散速率相互平衡的理论基础，推导得出 Frenkel 烧结颈长方程为

$$\frac{x_t^2}{a}=\frac{3}{2\pi}\cdot\frac{\gamma_{\mathrm{m}}}{a\eta_{\mathrm{r}}}t \tag{2-1}$$

式中，x_t 为时间 t 时圆形接触面颈长，即烧结颈半径；γ_{m} 为材料的表面张力；η_{r} 为材料的相对黏度；a 为颗粒半径。

由式（2－1）可以看出，颗粒半径、相对黏度、烧结时间均对烧结速率（x_t/a）产生影响。若知道所用尼龙粉末平均粒径，则表面张力也随之确定，此时可通过调节尼龙熔体的流动性来改善它的烧结性能。

控制加工温度是调节高聚物熔体流动性的一种重要方法。高聚物分子间作用力随着温度的增加而降低，其黏度也随之下降。在 $T>T_{\mathrm{g}}+100$ ℃温度范围时，高聚物熔体黏度随温度的变化规律，可用阿伦尼乌斯方程（Arrhenius equation）来表示[62]：

$$\eta=A\cdot\exp\left(E_\eta/RT\right) \tag{2-2}$$

式中，A 为与材料性能、剪切速率与剪切应力有关的黏度常数，Pa·s；E_η 为在恒定剪切速率下的黏流活化能，J/mol；R 为气体常数，8.324 J/(mol·K)。

从式（2－2）可以看出，随着温度的增加，高聚物的相对黏度下降。因此，为了提高烧结速率，应尽可能提高粉床加热温度。

Frenkel 黏性流动机理最早成功应用于玻璃和陶瓷材料的烧结中。已有研究表明，高分子材料在烧结过程中没有受到任何的剪切应力，且熔体接近牛顿流体，由此可证明 Frenkel 黏性流动机理是适用于高分子材料烧结的，并得出烧结颈生长速率与材料的表面张力成正比，与颗粒半径和相对黏度成反比的结论。

2. “烧结立方体”模型

由于两球形液滴黏结模型只是描述两球形液滴烧结过程，而 SLS 是大量粉末颗粒堆积而成的粉末床体的烧结，因此两球形液滴黏结模型对 SLS 成形过程的描述具有一定的局限性。在 Frenkel 研究的基础上，提出了“烧结立方体”模型。这个模型认为 SLS 成形系统中粉末堆积类似一个立方体堆积粉末床体结构，如图 2－24 所示，并有如下假设。

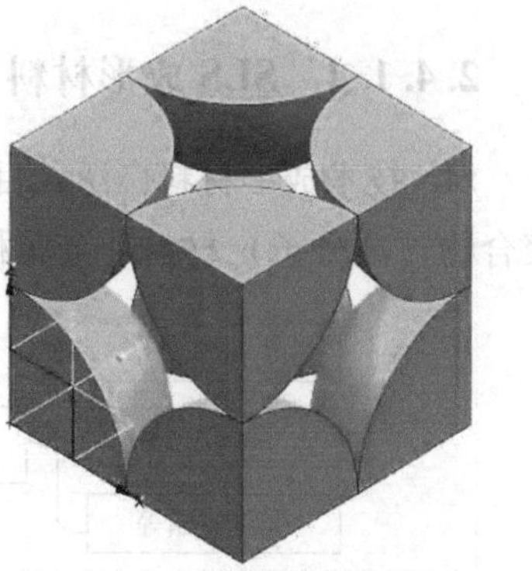

图 2－24 立方体堆积粉末床体结构[63]

（1）立方体堆积粉末是由半径相等（半径为 a）的相互接触的球体组成。

（2）致密化过程使粉末颗粒发生变形，但始终保持半径为 r_{b} 的球状，因此颗粒间接触部位为圆形，其半径为 $\sqrt{r_{\mathrm{b}}^2+x_{\mathrm{d}}^2}$，式中 x_{d} 代表两个颗粒之间的距离。

烧结过程中单个粉末颗粒的变形过程如图 2－25 所示。

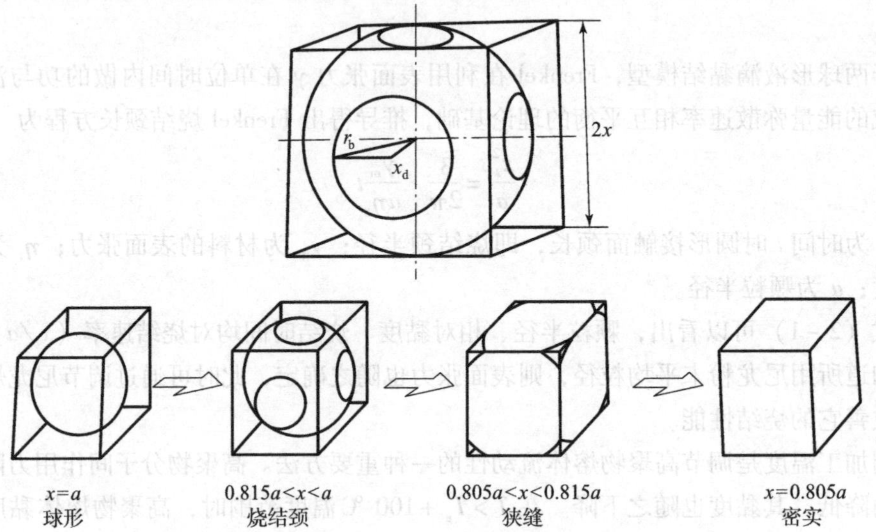

图 2－25　烧结过程中单个粉末颗粒的变形过程[64－65]

现在假设粉床中部分粉末颗粒不烧结。定义烧结颗粒所占的分数为 ζ，即烧结分数，ζ 的范围为 0～1，表示任意两个粉末颗粒形成一个烧结颈的概率，$\zeta=1$ 意味着所有的粉末颗粒都烧结；$\zeta=0$ 意味着粉末颗粒没有参加烧结。

推导出烧结速率用粉末相对密度随时间的变化表示为

$$\rho = -\frac{9\gamma}{4paN}\left\{N-(1-\zeta)+\left[1-\left(\zeta+\frac{1}{3}\right)N\right]\frac{9(1-N^2)}{18N-12N^2}\right\} \tag{2-3}$$

式中，$N=r_b/x_d$。

从烧结速率方程式（2－3）可以看出普遍的烧结行为，发现致密化速率与材料的表面张力成正比，与材料的黏度 η 和粉末颗粒的半径 a 成反比。

2.4.1.4　SLS 成形材料

SLS 技术成形材料广泛，目前国内外已开发出多种 SLS 成形材料，按材料性质可划分为聚合物（高分子）材料、金属材料、陶瓷材料及覆膜砂材料等，如图 2－26 所示。

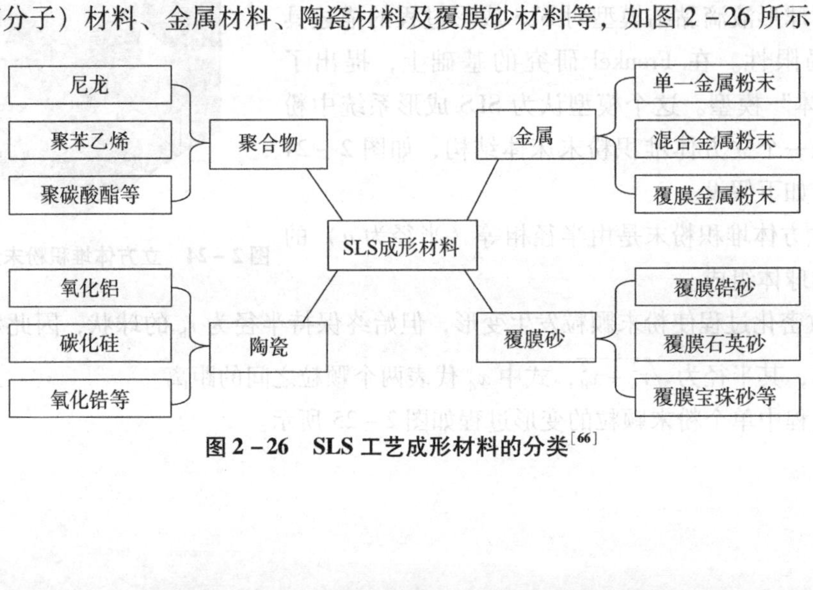

图 2－26　SLS 工艺成形材料的分类[66]

1. 高分子材料

高分子材料相对于金属和陶瓷材料而言，具有成形温度低、所需激光功率小和成形精度高等优势，是目前 SLS 工艺中应用最早、最广泛的材料。

SLS 技术需要将高分子材料制备成合适粒径的固体粉末材料，使其在吸收激光后熔融（或软化、反应）而黏结，且不会发生剧烈降解。在 SLS 工艺中所使用的高分子材料可分为非结晶性高分子（如聚苯乙烯（PS））、半结晶性高分子（如尼龙（PA））。对于非结晶性高分子，采用激光扫描使其温度升高到玻璃化温度，粉末颗粒发生软化并相互黏结成形；而对于结晶性高分子，激光使其温度升高到熔融温度，粉末颗粒完全熔化而成形。常用于 SLS 的高分子材料包括聚苯乙烯、尼龙、聚丙烯（PP）、丙烯苯乙烯丁二烯共聚物（ABS）及其复合材料等。

工业化产品的热塑性高分子一般为粒料，粒状的高分子需要制成粉料再进行 SLS 成形。高分子材料具有黏弹性，在常温下粉碎时，产生的粉碎热会增加其黏弹性，导致粉碎困难，同时被粉碎的粒子还会重新黏结而使粉碎效率降低，严重时会出现熔融拉丝现象[67]。因此，采用常规的粉碎方法不能制得适合 SLS 工艺要求的粉料。

微米级高分子粉末的制备方法主要有两种。一是低温粉碎法：低温粉碎法是一种利用高分子材料的低温脆性的特点来制备粉末材料的方法，常见的高分子材料如聚苯乙烯、聚碳酸酯、聚乙烯、聚丙烯、聚甲基丙烯酸酯类、尼龙、丙烯苯乙烯丁二烯共聚物等均可采用低温粉碎法制备粉末材料。二是溶剂沉淀法：溶剂沉淀法是将高分子溶解在合适的溶剂中，再通过改变温度或加入第二种非溶剂（此溶剂不能溶解高分子，但可以和前一种溶剂互溶）的方法，将高分子以粉末状沉淀出来，该方法尤其适用于像尼龙等低温柔韧性的高分子材料，这类材料在低温下难以粉碎，且细粉吸收率很低。

2. 金属材料

SLS 金属基粉末材料的常见种类包括以下几种。

（1）不锈钢粉末材料。不锈钢粉末材料因具有良好的耐腐蚀性和力学强度，被广泛用于制造涡轮机叶片和排气管等强度高、耐腐蚀性好和高温特性的金属零件。

（2）钴铬合金粉末材料。钴铬合金粉末材料是一种具有良好的耐氧化性、耐腐蚀性和力学强度的高温合金，能够在高温环境下保持稳定性。钴铬合金粉末材料常用于制造航空发动机和航空制动器等高温环境中使用的零件。

（3）铝合金粉末材料。铝合金粉末材料是一种质量轻、强度高、耐腐蚀性好的材料，常用于制造航空航天、汽车、医疗器械等领域的零件。

（4）钛合金粉末材料。钛合金粉末材料具有良好的力学性能、优异的耐腐蚀性和强度质量比，广泛应用于航空航天、医疗器械、体育设备等领域。

常用的黏结剂的加入方式主要有混合法和覆膜法。在相同的黏结剂含量和工艺条件下，覆膜氧化铝 SLS 制件的强度约是混合粉末坯体强度的两倍。其主要原因在于覆膜氧化铝 SLS 制件内部的黏结剂和陶瓷颗粒的分布均匀，坯体在后处理过程中的收缩变形性相对较小，所得陶瓷零件的内部组织也更均匀。但陶瓷粉末的覆膜工艺比较复杂，需用到特殊的设备，这使覆膜粉末的制备成本较高。

3. 陶瓷材料

常见的 SLS 陶瓷基粉末材料如下。

（1）氧化铝（Al_2O_3）。氧化铝因具有优良的热传导性、耐磨性和电绝缘性而被广泛使用。SLS 技术可以利用氧化铝粉末制造强度高、密度高的陶瓷零件。

（2）氧化锆（ZrO_2）。氧化锆具有较高的强度和高温稳定性，在医疗、航空航天和化学工业等领域都有广泛应用，SLS 技术能够制造具有复杂形状的氧化锆零件。

（3）硅酸盐：硅酸盐是一类分布很广、种类繁多、具有多种组合和性能的陶瓷材料。通过 SLS 技术，可以制造出具有优异耐火性、耐高温性和化学稳定性的陶瓷零件。

（4）氮化硅（Si_3N_4）。氮化硅是一种具有优异的力学性能和耐腐蚀性的高温陶瓷材料。SLS 技术能够实现多种复杂形状的氮化硅零件的制备，适用于高温、高压环境。

在 SLS 工艺中，采用间接法制备陶瓷零件。在激光烧结过程中，利用熔化的黏结剂将陶瓷粉末黏结在一起，形成一定的形状，然后通过适当的后处理，使其具有较高的强度。黏结剂的添加量和添加方式是 SLS 成形工艺的重要因素，黏结剂添加量过少时，无法有效地将陶瓷基体颗粒黏结起来，容易产生分层；黏结剂添加量过多时，基体中陶瓷的体积分数含量偏低，在去除黏结剂的脱脂过程中容易出现开裂、收缩和变形等缺陷。

4. 覆膜砂材料

在 SLS 成形过程中，覆膜砂零件通过间接法制造的覆膜砂与铸造用热型砂类似。SLS 覆膜砂材料是一种应用于金属铸造中的铸造辅助材料，主要用于生产内部复杂的铸造模具。覆膜砂材料是一种由有机聚合物和硅酸盐粉末混合而成的混合物。

SLS 技术可以用于创建覆膜模具，以帮助沙子沉积到金属模具的表面。覆膜砂材料可以快速、精确地生产覆盖模具表面的复杂形状，并且其预制模型的时间和成本都少于传统的铸造工艺。SLS 工艺利用激光对复合材料粉末进行直接烧结，因此可以制备出非常细密的孔隙。

覆膜砂材料具有以下优点。

（1）精度高。SLS 技术可以制造精度高、规格高的模具，并能精确地加工出复杂的内部形状和凹凸纹。

（2）生产效率高。SLS 技术可以实现模型的快速制造，极大地缩短生产周期，降低生产成本。

（3）良好的表面质量。覆膜砂材料能够生产出具有表面质量高的浇注口和导向棒。

覆膜砂材料一般用酚醛树脂等热固性树脂包覆锆砂、石英砂的方法制得。在激光烧结过程中，酚醛树脂受热产生软化固化，使覆膜砂黏结成形。但因激光加热时间很短，酚醛树脂在短时间内不能完全固化，导致烧结件的强度较低，需对烧结件进行加热处理，处理后的烧结件可作为铸造用砂型或砂芯，用于生产金属铸件。

2.4.1.5　SLS 设备核心器件

SLS 设备的核心器件主要包括 CO_2 激光器、振镜扫描系统、粉末传送系统、成型腔、气体保护系统和预热系统等[68]。

1. CO_2 激光器

SLS 设备采用 CO_2 激光器，波长为 10 600 nm，激光束光斑直径为 0.4 mm。CO_2 激光器中，主要的工作物质由 CO_2，N_2，He 三种气体组成，其中 CO_2 是用来产生激光辐射的气体，N_2 和 He 为辅助性气体。CO_2 激光器的激发条件放电管中，一般有几十毫安或几百安的直流电流输入，放电时，放电管中混合气体内的 N_2 分子由于受到电子的撞击而被激发起来，这时受到激发的 N_2 分子与 CO_2 分子发生碰撞，N_2 分子将自身的能量传递给 CO_2 分子，CO_2 分子从低能级跃迁到高能级上，形成粒子数反转，发出激光。

2. 振镜扫描系统

SLS 镜扫描系统类似于 LOM 激光振镜扫描系统，由 $X-Y$ 光学扫描头，电子驱动器和光学反射镜片组成，计算机控制器提供的信号通过驱动放大电路驱动光学扫描头，从而在 $X-Y$ 平面控制激光束的偏转。具体参见第 2 章 2.1 节中图 2－2（b）振镜结构示意图及其相关介绍。

3. 粉末传送系统

SLS 设备中，一般有两种送粉方式（见图 2－27）[69]，一种是粉缸送粉方式，即通过送粉缸的升降完成粉末的供给；另一种是上落粉方式，即将粉末置于机器上方的容器内，通过粉末的自由下落完成粉末的供给。

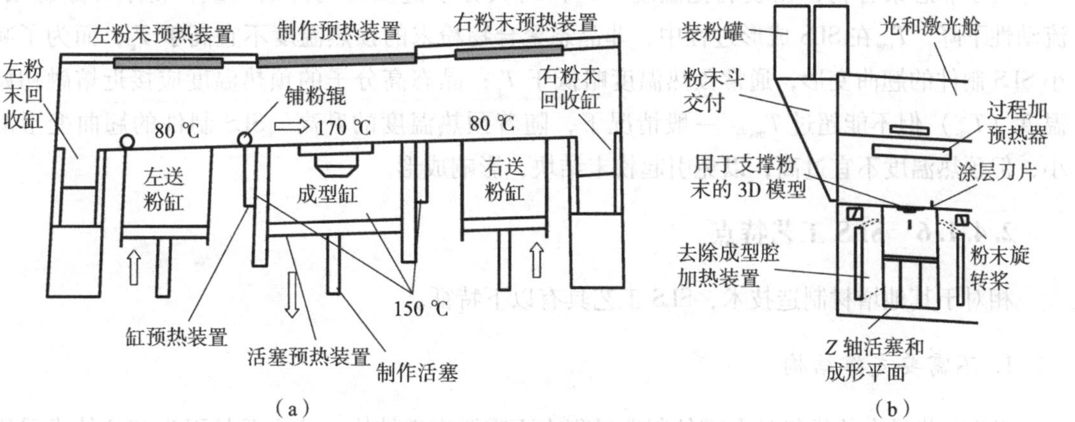

图 2－27　两种不同的送粉方式

（a）粉缸送粉；（b）上落粉

4. 成型腔

利用激光进行粉末成形的封闭腔体，主要由工作缸和送粉缸等组成，缸体可以沿 Z 轴上下移，如图 2－28 所示[70]。

图 2－28　成型腔

5. 气体保护系统

在成形前通入成型腔内的惰性气体（一般为 N_2 或 Ar），可以减少成形材料的氧化降解，促进工作台面温度场的均匀性。

6. 预热系统

在 SLS 成形过程中，一般采用预热方式将工作缸中的粉末加热到一定温度，以使烧结产生的收缩应力尽快松弛，进而降低 SLS 制件的翘曲变形，这个温度称为预热温度。但当预热温度达到结块温度时，粉末颗粒会发生黏结、结块而失去流动性，导致铺粉困难。

对于非态聚合物，在玻璃化温度（T_g）时大分子链段运动开始活跃，粉末开始黏结、流动性下降，T_{ms} 在 SLS 成形过程中，非晶态聚合物粉末的预热温度不宜高于 T_g，而为了减小 SLS 制件的翘曲变形，通常预热温度略低于 T_g；晶态高分子的预热温度应接近熔融初始温度（T_{ms}）但不能超过 T_{ms}。一般情况下，随着预热温度的升高，SLS 制件的翘曲变形减小，但预热温度不宜过高，以免引起粉末结块，影响成形。

2.4.1.6　SLS 工艺特点

相对于其他增材制造技术，SLS 工艺具有以下特征。

1. 不需要支撑结构

SLS 工艺最大的优势是在零件制造过程中不需要支撑结构。这主要是因为 SLS 技术采用激光束对粉末材料进行逐层烧结，而未烧结的粉末可以作为支撑材料支撑整个结构。因此，SLS 适用于在没有额外支撑结构的情况下，生产具有复杂的几何形状和内部结构的零件。

2. 可用于多种材料

SLS 技术可以实现高分子材料（如尼龙、聚丙烯）、金属材料（如钛合金、不锈钢）和陶瓷材料等多种类型的材料进行成形，这使 SLS 技术在不同行业和应用领域均具有广泛适用性。

3. 自由度高

SLS 工艺使在设计和制造零件时可以实现较高的几何自由度。由于不受支撑结构的限制，SLS 允许制造复杂形状、中空结构和内部通道等特征。因此，SLS 技术成为用于制造功能性零件和原型的有力工具。

4. 成形速度快

与其他成形技术相比，SLS 具有较快的成形速度。激光束能够快速扫描并烧结粉末，从而达到了高效率的零件加工的目标。另外，SLS 还具有高度的自动化和大批量生产的潜力。

5. 制造成本低

SLS 工艺相对于传统的制造方法，如铸造和机加工，具有一定程度的制造成本优势。SLS 能够降低人力和工时成本，并且产生较低的废料。

6. 可重复性好

在适当的工艺参数和质量控制下，SLS 可以实现零件质量和尺寸精度的高度一致。因此，SLS 技术适用于要求高精度和一致性的应用。

2.4.2 激光选区熔化技术

2.4.2.1 SLM 技术工艺原理

SLM 成形技术是在 SLS 技术的基础上发展起来的，借助计算机辅助设计与制造，基于离散分层叠加的原理，通过高能激光束将金属粉材直接成形为致密的三维实体零件。SLM 成形过程不需要任何工装模具，也不受零件形状复杂程度的限制，是当今发展速度最快的金属 3D 打印技术之一。

SLM 成形技术采用高能激光束选择性地逐行、逐层熔化金属粉末，实现金属零件的成形，图 2－29 所示为 SLM 技术原理。

具体工作流程：首先利用分层软件把待加工产品的三维模型按照一定的层厚进行分层，并设定扫描策略，获取每一层的切片轮廓信息和扫描轨迹，将这些信息和设定的工艺参数输入到机床的系统中，实现数控加工程序的自动化。然后铺粉系统在基板上均匀地铺一层金属粉末，高能激光束经光学系统照射到粉末床并按照预定轨迹扫描。在保护气体氛围下，被扫描的粉末迅速熔化、凝固，形成特定数目和大小的熔池，熔池之间有一定的重叠区域以保证

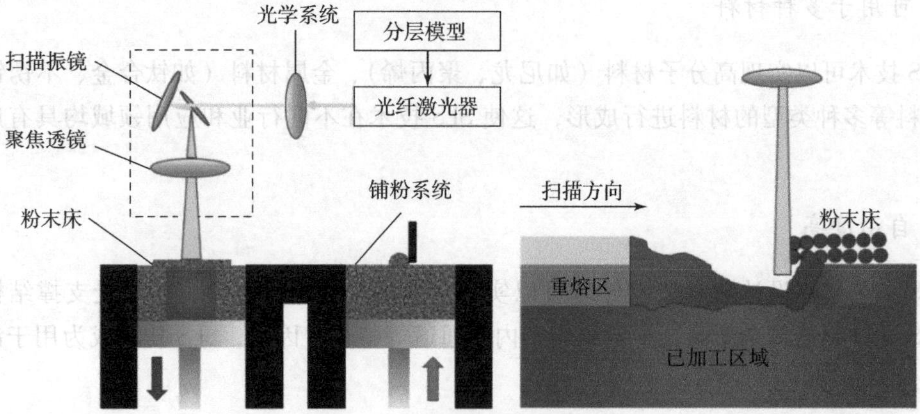

图 2-29　SLM 技术原理[71-72]

搭接效果，达到“由点到线、由线到面”的目的。当一层扫描结束后，基板下降一个层厚度，再次进行铺粉，激光束会将上一层已凝固部分再次熔化，以获得层与层之间良好的冶金结合，然后自下而上，层层叠加，最终形成所需要的三维实体。SLM 技术成形零件如图 2-30 所示。

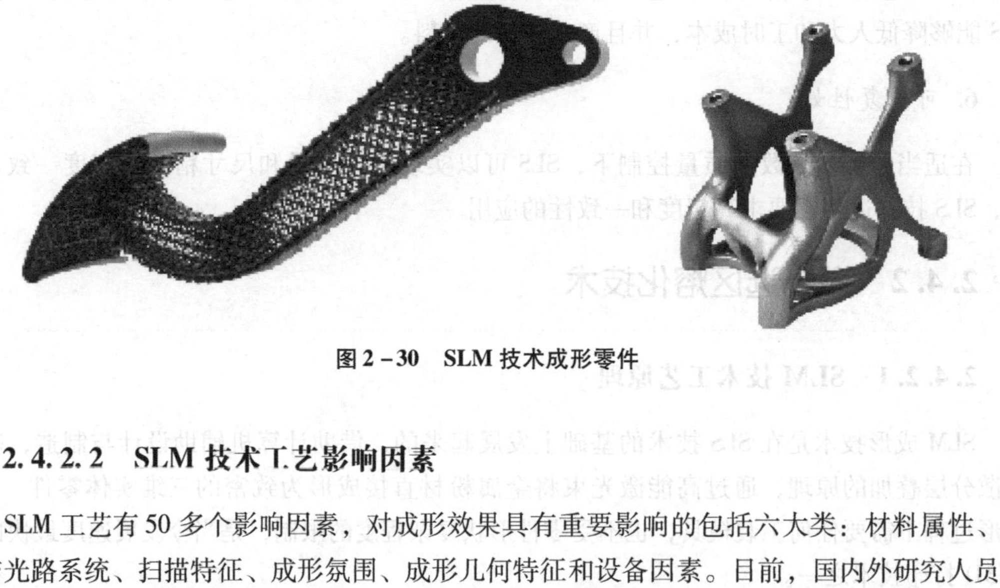

图 2-30　SLM 技术成形零件

2.4.2.2　SLM 技术工艺影响因素

SLM 工艺有 50 多个影响因素，对成形效果具有重要影响的包括六大类：材料属性、激光与光路系统、扫描特征、成形氛围、成形几何特征和设备因素。目前，国内外研究人员主要针对以上几大类影响因素，对 SLM 技术进行工艺与应用研究，目的是解决成形过程中出现的缺陷，以提高成形零件的质量。

在工艺研究方面，SLM 成形过程中的重要工艺参数有激光功率、扫描速度、铺粉层厚、扫描间距和扫描策略等，通过组合不同的工艺参数，使成形质量最优。

SLM 成形件的主要缺陷有球化、翘曲变形。在成形过程中，上、下两层金属粉末熔化不充分，由于表面张力的作用，熔化的液滴会迅速卷成球形，从而导致球化现象。为了避免球化，应该适当地增大输入能量。翘曲变形是指 SLM 成形过程中存在的热应力超过材料的强度，而使材料发生塑性变形的一种现象。由于残余应力的测量比较困难，目前对 SLM 工艺的翘曲变形的研究主要是采用有限元方法进行，然后通过实验验证模拟结果的可靠性。

2.4.2.3　SLM 成形件主要性能指标

1. 力学性能

下面以 SLM 方法成形 316 L 不锈钢零件来说明 SLM 成形件的力学性能，采用以下两种测试方案。

（1）第一种采用 SLM 方法加工力学性能测试件的毛坯，再经机加工得到力学性能测试件的几何尺寸。图 2－31 所示为力学性能测试件几何尺寸。整个实验过程为通过 SLM 方法成形 7 mm × 7 mm × 90 mm 长方块，再将该长方块线切割加工成图 2－31 所示尺寸的测试件；在电子万能试验机上分别测试使用层间错开扫描策略制作的测试件，以及没有使用层间错开扫描策略制作的测试件的拉伸力学性能。

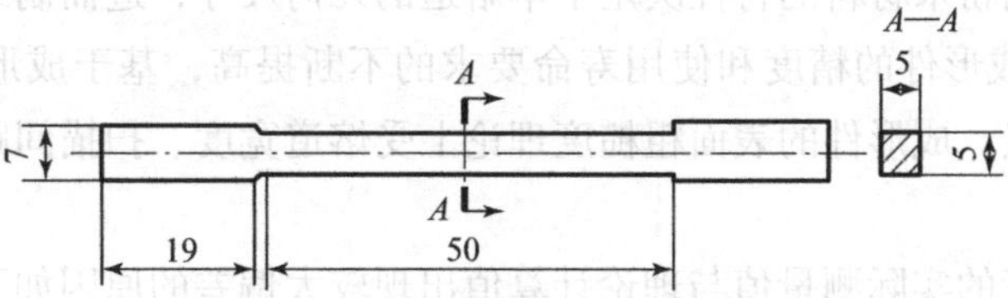

图 2－31　力学性能测试件几何尺寸

当使用层间错开扫描策略时，测试件的抗拉强度为 636 MPa，断后伸长率为 15% ~ 20%，与熔模铸造件性能（抗拉强度为 517 MPa，断后伸长率为 39%）相比，抗拉强度显著提高，断后伸长率减小，其中断后伸长率的减小主要与熔池快速凝固有关。当没有使用层间错开扫描策略时，测试件的抗拉强度为 468 MPa，断后伸长率为 9% ~12%，低于熔模铸造的拉伸力学性能。根据分析，在不使用层间错开扫描策略的条件下，熔道之间的搭接缺陷容易导致裂纹。

（2）第二种通过 SLM 方法直接成形力学性能测试件，而不进行后续的机加工，分别采用 SLM 方法制作沿拉伸方向堆积成形的测试件和沿垂直于拉伸方向堆积成形的测试件。

通过 SLM 方法直接成形的力学性能测试件分为圆柱状和板状两种。板状测试件因拉伸时发生扭转，抗拉强度较低，测试结果如表 2－1 所示。从表 2－1 可以看出，SLM 成形件的抗拉强度显著高于铸造件的抗拉强度，沿垂直于拉伸方向堆积成形的测试件抗拉强度高于沿拉伸方向堆积成形的测试件抗拉强度。沿垂直于拉伸方向堆积成形的测试件断后伸长率较高，但比熔模铸造件的低 20% 以上，而沿拉伸方向堆积成形的测试件的断后伸长率则低于铸造件 40% 以上，原因可能是在沿拉伸方向堆积成形时，层与层之间叠加造成的不稳定因素（如夹渣、飞溅、气孔等缺陷）导致抗拉强度与断后伸长率下降。

表 2-1　SLM 方法直接成形 316 L 不锈钢测试件力学性能

测试件	抗拉强度/MPa		断后伸长率/%	
	沿垂直于拉伸方向堆积	沿拉伸方向堆积	沿垂直于拉伸方向堆积	沿拉伸方向堆积
试样 1	624	561	31	19
试样 2	582	554	29	22
铸造件	>480		39	
注：SLM 方法直接成形的力学性能测试件没有经过机加工处理。				

2. *表面粗糙度*

表面粗糙度是成形件表面质量的重要表征参数，其大小影响成形件的磨损性能和几何尺寸，进而影响零件的使用寿命。SLM 成形是在熔道与熔道之间搭接成形零件，成形面由单熔道组成。成形所用粉末材料的特性决定了单熔道的几何尺寸，进而制约了成形件的表面粗糙度。随着对 SLM 成形件的精度和使用寿命要求的不断提高，基于成形粉末特性的表面粗糙度的研究成为热点。成形件的表面粗糙度理论上受熔道宽度、扫描间距和铺粉厚度三个因素的影响。

零件表面粗糙度的实际测量值与理论计算值出现较大偏差的原因如下。

（1）SLM 成形是一个复杂多变的过程，极小的环境扰动都会引起熔池表面的较大变化，进而影响零件整体的表面粗糙度。在进行表面粗糙度理论建模时，由所假设的条件不能完全模拟出成形过程中的单熔道形态和熔道搭接情况，只能较为理想地假设实际加工过程。在理论计算时，会假设熔道形状为规则曲线，而在实际加工过程中，熔道是不稳定的。液态金属存在黏性，在流动过程中会受到摩擦力和表面张力的双重作用，使熔道不连续，熔道与熔道的连接区域容易出现断层，存在断层的部分在下一层铺粉过程中的高度会明显低于其他部分。随着这种情况的累积，成形层的表面粗糙度不断增大。

（2）加工过程中粉末的飞溅是影响 SLM 成形件表面粗糙度的一个重要因素。SLM 加工过程中由于温度急速升高，极易产生大量金属熔渣飞溅，这些熔渣很容易飞落到熔道两侧，进而影响成形件的整体表面轮廓，增加零件的表面粗糙度。

（3）理论计算时忽略了重熔区的热影响，而实际加工过程中，重熔区存在热膨胀，使重熔区的体积变大，因此单熔道表面轮廓不是假设中的规则表面轮廓，实际表面轮廓与理论假设表面轮廓间存在较大差异。

（4）粉末的不完全熔化也是影响成形件表面粗糙度的因素之一。如图 2-32 所示，熔道表面附着小球颗粒，有可能是熔渣飞溅引起的，也有可能是粉末不完全熔化引起的。由图 2-32 可以看到熔池表面轮廓，熔池存在明显高于水平面的区域，在凝固过程中该区域的熔池边界会黏附大量未熔化的粉末，这些粉末的存在使搭接区的表面质量下降，增大了成形件的总体表面粗糙度。

SLM 成形件易出现较大的表面粗糙度，这种情况是由多个因素共同作用、不断累积的结果。即使 SLM 成形件首层表面轮廓平整，也容易出现短波浪状表面，最后会得到无规则的沟壑状表面。

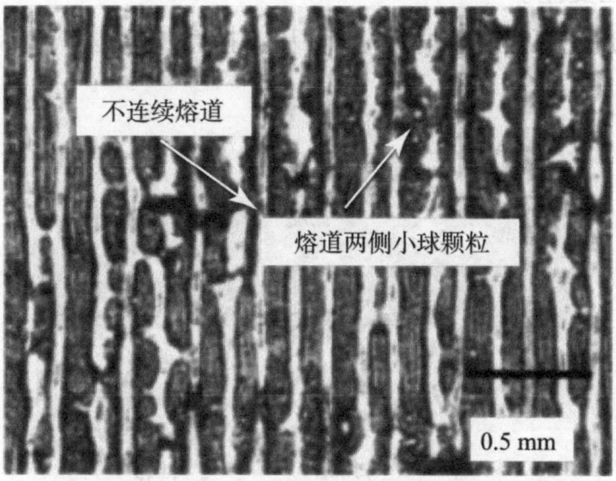

图 2－32　成形件熔道表面轮廓

3. 致密度

只有在保证高表面质量的条件下，SLM 成形件才会获得高致密度与高尺寸精度，SLM 成形实验的结果才更有意义。因此，获得高致密度与高表面质量的成形件是一致的目标。对于特定材料，SLM 成形件的致密度可以优化控制在 95% 以上，几乎 100%，成形件的力学性能可与铸造件的性能相媲美。

2.4.2.4　SLM 成形件常见缺陷及其成因

1. 球化现象

SLM 加工过程中，金属粉末被激光束的照射熔化成液态金属，如果液态金属没有很好地铺展在基板或前层基体上，而是形成大量相互独立、大小不一的金属球，这种现象称为 SLM 加工过程中的球化现象。球化现象在 SLM 加工过程中是普遍存在的现象，一方面球化现象会极大地影响成形件的表面质量，由于凝固后的金属球相互独立，在逐层扫描的过程中金属球之间存在大量孔隙，造成成形件孔隙率过高，力学性能下降；另一方面，表面的球化现象会阻碍铺粉辊的正常工作，增加刮粉装置与粉层表面的摩擦力，影响液态金属的表面质量，严重时还会阻碍成形过程的进行。

球化现象的产生原理如图 2－33 所示。球化现象形成的主要原因是液态金属对固态基体的润湿性差。在 SLM 加工过程中，液态金属在与固态基体接触处有自动降低表面能的趋势，即凝聚成球状，造成润湿性变差。研究表明，液态金属对固态基体的润湿性与粉末的颗粒、氧含量、熔化温度等有关。增加氧含量不利于熔池的润湿与铺展，如果粉末是采用水雾法制成的，则成形件的表面成形质量会较差。增大粉末球形度和减小粉末尺寸可增加粉末的流动性，从而减少球化现象的产生。提高熔池温度也可改善液态金属的流动性，从而降低球化率。研究还发现，当粉层厚度大时极易产生球化现象，而层厚度小则有利于液态金属的润湿与铺展，原因如下。

（1）粉层厚度大使单位体积内的激光束能量降低、温度场下降，导致液态金属的流动性和对固态基体的润湿性变差。

（2）粉层厚度大使激光束难以穿透粉层与基体接触，无法获得良好的焊合效果。

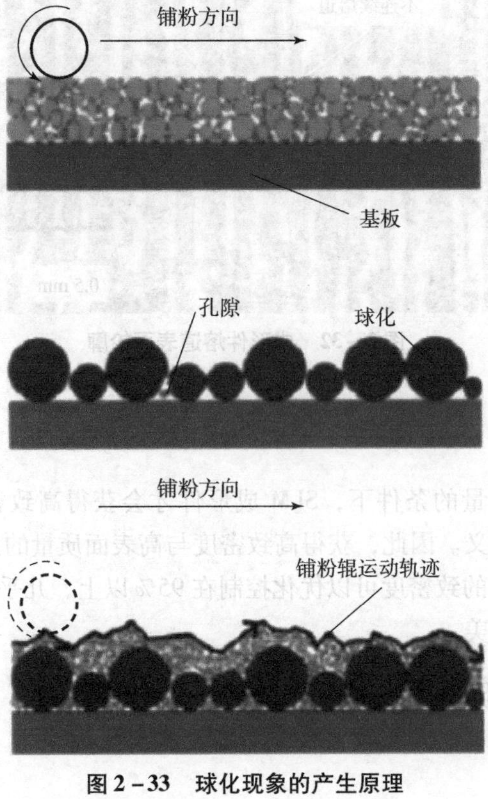

图 2-33　球化现象的产生原理

除以上润湿性的原因而产生的球化现象外，还有一些轻微的球化现象，它们是由于激光束冲击熔池和熔体的蒸发而产生的飞溅粉末造成的，在 SLM 加工过程中无法避免。这些飞溅粉末球体的体积很小，在扫描临近轨道时会重新熔化，对工件性能无不良影响。

2. 孔隙

孔隙是 SLM 工艺的一个重要特征，该特征会直接影响成形件的致密度、显微结构和力学性能等，从而严重影响 SLM 零件的实用性能。优化 SLM 工艺参数的重要目的是得到致密度高的金属零件。

SLM 成形件中孔隙的形成原因主要有以下几种。

（1）球化。在 SLM 加工过程中如果产生较为严重的球化现象，则在金属球之间相接触的地方会产生孔隙，金属粉末无法渗入，在多层累积后会形成体积较大的孔洞。即使粉末能够进入金属球间隙，激光束的穿透能力也有限，能量很难传递到深处熔化粉末，因此影响工件的致密度。球化现象是出现孔隙的主要原因。

(2)气孔。由于在SLM工艺中粉末层为多孔结构,且成型腔内一般充有惰性气体以防止金属氧化,在扫描过程中气体易混入熔化的液态金属中,如果冷却速度较快,气体来不及从熔池中逸出,则有可能形成气孔。这种气孔的体积一般很小,且呈规则球形,气孔内壁较为光滑。避免气孔的产生,需从工艺参数上着手,适当提高熔池的存留时间,让熔池中的气体有足够的时间逸出。

(3)扫描间距过大。在SLM工艺中,扫描间距是个重要的工艺参数,为了得到较高致密度的成形件,需要设计合理的扫描间距,让焊道之间部分搭接,以减少孔隙的产生。虽然在SLM工艺中增大扫描间距可控制球化的发生,但如果扫描间距过大,仍会形成大量尺寸非常大的孔隙。

(4)裂纹与热应力。裂纹与热应力是孔隙产生的一个重要原因。SLM过程具有非常快的冷却速度和非常大的温度梯度,工件中存在高热应力和高相变应力,其中热应力是SLM成形件开裂的主要原因。在激光束加热和冷却的过程中,凝固的金属内部与其周围部位的膨胀收缩趋势不一致,故会产生热应力。相变应力的产生是由于部分金属材料在发生固态相变时,两相或多相之间的比热容不一样,膨胀或收缩时相互牵制,从而产生内应力。当成形件内部产生应力时,会发生翘曲变形或者开裂等现象以释放应力,由此产生孔隙。这种孔隙可通过前、后热处理来减少或消除,在成形前可对基板和粉末进行预热处理以减小温度梯度,同时优化扫描方式或扫描策略以减少孔隙;进行成形后热处理,如热等静压来消除孔隙。

2.4.2.5 SLM技术的优、缺点

1)SLM技术的优点

(1)设计自由度高。SLM技术具有很高的设计自由度,可实现复杂的几何形状和内部结构,如中空结构、悬臂结构和内部通道结构等。因此,SLM技术成为制造高度个性化和定制化金属零件的有效工具。

(2)快速制造。相对于传统加工方法,如铸造和机械加工,SLM技术具有较快的制造速度。激光束能够在极短的时间内对金属粉末扫描并熔化,从而达到高效的零件制造的效果,尤其适合小批量、个性化的加工。

(3)材料性能优良。SLM制造的金属零件具有密度高、强度高和良好的热导性等材料特性,使SLM技术能够应用于一些高要求的行业,如航空航天、医疗和汽车工业等。

(4)可实现多种金属合金制造。SLM技术不局限于单一金属材料,可以实现多种金属合金的制造,极大地拓宽了SLM技术的应用领域。

(5)减少材料浪费。SLM技术采用粉末材料,在零件制造过程中未被熔化的金属粉末可以重新使用以减少材料浪费,提高资源利用率。

2)SLM技术的缺点

(1)设备和材料成本较高。相对于传统制造设备,SLM设备的成本偏高,这对于中小型企业和个人用户来说是一项挑战。另外,SLM使用的金属粉末材料和其他消耗品的成本也比较高。

(2)制造过程复杂。SLM技术的制造过程要求严格的参数控制和操作技术,如激光束功

率、扫描速度和扫描路径等。这不仅对操作人员有很高的技术要求，还使生产过程更加复杂。

(3) 零件尺寸约束。SLM 技术的制造尺寸受限于机器的体积，也就是说，要加工更大尺寸的零件是一件很困难的事情。另外，在加工大型零件时，因金属材料自身的热膨胀和收缩性，可能会产生变形和失真等问题。

(4) 表面质量和粗糙度。由于 SLM 技术的特殊制造过程，制造的零件表面存在一定的粗糙度和纹理。这就导致需要后续对制造的零件进行表面处理和加工，以满足特定的要求。

2.4.3 电子束选区熔化技术

EBSM 是利用电子束加热并熔化金属粉末的制造技术，其原理和 SLM 类似，但使用的是电子束而不是激光束。

2.4.3.1 EBSM 原理

EBSM 的原理是通过使用高能电子束，在短时间内将金属粉末加热到熔点以上，使其熔化成液态金属；利用计算机控制电子束的功率和扫描速度，可实现精确控制选区的升温和降温过程，以达到局部加热和熔化的目的[73]。

具体工艺过程如下：首先利用计算机辅助设计软件将零件的三维模型进行切片，产生相应的加工路径和参数；然后根据切片数据，电子束加工系统将高能电子束聚焦在粉末表面的具体位置，通过电子束扫描的方式进行局部加热和熔化；随着扫描的进行，金属粉末逐渐熔化并凝固，形成所需形状的固态金属零件[74]，如图 2-34 所示。

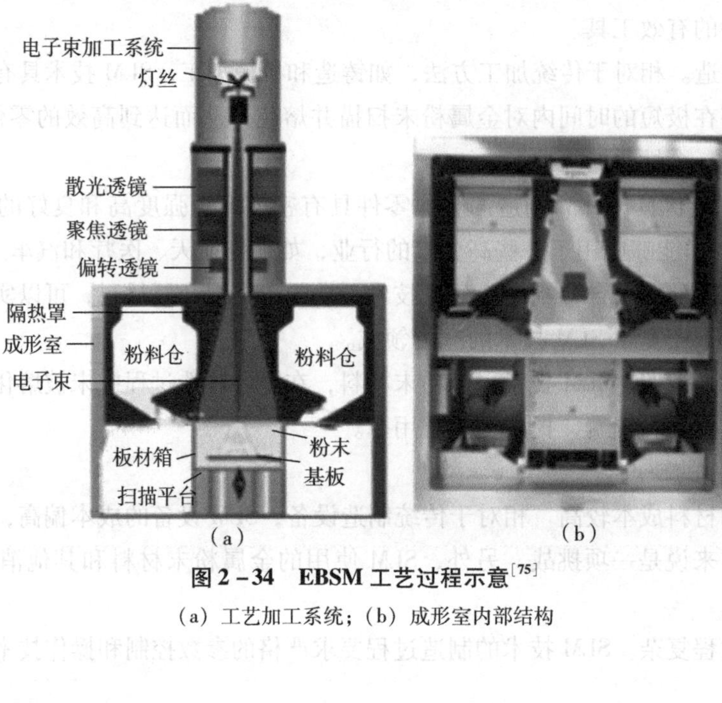

图 2-34 EBSM 工艺过程示意[75]

(a) 工艺加工系统；(b) 成形室内部结构

2.4.3.2 EBSM成形过程分析

研究者们不断通过实验或模拟的手段来加深对EBSM工艺的认识，并不断提高工艺控制的水平。在EBSM成形过程中，各种物理场相互叠加影响，产生了一系列复杂的物理现象。由于各种因素的综合作用，电子束形成的熔池虽然寿命极短（毫秒数量级），但呈现高度动态性，最终影响材料的沉积过程以及导致缺陷的形成。

1. 预置粉末层的溃散

在EBSM工艺中，预置的粉末层会在电子束的作用下溃散，离开预先的铺设位置，产生吹粉现象。吹粉现象会导致制件孔隙缺陷，甚至导致成形中断或失败。

为防止粉末层溃散，部分研究者从粉末材料的形状开始进行研究。将球形粉末与非球形粉末按一定比例混合，从而降低粉末的流动性，有效地防止了成形过程中的粉末层溃散。研究者们还从成形工艺开展研究，提出采用沉积前电子束预热基板、电子束光栅式扫描预热粉末层等方法来防止粉末层溃散。通过基板预热和粉末层预热，轻微烧结粉床，一方面提高了电导率，减少了电荷积累；另一方面，微烧结的粉床具有一定强度，可抵消电荷斥力，避免粉末被电子束“吹走”。

2. 孔隙缺陷的形成

内部孔隙是EBSM成形件的主要缺陷形式，对制件的力学性能有不利影响。球化效应是SLM或EBSM工艺中经常出现的现象，常导致孔隙缺陷的形成。球化效应是指粉末材料被电子束熔化后形成的扫描道不连续，分离为一连串球形颗粒的现象。

电子束形成的高温熔池与粉床基础温度存在较大温差，会导致热应力的产生。熔池在粉床表面快速移动，粉料被快速加热、熔化及冷却，在应力（包括热应力及一定的凝固收缩应力和相变应力）水平超过材料的许用强度时，将导致成形件翘曲甚至开裂。提高温度场的均匀性是避免EBSM成形件翘曲和开裂的有效方法之一。在EBSM工艺中，电子束在扫描截面之前，可以快速扫描，大面积加热粉床，使其温度上升至一定值，以减小截面熔化时粉床的基础温度与熔池温度之间的温度差，从而避免热应力导致的成形件翘曲或开裂。对于一些脆性材料，粉床温度甚至可以达到1 000 ℃以上，也可以通过规划合理的扫描路径以达到控制翘曲或开裂的目的。电子束在磁场驱动下可以快速跳转，实现多点熔化。相对于单点熔化，多点熔化的温度场均匀性更好，应力水平更低。

2.4.3.3 EBSM成形材料与工艺

目前文献报道的EBSM成形材料涵盖了不锈钢、钛及钛合金、钴铬钼合金、钛铝基合金、镍基高温合金、铝合金、铜合金和铌合金等多种金属及合金材料。其中，钛合金是研究EBSM成形使用最多的合金，关于其力学性能的报道比较多。表2－2给出了瑞典Arcam AB公司关于EBSM成形用TC4钛合金的室温力学性能。

表 2-2 EBSM 成形用 TC4 钛合金的室温力学性能

材料	方向	$R_{p0.2}$/MPa	R_m/MPa	A/%	Z/%	K_{IC}/(MPa·$m^{1/2}$)	S/MPa
沉积态	Z	879±110	953±84	14±0.1	46±0	78.8±1.9	382~398
	X、Y	879±70	971±30	12±0.4	35±1	97.9±1.0	442~458
热等静压态	Z	868±25	942±24	13±0.1	44±1	83.7±0.8	532~568
	X、Y	867±55	959±79	14±0.1	37±1	99.8±11.1	531~549
铸造退火标准状态	—	825	895	8~10	25	50	—

由表 2-2 可以看出，无论是沉积态，还是热等静压态，EBSM 成形用 TC4 钛合金制件的室温抗拉强度、塑性、断裂韧度和高周疲劳强度等主要力学性能指标均能达到锻件标准，但是沉积态制件力学性能存在明显的各向异性，且分散性较大。经热等静压处理后，抗拉强度有所降低，但断裂韧度和疲劳强度等动载力学性能却得到明显改善，且制件各向异性基本消失。

2.4.3.4 EBSM 技术的优、缺点

1）EBSM 技术的优点

（1）高精度。电子束的小直径和高能量聚焦使 EBSM 技术能够实现高精度的制造，可加工出复杂形状和细节丰富的零件。

（2）快速制造速度。相比传统的制造方法，EBSM 技术可以快速制造零件。电子束的高能量密度使金属粉末快速熔化、熔合并凝固，大幅缩短生产周期。

（3）能耗较低。相较于其他加热熔化方法，如激光熔化，电子束熔化过程具有更低的能耗。这是由于电子束的能量转换效率较高，可以更高效地将能量传递到粉末材料中。

（4）材料利用率高。EBSM 技术对于金属粉末的利用率非常高，几乎可以达到 100%，极大降低了废料的使用成本，节约大量的资源。

2）EBSM 技术的缺点

（1）昂贵的设备和材料成本。EBSM 设备的成本相对较高，同时所需的高纯度金属粉末也较为昂贵，因而制约该技术的普及和产业化。

（2）成形件尺寸受限。受设备尺寸和扫描平台等因素的影响，所生产的成形件的最大尺寸有一定制约。在生产大型零件时，可采用组装或其他方式进行加工。

（3）工艺参数优化要求高。针对不同材料，对加工参数和工艺进行专门优化和调整后，才能获得理想的零件质量和性能。要做到这一点，就必须对材料的加工过程有较深的研究，并有一定的实践积累。

虽然存在一定的局限性，但 EBSM 技术仍然具有很大的发展前景。今后，随着材料和设备的不断完善，该技术的应用领域将得到进一步的拓展。

2.4.3.5 EBSM 技术的发展趋势

EBSM 技术展示了制造复杂结构的能力，将成为传统制造技术的重要补充。为促进此项技术发展，未来需要关注以下几个方面。

1. 结构优化

EBSM 成形技术几乎不受零件复杂性的限制，在零件设计阶段可以通过有限元等方法充分优化结构，从而不需要考虑零件的可加工性，达到减质增效的目的，从“为了制造而设计”转变为“为了功能而设计”。

2. 质量认证

3D 打印零件的质量认证是此项技术在航空航天领域实现大规模应用的关键。首先，要严格控制原材料粉末的质量。其次，因零件成形耗时较长且容易出现缺陷，对制造过程的监控极其重要。再次，对每一种材料必须建立成形参数（功率、扫描速度、扫描路径等）与材料组织性能的关系模型，从而优化成形过程，降低缺陷率。最后，EBSM 成形件对无损检测技术提出了更高的要求。

3. 装备自动化

目前，EBSM 成形中基板的调平、电子束的校准、粉末材料的添加和回收处理等均依赖专业技术人员操作，导致其工艺成形效率低、可靠性不足。EBSM 工艺流程的自动化有助于提高生产效率、降低制造成本。

4. 装备智能化

目前，研究人员主要通过优化成形参数来提高 EBSM 成形件的质量，通过工艺试验从众多可能的工艺参数包中筛选出最优的参数，以获得最优的成形质量。然而，这种质量控制是开环的，不能实现有效的闭环控制。未来，装备研发会朝着智能化方向发展，实现扫描路径的实时智能规划、成形温度的闭环控制、缺陷的实时诊断和反馈等。国内外已经有多个研究团队开始利用热像仪测量粉床上表面的温度场，据此判断粉末材料状态、熔池形态与温度、截面形状、热应力、孔隙缺陷等成形信息，以期实现闭环的工艺控制。

5. 大尺寸成形系统

由于电子束的束斑质量会随着偏转角度的增加而快速下降，因此 EBSM 的成形尺寸受到一定限制。目前，Arcam AB 公司的商业化装备 Q20 的最大成形尺寸为 6 350 mm × 380 mm，仍需进一步提高，可能的途径有为一个电子枪设置多个工位，让电子枪在多个工位间移动；设置有多个电子枪的阵列，通过扫描图案的拼接实现大尺寸的选区熔化。

6. 与激光 3D 打印技术复合

电子束与激光束用于金属 3D 打印各有优点，前者效率高，后者可获得更高的表面精度，将两种热源复合，发挥各自优势，是一个值得探索的新方向。媒体对 3D 打印的大量宣传引起了社会各界对此项技术的关注，客观上推动了 3D 打印技术的发展。随着研究的深入，3D 打印技术的成熟度将随之提高，其应用也将越来越广泛。

2.5 定向能量沉积技术

2.5.1 定向能量沉积技术

定向能量沉积是增材制造技术七大标准分类之一，亦是当下工业级金属增材制造的主流技术之一，非常适用于高性能材料的沉积，如不锈钢、工具钢、合金钢、钛基合金、钴基合金、镍基合金、铝合金、高熵合金、金属间化合物、形状记忆合金（shape memory alloy，SMA）、陶瓷、复合材料和梯度功能材料（functionally gradient material，FGM）。

2.5.1.1 定向能量沉积技术的原理

DED 技术使用高能量密度热源（激光束、电子束、等离子或电弧）聚焦在基板上，形成一个小熔池，熔化以粉末或金属丝的形式输送到熔池中的原料（见图 2－35）。随着热源向前移动，沉积的金属在基板上固化，形成金属轨道。金属轨道根据预定义的图案填充间距（即连续金属轨道之间的距离），使其相互重叠。沉积完成后，将沉积层向上移动至下一层。此时，所有层的沉积会产生一个 3D 近净形状组件，类似计算机辅助设计模型。沉积前，使用软件对 3D 数字模型进行切片，以指定切片厚度、图案填充间距和每层中的沉积路径。

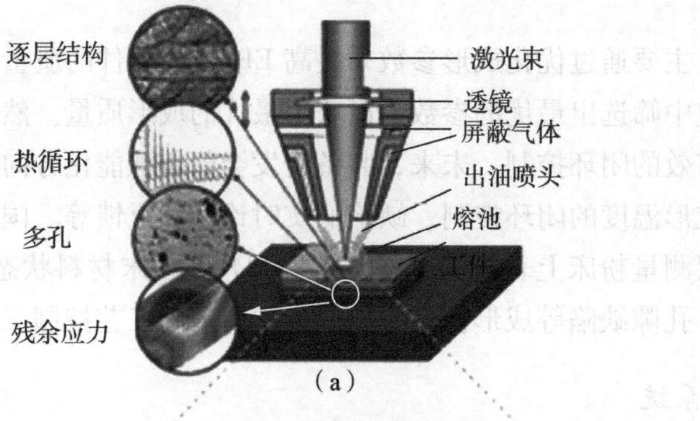

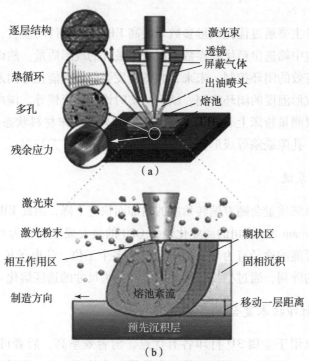

图 2－35 定向能量沉积技术的原理

（a）逐层结构、热循环、多孔和残余应力；（b）DED 中注入的粉末、激光束和熔池之间的相互作用，在某些情况下会导致熔池中形成小孔根据能源和原料类型的不同，商用技术被称为激光金属沉积（laser metal deposition，LMD）、直接金属沉积（direct metal deposition，DMD）、激光固体成形（laster fixed forming，LFF）、激光近净成形（laser engineered net shaping，LENS）、定向光制造（directional light manufacturing，DLM）、电子束增材制造（electron beam additive manufacturing，EBAM）或电弧增材制造（wire and arc additive manufacturing，WAAM）。一些 DED 技术，如定向光制造和电子束增材制造，是将金属沉积在带有受控大气的手套箱或真空的密闭室内，而直接金属沉积和电弧增材制造使用受控惰性气体保护罩来防止沉积物氧化。一些 DED 系统可以同时沉积多种材料，并允许多轴沉积来处理合理但复杂的几何形状。DED 技术也是填补裂纹、改装制造零件和修复高价值金属零件的有用技术。

2.5.1.2　定向能量沉积技术的优缺点

1）DED 技术的优点

一些国际标准已经适用于 DED 工艺。ASTM F3187－16（2023）标准列出了 DED 工艺的一些优点。

（1）原料范围广泛。

（2）可加工多种材料、复合材料和梯度功能材料。

（3）沉积态零件的静态和动态力学性能通常优于 PBF 沉积零件。

（4）零件特性可局部调整。

（5）在一台机器上打印完整零件或局部特征、涂层或维修。

（6）高沉积速率。

（7）与 PBF 技术相比，零件尺寸可能更大。

（8）与传统制造工艺相比，设计自由度通常较高。

（9）与其他增材制造流程相比，具有高技术准备水平（technological readiness levels，TRL）或制造准备水平（manufacturing readiness level，MRL）。

（10）有些 DED 技术机器是混合式的，即它们允许增减材制造。

（11）可以在非水平表面上进行增材制造。

（12）与使用激光束的 PBF 技术相比，使用激光束的 DED 技术使用的粉末粒度更大（既有成本优势，也有安全优势）。

（13）当使用带有送丝、电子束能量源和真空室的 DED 系统时，在零重力环境下进行空间打印是可能的。

2）DED 技术的缺点

（1）局部温差会导致收缩、残余应力和变形。

（2）与使用激光束的 PBF 技术相比，它们的尺寸分辨率（精度）较低，表面波纹度较大。

（3）在吹制粉末系统中，与使用激光束的 PBF 技术相比，获得了更高的表面粗糙度。

（4）零件的复杂性可能会受到限制，尤其是限制在三个自由度的机器中。

（5）DED 技术通常需要进行制造后处理。

(6) 与 PBF 技术相比，粉末利用效率和粉末可回收性更低，尤其是在打印粉末混合物时。

2.5.1.3 定向能量沉积技术的难点

使用激光束的 DED 技术，又可依据所采用材料的形式不同，细分为激光送粉和送丝两类。相比送粉增材制造，送丝具有高沉积速率和低气孔缺陷倾向的优势，同时由于材料利用率高、原材料成本低，因而整体加工成本低，更适用于中大型零件增材制造工程应用场景，具有更大的商业化价值。

早期的激光熔丝增材研究多采用传统激光束焊接的旁轴送丝形式，虽然扫描平台易于搭建，但在增材制造场景下，一方面存在扫描方向性和受热不均匀性等问题，难以满足沉积层尺寸和性能在各方向的一致性；另一方面成形路径复杂多变时，送丝方向与扫描方向相位关系的保持依赖于结构设计，增大了成形控制系统的复杂性。因此，解决丝光同轴问题是使用激光束的 DED 技术发展必须攻克的技术难点。丝光同轴技术路线有以下三种。

1. 光内或光外

实现光粉同轴，总体思路分为光内、光外两种，如图 2－36 所示。然而送丝与送粉不同，由于丝材直径较大、激光光斑较小，无法实现将多束丝送至同一光斑内熔化。因此，为实现丝光同轴，多采用光内同轴技术。

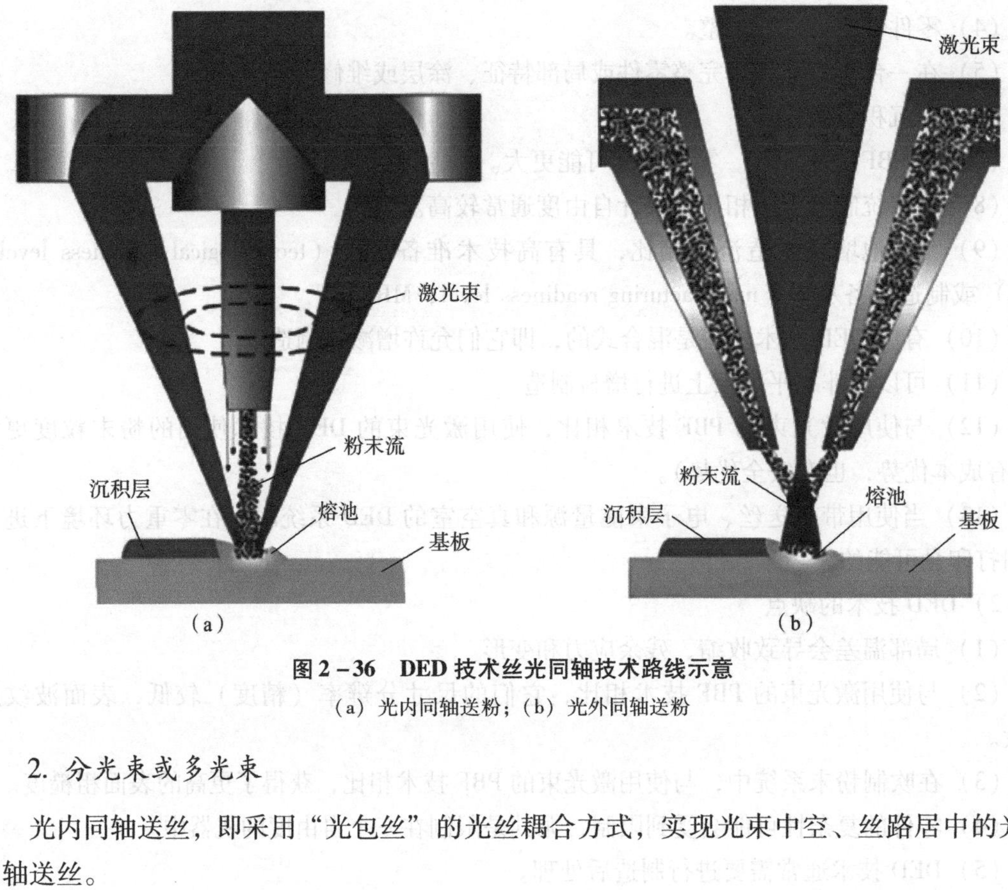

图 2－36 DED 技术丝光同轴技术路线示意

(a) 光内同轴送粉；(b) 光外同轴送粉

2. 分光束或多光束

光内同轴送丝，即采用“光包丝”的光丝耦合方式，实现光束中空、丝路居中的光内同轴送丝。

早期光内同轴送丝的思路，是采用一束激光分三光束再将光斑拼接形成环状分布，如图 2－37（a）所示。这一技术近年来逐渐发展成分环形光束光内同轴技术，可以有效地将材料与光束同轴送到熔化区域，光束轮廓呈中空环形，并直接聚焦到丝材和工件表面之间的交汇区域处，如图 2－37（b）所示。

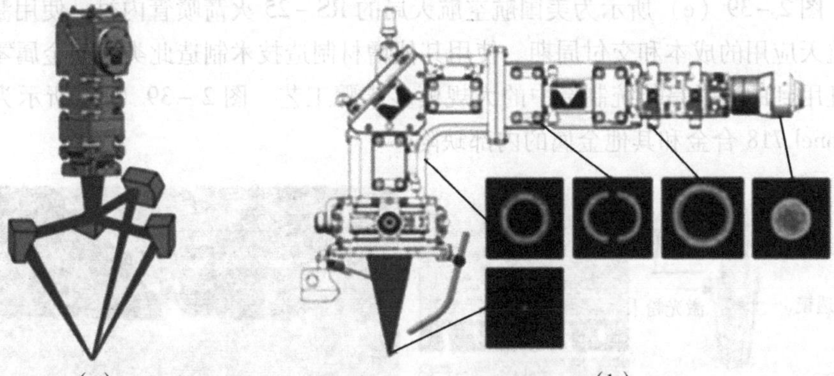

图 2－37　DED 技术分光束与多光束技术路线示意

（a）分三光束光内同轴；（b）分环形光束光内同轴

然而，实现分环形光束光内同轴需要依赖非常复杂的镜组设计，导致设备硬件投入及维护成本大幅增加，与中大型零件增材工程应用场景所追求的低加工成本相悖，制约了使用激光束的 DED 技术的广泛应用。因此，具有更高性价比的多光束集成光内同轴技术应运而生。

3. 多光束集成光内同轴技术

西班牙 Meltio 公司依托多光束集成光内同轴技术（见图 2－38）开发出核心产品，包括 Meltio M450 小尺寸工业金属 3D 打印机和 Meltio 引擎。该产品首次将使用激光束的 DED 技术系统成本降至 10 万欧元级别，一经问世即对国外增材市场格局造成重大影响，发售 4 年时间达成销售近 300 台套的抢眼战绩，一跃成为 DED 技术领域的第一名，足见市场对这一技术的认可。

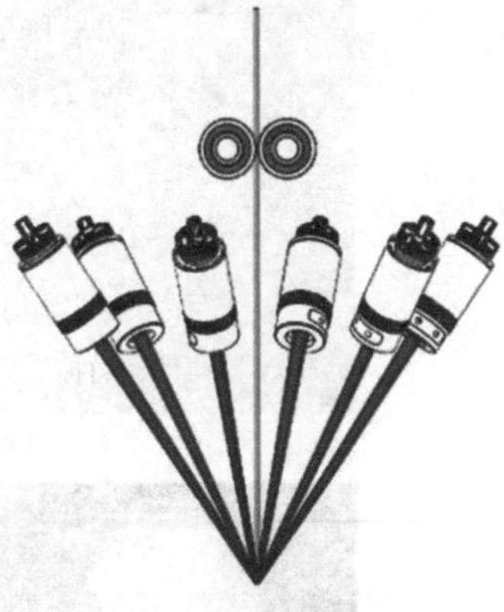

图 2－38　多光束集成光内同轴技术示意

2.5.1.4　定向能量沉积技术的应用

DED 技术在合金设计和多材料结构、大型结构制造、维修和涂层方面有一些现有和新兴的独特应用。自 1990 年中期 DED 技术商业化以来，除了打印 3D 结构外，它独特的功能还在多个领域实现应用。

1. 在制造大型结构、修复和涂层方面的应用

图 2－39 所示为 DED 技术在制造大型结构、修复和涂层方面的一些独特应用。大型、高价值金属零件的维修在工业上是一种常见的做法，通常先使用焊接，然后进行表面处理。然而，对于大型或昂贵的零件，DED 技术可以修复结构，并在修复过程中添加材料，以尽量减少结构未来受到侵蚀或损坏（见图 2－39（b））。这是通过在 DED 技术中使用计算机控

制沉积头来完成的，即根据被修复零件的 CAD 文件沉积材料，首先分析零件的常见损坏区域，如热降解或磨损，然后在目标位置沉积与基体合金相容的更高硬度或耐高温材料，最后完成表面修整以满足必要的公差。由于 DED 技术是一种熔融铸造工艺，因此可以通过扩散界面获得良好的冶金结合。且由于快速冷却速度和高热梯度，成形后热处理有时可用于降低残余应力。图 2-39（e）所示为美国航空航天局的 RS-25 火箭喷管内衬，使用激光粉末可减少航空航天应用的成本和交付周期。使用其他增材制造技术制造此类大型金属零件具有挑战性，并且用到的通常是传统制造中的大规模多步骤工艺。图 2-39（a）所示为透镜可用于修复 Inconel 718 合金和其他金属的内部缺陷。

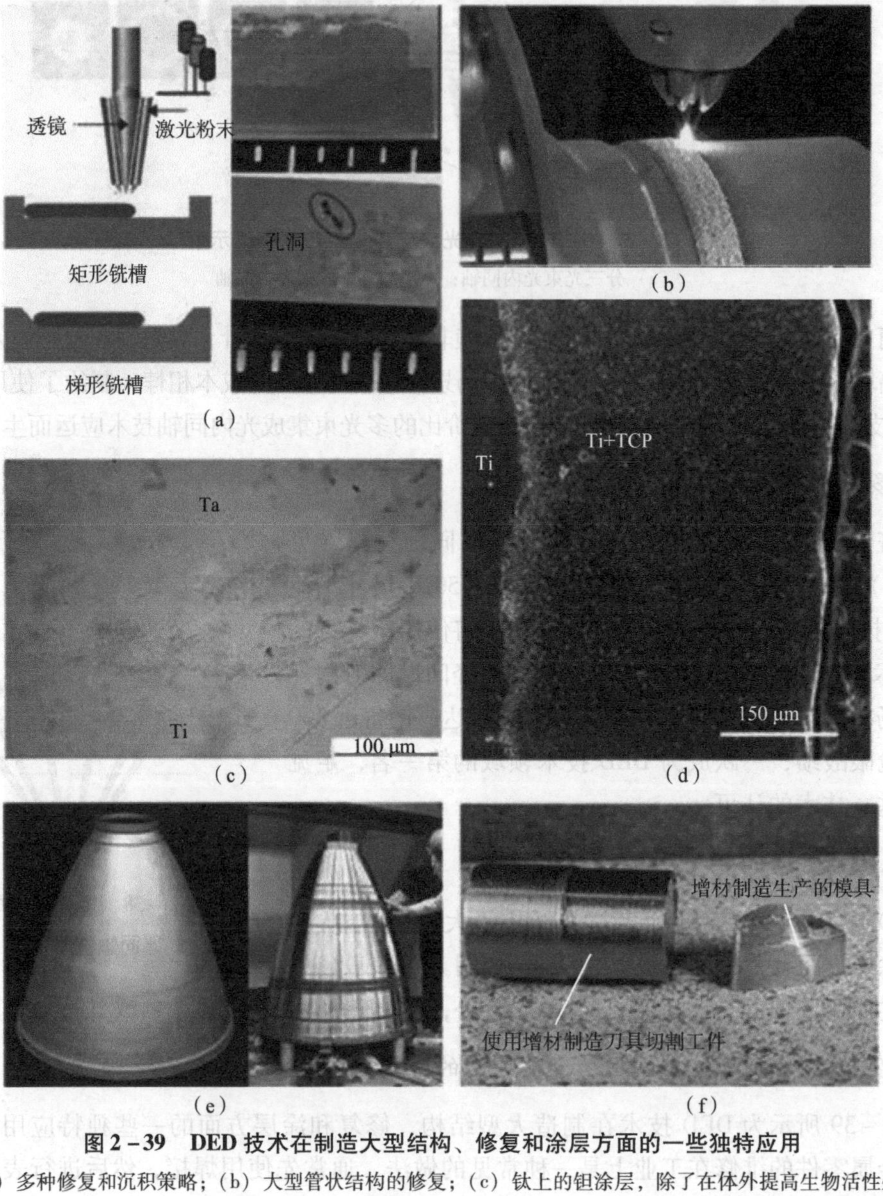

图 2-39　DED 技术在制造大型结构、修复和涂层方面的一些独特应用

（a）多种修复和沉积策略；（b）大型管状结构的修复；（c）钛上的钽涂层，除了在体外提高生物活性外，还显示出强大的结合力；（d）钛表面的磷酸钙涂层可提高生物活性；（e）美国航空航天局 RS-25 火箭喷管内衬；（f）硬质金属碳化物涂层，金刚石增强，用于制造切削刀具由 DED 技术和传统纯帽涂层制成的钛帽涂层的生物相容性改善几乎相同，图 2 - 39（f）展示了切削刀具应用中含金刚石粉尘的金属碳化物硬质涂层。这些涂层没有大面积开裂，而是显示出多个增强相，并且在铝和 AM 钛合金的加工中发现其用途。上述所有涂层均已应用于通过传统方法制造的零件。然而，DED 技术的新颖之处在于它能通过使用保持强冶金结合的涂层，得到成品表面沉积物，改善现场特定性能。

2. 在合金设计和多材料结构方面的应用

图 2 - 40 所示为 DED 工艺的其他两个关键应用领域：合金设计和多材料结构。传统方法的合金设计需要广泛的高温能力和大量的原材料。使用 DED 技术可以在受控环境下以多种组合方式沉积多种合金，在短时间内向下选择有前景的成分进行进一步分析。使用一个多料斗的定向能量沉积系统和一个程序化的粉末输送系统，即使制造单一的零件，也可以以不同的成分制成零件，这是一个经典的多材料成分分级结构，使 DED 技术机器几乎成为冶金学家提出的具有特定场地性能的结构的理想工具。

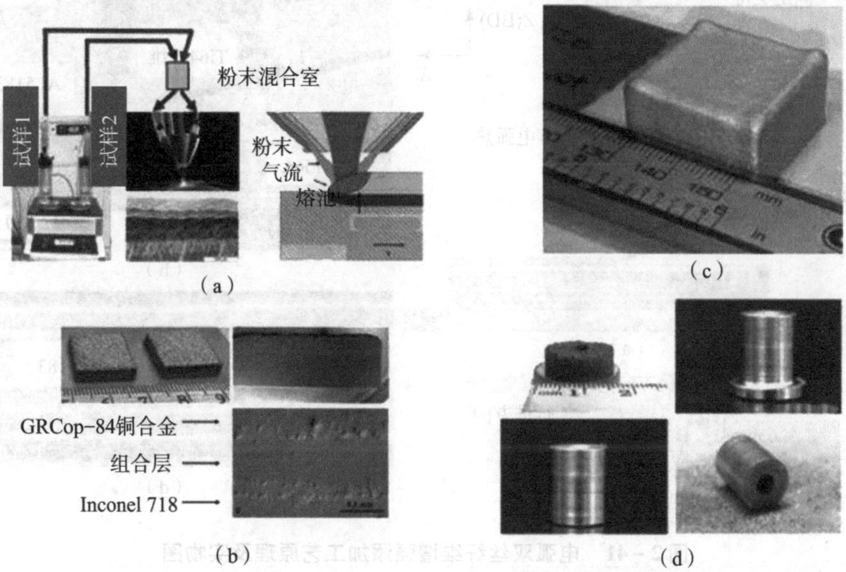

图 2 - 40　DED 工艺在合金设计和多材料结构中的应用

（a）使用 DED 技术处理多材料结构；（b）成分设计的铝合金块的 LENS 沉积，相对密度 >99%；

（c）由 Inconel 718 和 GRCop - 84 铜合金通过透镜加工而成的双金属结构火箭喷管壁；

（d）采用透镜加工的双金属不锈钢结构显示了磁性（SS 430）和非磁性（SS 316）的不同区域

图 2 - 40（a）所示为由 Cr - Mo - V 热加工工具钢和 Ni 基马氏体时效钢组成的厚度为 500 μm 梯度功能材料结构块的激光金属沉积。图 2 - 40（b）所示为成分设计的铝合金块的 LENS 沉积。最近的一项研究表明，由于镁的选择性蒸发，DED 技术处理的 Al 5XXX 合金在印刷状态下的化学成分从 Al 5083 原料变为 Al 5754，这是一个典型的挑战，需要在许多合金元素熔点不同的系统中加以考虑。图 2 - 40（c）所示为在 Inconel 718 合金上沉积的高温 GRCop - 84 铜合金，其界面具有冶金性强的特点，增强了该合金的导热性。图 2 - 40（d）所示为 LENS 沉积的双金属不锈钢结构，其成分从磁性铁素体不锈钢 SS 430 到非磁性 SS

316。以上示例突出了 DED 技术应用的几个独特领域，在这些领域中，DED 技术除了根据 CAD 文件打印一些 3D 形状外，还在制造先进材料方面发挥了重要作用。

3. 在纤维增强铝合金方面的应用

为了改善增材制造 Al 5183 铝合金的力学性能，西安交通大学卢秉恒院士及其团队首次利用基于金属丝材的定向能量沉积增材制造（DED－arc），采用双线供给系统制造了钛合金纤维增强铝（titanium fiber reinforced aluminum，TFRA）组件。通过精确控制钛合金纤维的沉积路径和电弧热输入，保持了钛纤维的固态状态。钛合金纤维与铝合金基体之间的界面厚度为 3～10 μm，具有渐变的化学成分过渡，没有明显的裂纹倾向。电弧双丝纤维增强添加工艺原理及实物图如图 2－41 所示。

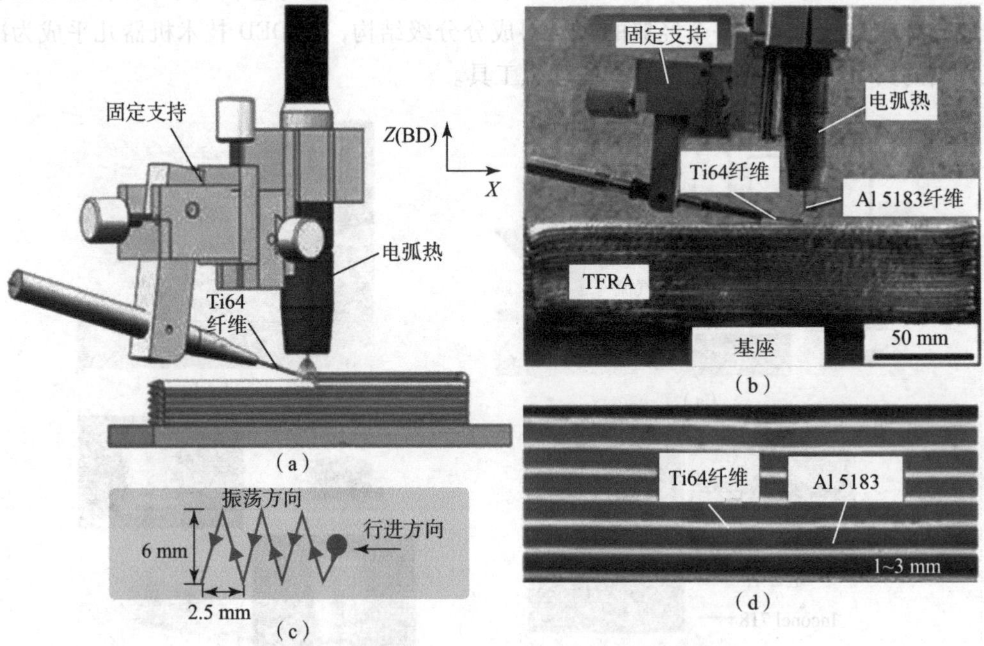

图 2－41　电弧双丝纤维增强添加工艺原理及实物图

（a）工艺原理示意；（b）实物；（c）焊枪振荡模式的示意；
（d）TFRA 组件中 Al 5183 和 Ti64 纤维的 X 射线测试结果

研究结果显示，与没有增强纤维成分的铝组件相比，添加 10.5% 体积分数的钛合金纤维增强铝合金组件的屈服强度和抗拉强度分别提高了 124% 和 33%。同时，其冲击能量从原始值 7.9 J 增加到 18.0 J，提高了 128%。通过混合物理论对其增强的强度进行了分析，并通过有限元模拟进行了验证，发现钛合金纤维增强铝合金组件冲击性能的提高是因为铝基体中的裂纹传播被钛纤维阻挡。因此，这项工作为通过 DED 技术制造具有连续纤维的高强度铝合金提供了一种有前景的途径。

本研究采用基于冷金属过渡（cold metal transfer，CMT）的 DED 技术成功制备了钛合金纤维增强铝合金，并且其屈服强度、抗拉强度和冲击韧性得到了显著提高，根据研究结果可以得出以下结论。

(1) 利用基于冷金属过渡的 DED 技术和双线送丝系统成功制造出稳定而均匀的钛纤维增强铝合金组件。在沉积过程中，通过精确控制钛合金纤维的供给路径和电弧热输入，保持了钛纤维的固态状态。

(2) 钛合金纤维与铝合金基体之间的界面厚度为 3 ~ 10 μm，具有渐变的化学成分过渡，没有明显的裂纹倾向。通过振荡模式，避免了基于冷金属过渡的定向能量沉积增材制造过程中形成厚的脆性金属间相。

(3) 与未增强的铝组件相比，添加 10.5% 体积分数的钛合金纤维增强铝合金组件的屈服强度、抗拉强度和比强度分别提高了 124%、33% 和 25%。同时，伸长率保持在 20% 的数值，与铝合金组件板的性能一致。通过混合物理论和有限元模拟验证得出，改善材料性能主要归因于引入钛增强纤维。

(4) 与未增强的铝组件相比，钛合金纤维增强铝合金组件的冲击能量大幅提高（128%）。这是因为钛纤维阻挡了铝基体的裂纹传播，在冲击过程中吸收了大量的冲击能量。

2.5.2 电弧熔丝沉积技术

2.5.2.1 WAAM 技术原理

WAAM 技术使用电弧熔丝沉积的方法，通过在工作台上逐层加热和熔化金属丝来制造三维零件。该技术使用焊接工艺，先将金属丝通过丝材送丝装置加热至熔化温度，利用电弧放电使金属丝熔化，再喷射气体保护喷头，将熔化的金属喷射到工作平台上，逐层堆积。

2.5.2.2 WAAM 过程

WAAM 技术由于热流密度低，加热半径大，热源强度高，且成形过程中往复移动的瞬时点热源与成形环境相互作用强，热边界条件呈现非线性时变特征，因此成形过程的稳定性控制是获得连续一致的成形形貌的关键。电弧越稳定，越有利于控制成形过程，即越有利于控制成形形貌的尺寸精度。因此，电弧稳定无飞溅的非熔化极气体保护焊和基于熔化极惰性或惰性气体保护焊开发出的冷金属过渡技术是主要使用的热源供给方式。

WAAM 技术原理与其他 3D 打印的原理相同，它先通过 STL 点云数据模型沿某一坐标方向进行切片处理，生成离散开来的虚拟片层，然后通过金属丝材熔化出的熔滴由点及线、线及面地进行堆积，片片堆砌形成最终零件，如图 2-42 所示。

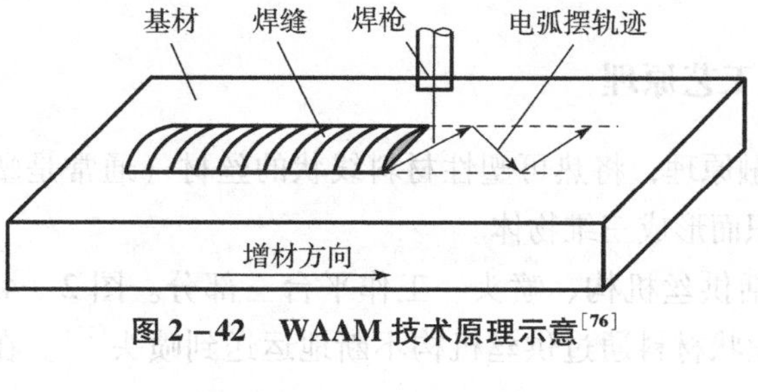

图 2-42 WAAM 技术原理示意[76]

2.5.2.3 WAAM 的优、缺点

与其他 3D 打印技术（如 SLS 技术、FDM 技术、材料薄材叠层技术等）不同，WAAM 技术采用金属丝材熔融的方法堆积材料，金属的堆积方式基于焊接冶金，使制件的组织致密并拥有更高的力学性能。WAAM 技术制造成本较同类型的 3D 打印技术而言要低，因此该技术有望成为面向大众市场大规模生产的新型制造技术。

1）WAAM 的优点

除了具有 3D 打印技术所共有的优势，如不需要传统刀具即可成形、工序较少和产品周期较短外，WAAM 技术还具有以下 4 个方面的优点。

（1）制造成本低。90% 以上的焊接材料均能利用，材料利用率高。目前，WAAM 技术在市面上有大量的通用设备，投资成本低廉，而激光束和电子束 3D 打印技术中所用的粉基金属，原材料制备存在设备投资成本较高、易受污染、利用率低等问题，导致原料成本升高。

（2）堆积速度快。电弧 3D 打印具有较快的送丝速度和较高的堆积效率，对于大尺寸零件成形有很大的优势，成形速率可达几千克每小时。对于激光热源的金属 3D 打印，其成形速率慢，且铝合金对激光的吸收率低，激光对部分金属材质敏感。

（3）制造尺寸和形状自由。开放的成形环境不受制件尺寸的限制。在 3D 打印领域，WAAM 技术成形零件不再受模具的约束，制造尺寸和形状很灵活。但对于电子束热源的金属 3D 打印，零件体积受到真空炉体尺寸的限制。

（4）对材质不敏感，适用于任何金属材料。部分金属材料对激光的反射率高，因而不适用于以激光为热源的 3D 打印方法。

2）WAAM 的缺点

WAAM 技术存在一定的缺点。例如，除了实体零件的表面质量较低外，相比 SLM 成形，其成形几何形状的能力也较低。这是由于焊枪的成形位置由焊枪、焊丝及机器人的位置共同确定，并由振镜控制，因此相对于 SLM 成形中的激光，WAAM 技术电弧的可达性差，精度不高。

2.6 熔融沉积成形技术

2.6.1 熔融沉积成形工艺过程

2.6.1.1 FDM 工艺原理

FDM 技术基于熔融原理，将热可塑性材料线状的丝材（通常是塑料）经喷头熔融，再在工作平台上逐层沉积而形成三维物体。

FDM 成形设备包括供丝机构、喷头、工作平台三部分。图 2-43 所示为 FDM 技术原理，在成形过程中，丝状材料通过供丝机构不断地运送到喷头[77]。在喷头中，材料被加热

到熔融态，由计算机依据分层截面信息控制喷头按照规定的路径和速度移动，将热熔融态的材料从喷头中挤出，并与上一层材料黏结在一起，再在空气中冷却固化。每成形一层，工作平台或者喷头会上、下移动一层距离，然后继续进行下一层的填充。如此反复，直至完成整个制件的成形[78]。当制件的轮廓变化比较大时，前一层的强度不足以支撑当前层，需设计适当支撑，以确保模型顺利成形。

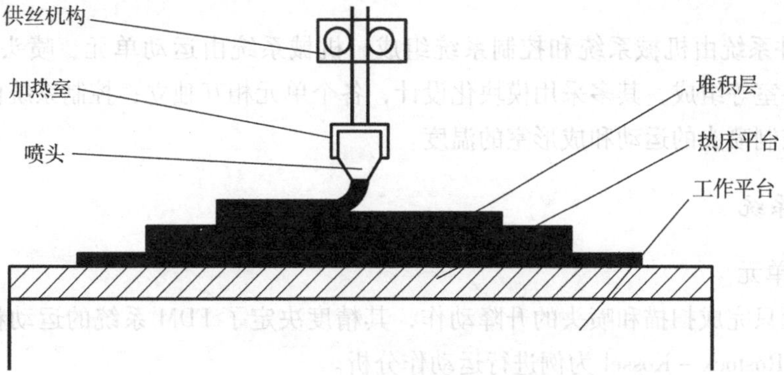

图 2－43　FDM 技术原理示意[79]

2.6.1.2　熔融挤出过程

FDM 过程与 SLS 或 SLM 等不同，它是一种不需要使用激光，只通过控制 FDM 喷头加热器进行加热，即可实现对丝状或粒状热熔性材料的加热和熔化。在进行 FDM 工艺前，将材料先通过挤出机成形，制成直径约为 1.8 mm 的单丝。如图 2－44 所示，FDM 加料系统采用一对夹持轮，将直径约为 2 mm 的单丝插入加热器入口，在温度达到单丝的软化点前，单丝在加热器中有一段间隙不变的区域，称为加料段[80]。在加料段中，刚插入的单丝和已熔融的物料共存。尽管料丝已开始被加热，但仍能保持固体时的物性，熔融的物料则呈流体特性。因间隙较小，已熔融的物料只有薄薄的一层包裹在单丝外。在该区域的熔料受到机筒的不断加热，并及时地将热量传递给单丝，熔融物料的温度可以看作不随时间发生变化。又因为熔体层厚度较薄，所以熔体内各点的温度几乎是相同的，随着单丝表面温度升高，物料熔融形成一段单丝，其直径逐渐变细直到完全熔融的区域，称为熔化段。在物料被挤出口模段之前，有一段被熔融物料充满机筒的区域，称为熔融段。在这个过程中，单丝本身既是原料，又起到活塞的作用，它将熔融态的物料从喷头中挤出[81－82]。

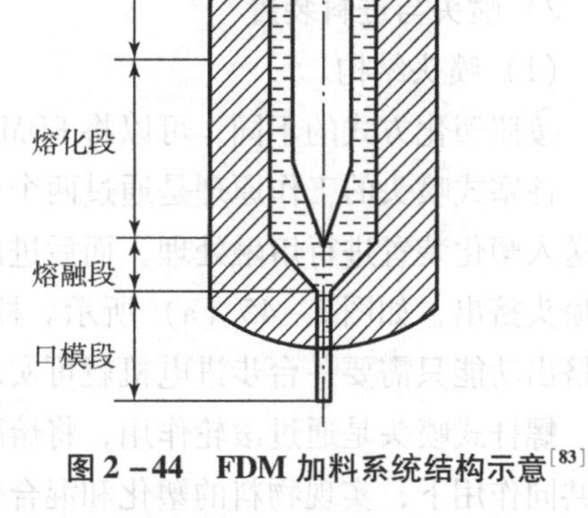

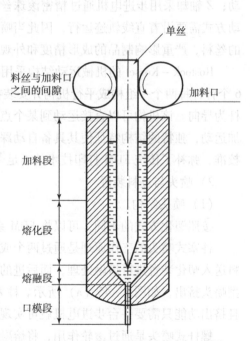

图 2－44　FDM 加料系统结构示意[83]

2.6.2 熔融沉积成形系统

FDM系统由硬件系统、软件系统和供料系统等组成，以下分别对硬件系统和软件系统的功能、构成及特点进行详细说明。

2.6.2.1 硬件系统

FDM硬件系统由机械系统和控制系统组成，机械系统由运动单元、喷头与进料装置、成形室、材料室等组成，其多采用模块化设计，各个单元相互独立；控制系统由控制柜与电源柜组成，控制喷头的运动和成形室的温度。

1. 机构系统

1）运动单元

运动单元只完成扫描和喷头的升降动作，其精度决定了FDM系统的运动精度。下面以HTS-300和Rostock-Kossel为例进行运动作分析。

HTS-300的X轴、Y轴均由伺服电机通过精密滚珠丝杆带动，在精密导轨上做直线运动；Z轴却采用步进电机通过精密滚珠丝杆带动，在精密导轨上做直线运动。HTS-300运动方式需要沿着直线轨迹运行，因此当喷头打印制品的时候，在其运动的直线上会产生大量的丝料，严重影响制品的成形精度和外观[84]。

Rostock-Kossel的机械运动结构采用的是类Delta并联臂结构，与并联机床的结构类似，6个臂杆每两个一组构成平行机构并安装在滑块上，滑块靠步进电机驱动，并以紧密直线光杆为导向。该机构可以直接运动到某个点的位置上，而不需要像传统FDM打印机分步地叠加运动，独特的结构特征使其具备自动踩点收集点信息的能力，从而实现了热床平台的自动校准，弥补了传统FDM打印技术的不足[85-86]。

2）喷头与进料装置

（1）喷头结构。

按照塑化方式的不同，可以将FDM系统的喷头结构分为柱塞式喷头和螺杆式喷头两种。

柱塞式喷头的工作原理是通过两个或多个电机驱动的进给轮或皮带轮提供驱动力，将丝料送入塑化装置进行熔融处理，而后进的未熔融丝料起到柱塞的作用，驱动熔融物料通过微型喷头挤出，如图2-45（a）所示。柱塞式喷头不仅结构简单，便于日后维修和更换，而且挤出功能只需要一台步进电机就可实现。

螺杆式喷头是通过滚轮作用，将熔融或半熔融的物料输送到料筒中，在螺杆和外加热器的共同作用下，实现物料的塑化和混合作用，然后利用螺杆旋转产生的驱动力将熔融物料从喷头挤出，如图2-45（b）所示。螺杆式喷头结构不仅能有效地提高成形效率和工艺的稳定性，还能扩大成形材料的选用范围，大幅减少生产成本和储藏费用。

（2）进料装置。

用于FDM的原料一般为丝料或粒料，根据原料形态不同，采用的进料装置也不尽相同。

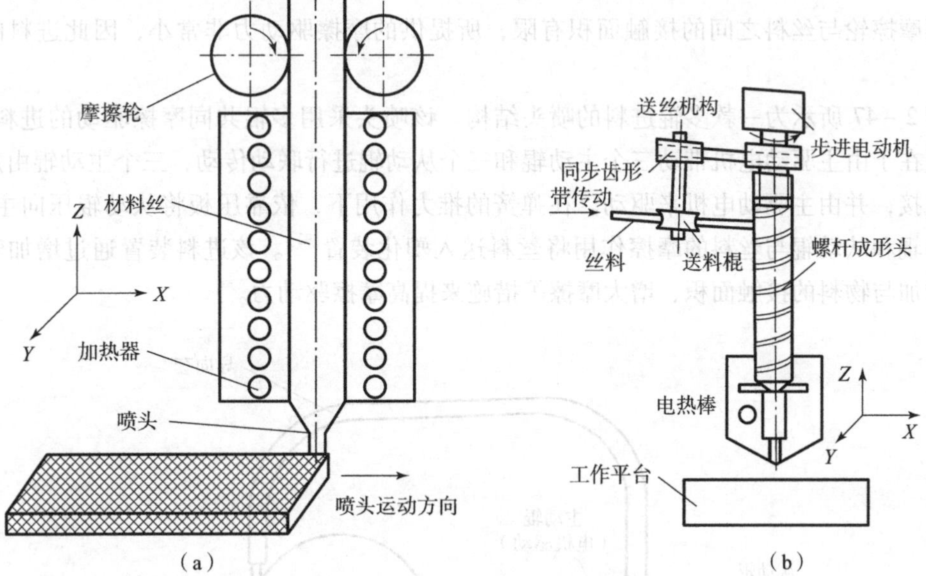

图 2-45　FDM 系统的喷头结构

(a) 柱塞式喷头；(b) 螺杆式喷头[87-88]

①丝料的进料方式。当原料为丝料时，进料装置的基本方式是采用由两个或多个电机驱动的摩擦轮或皮带来提供驱动力，将丝料送入塑化设备进行熔化处理。图 2-46 所示为 FDM 系统的进料装置。图 2-46 (a) 为某公司开发的进料装置，该进料装置结构简单，丝料在两个驱动轮的摩擦推动作用下向前运动，其中一个驱动轮由电机驱动。由于两个驱动轮的间距固定，所以对丝料的直径十分敏感，丝料直径越大，夹紧驱动力越大；相反，则会产生较小的驱动力，甚至造成丝料无法进入的现象。

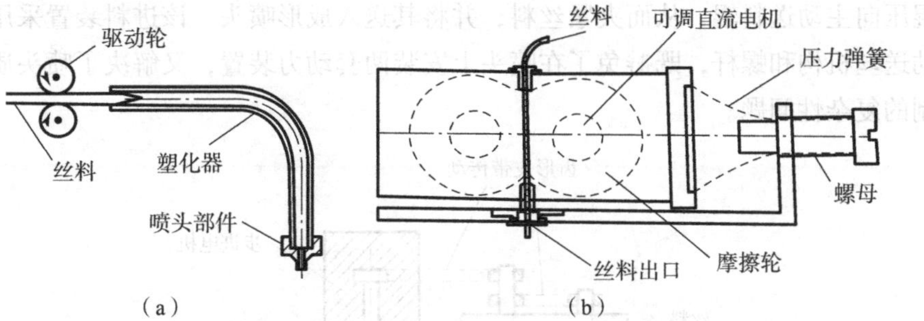

图 2-46　FDM 系统的进料装置[90,91]

(a) 某公司开发的进料装置；(b) 颜勇年开发的弹簧挤压摩擦轮进料装置

图 2-46 (b) 为颜勇年[89]开发的弹簧挤压摩擦轮进料装置。该装置采用可调节的直流电机来驱动摩擦轮，并利用压力弹簧将丝料压紧在两个摩擦轮之间。两个摩擦轮为可移动的结构，其间距可以调整，并且可通过螺母来调节压紧力，从而克服了图 2-46 (a) 喷头结

构进料装置的不足。该进料装置的优点是结构简单、质量轻，能够保证物料连续稳定地供给，具有较高的可靠性。其采用电机控制进料速度，通过电机的启停来实现进料的启停。但由于两摩擦轮与丝料之间的接触面积有限，所提供的摩擦驱动力非常小，因此进料的速度较慢。

图 2-47 所示为一款多辊进料的喷头结构。该喷头采用多辊共同摩擦驱动的进料方式，其特点在于由主驱动电机带动三个主动辊和三个从动辊进行联动传动，三个主动辊由皮带或链条连接，并由主驱动电机来驱动。在弹簧的推力作用下，依靠压板将从动辊压向主动辊，靠主动辊和从动辊与丝料的摩擦作用将丝料送入塑化装置[92]。该进料装置通过增加辊的数量、增加与物料的接触面积、增大摩擦等措施来提高摩擦驱动力。

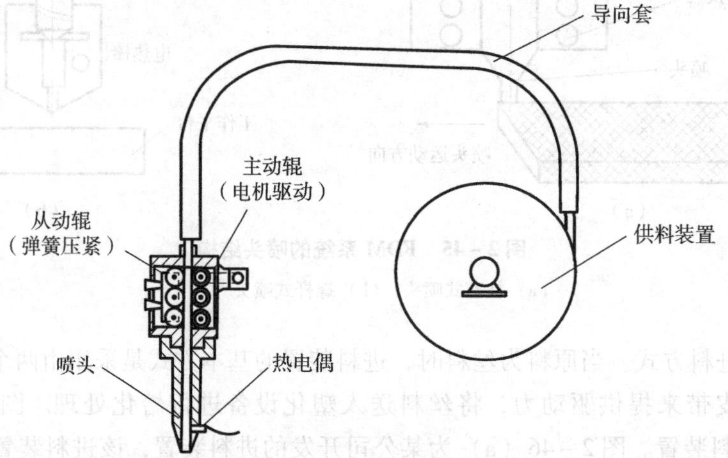

图 2-47　多辊进料的喷头结构

图 2-48 所示的进料装置采用辊轮组形式驱动丝料的螺旋挤压喷头结构，步进电机通过联轴节驱动螺杆，同时又通过两个齿形皮带传动驱动主动送料辊[93]。在弹簧的作用下，从动送料辊压向主动送料辊，从而夹紧丝料，并将其送入成形喷头。该进料装置采用同一步进电机驱动送丝机构和螺杆，既避免了在喷头上安装两套动力装置，又解决了喷头质量太大和耦合控制的复杂性问题。

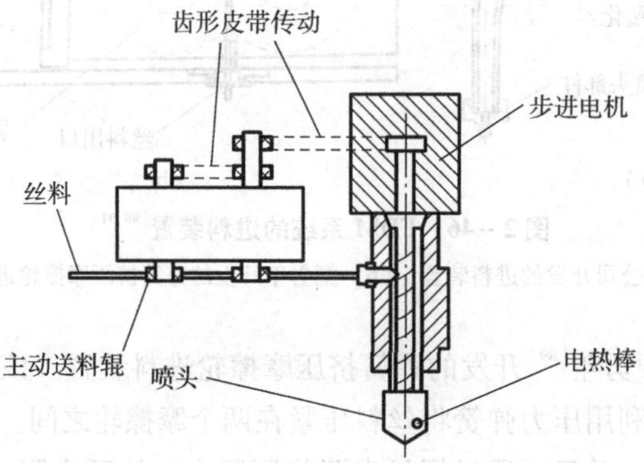

图 2-48　辊轮组形式驱动丝料的螺旋挤压喷头结构

②粒料的进料方式。粒料作为 FDM 工艺的原料，其选择范围较广，并且粒料为原料购进形态，不经过拉丝和各种加工过程。因此，它既能保持原料特性，又能极大地减少材料的生产成本，同时也省去丝盘防潮防湿、丝盘转运（发送和回收）、送丝管道、送丝机构等一系列装置。但是粒料的加入使进料装置变得复杂，而且难以塑化，对塑化装置要求较高。

图 2－49 所示为推杆加料机构。该机构由电磁铁、推杆和转换接头等主要零件组成，工作原理是依靠推杆凹槽在料斗和连接料筒之间的往复连通作用来完成粒料的加料。动态跟踪粒料加料系统结构如图 2－50 所示。它的工作原理是加入料斗的粒料通过活化器从静止状态转化为具有小振幅的振荡状态，从而被激活[94]。活化状态的粒料更容易产生径向位移，而柱塞推杆的推力可以使活化的粒料准确到达所需的位置。粒料间容易相互堆叠产生“架桥”现象，使后续物料无法进入，通过破供振可以消除物料内部“架桥”现象。利用活塞和螺杆的双重作用，使物料从喷头挤出的速度得到提高，从而提高堆积成形的效率[95]。

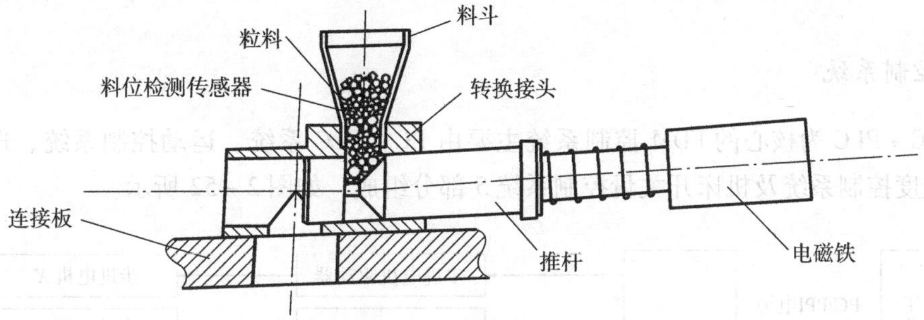

图 2－49 推杆加料机构

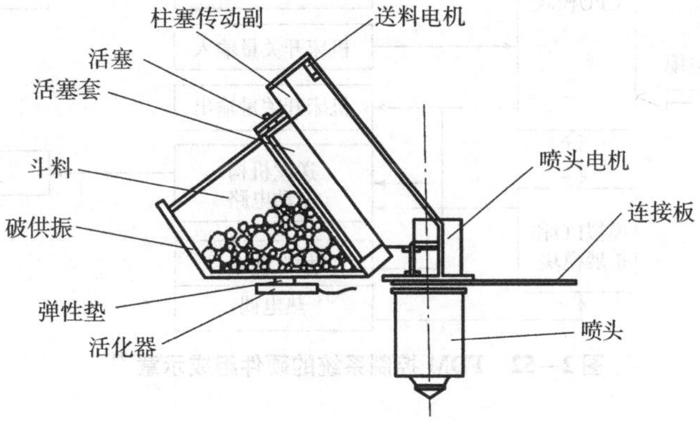

图 2－50 动态跟踪粒料加料系统结构

（3）喷嘴设计。

喷嘴是熔料通过的最后通道，它能将完全熔融塑化的物料挤出成形。因此，喷嘴的设计如结构形式、孔径大小及制造精度等对熔料的挤出压力有很大的影响，直接影响是否能够顺利挤料、挤料速度，以及是否产生“流涎”现象等。

溢料式喷嘴结构如图 2－51 所示。该结构采用了一种新型的喷嘴设计方式，即喷嘴采用独立控制阀的开关动作来实现出料的启停，并增设稳压溢流阀及溢流通道。成形过程中当需要喷料时，开启喷射阀，关闭溢流阀，将熔料从喷射口挤出，形成物料通道进行成形。当出料需要短时间停歇时，关闭喷射阀，开启溢流阀，进料装置以稳定的速度持续送丝，熔料则从溢流通道流出，且其阻力应与喷嘴完全相同，以确保喷嘴内熔料压力恒定[96-97]。其中，图2－51（a）是用阀结构来完成熔料喷射和溢流的转换，图2－51（b）是用板式阀门的推动来实现大喷射口和小喷射口的转换。

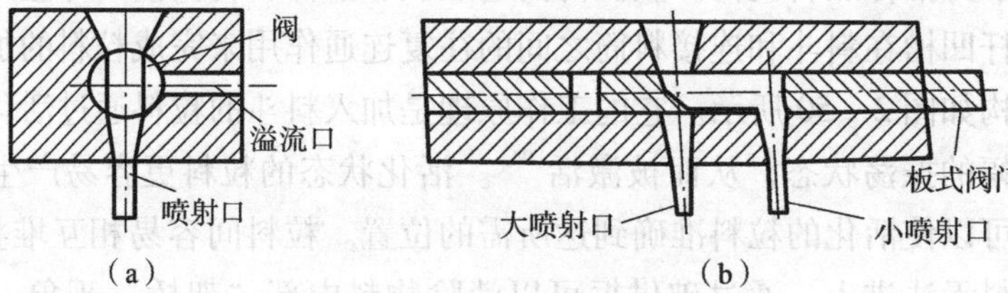

图2－51　溢料式喷嘴结构

（a）阀结构控制；（b）板式阀门控制

2. 控制系统

以PC＋PLC为核心的FDM控制系统主要由PC＋PLC系统、运动控制系统、送丝控制系统、温度控制系统及机床开关量控制系统5部分组成，如图2－52所示。

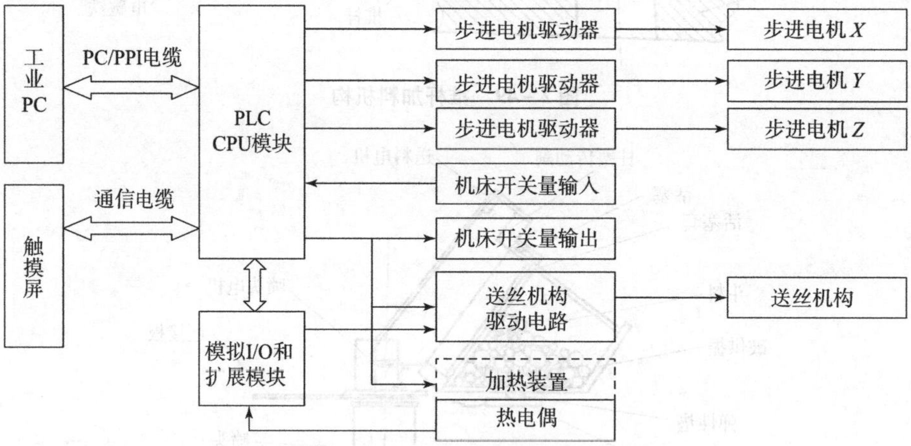

图2－52　FDM控制系统的硬件组成示意[98]

1）PC＋PLC系统

PC＋PLC系统由1台带有串口的工业PC（特定时候也可以用带有串口的普通PC机代替）、1个PLC（可配有触摸屏）及其扩展模块（如D/A扩展模块）、连接PC和PLC的PC/PPI电缆组成。其中，PC机负责人机界面、三维数据（如STL格式文件）处理、获取加工轨迹数据及相应的控制指令、生成加工指令等工作；PLC负责接收加工指令和数据，通过I/O端口和扩展模块控制各个执行系统，同时还可以使用触摸屏实现PLC的人机交互，PC和PLC通过PC/PPI电缆，按照定义的FDM串行口通信协议进行通信。

2）运动控制系统

运动控制系统采用步进式开环运动控制系统，通过三个步进电机及其细分驱动器实现送丝。运动控制系统还包括送丝机构驱动电路，它控制送丝机构的运动、实体材料及检测开关，实现运动机构和工作台的运动，并将支撑材料分别送入实体喷头和支撑喷头进行加热熔化，通过挤出压力将材料从喷头中挤出。

3）温度控制系统

温度控制系统包括温度控制器及温度检测元件。温度控制器由热敏电阻、比较运算放大器、温度检测元件、小型继电器组成。以温度控制器输入端的热敏电阻作为温度传感器，温度检测元件接在其上。输出端是两个控制加热与停止的小型继电器[99-102]。当温度传感器检测到温度的变化时，电压会发生变化，通过比较运算放大器与所设置温度进行比较，在达到设置温度后会引发继电器断开，从而停止加热设备。温度检测元件主要是检测外界温度，并将所检测的温度以电信号的方式传递给温度传感器。温度传感器将接收的信号经放大电路放大，通过 A/D 转换电路将电信号转换成数字信号，再由功率放大电路放大后传送给热电偶，从而实现加热。热电偶可直接测量周围温度，并将温度转换成电信号向下传递。图 2-53 所示为测温电路的电路图。

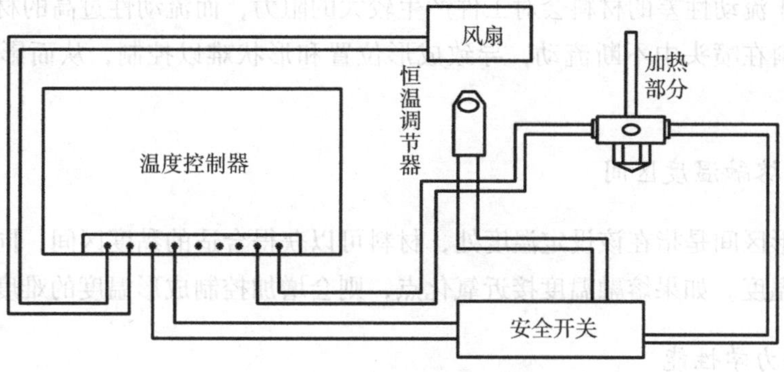

图 2-53 测温电路的电路图

2.6.2.2 软件系统

1. 几何建模单元

设计人员借助 Pro/E、UG 等三维软件创建实体模型，并将模型的几何信息以 STL 格式文件输出。

2. 信息处理单元

信息处理单元主要完成 STL 格式文件处理、截面层文件生成、填充计算、数控代码生成和对成形系统的控制。当从 STL 格式文件中判定成形过程需要支撑时，则通过计算机进行支撑结构设计并生成支撑，再对 STL 格式文件分层切片，最后根据每层的填充路径向成形系统传输信息，完成模型的成形。

2.6.3 熔融沉积成形材料的性能要求

2.6.3.1 成形材料的性能要求

FDM 工艺是由对成形材料进行加热、熔融、挤出堆积的方法来成形制件，可以成形的材料种类繁多，如改性后的石蜡、ABS 塑料、尼龙、橡胶等热塑性材料及多相混合材料，还如金属粉末、陶瓷粉末、短纤维等与热塑性材料的混合物。

目前，直接成形金属制件增材制造工艺尚处在探索阶段，蜡型则存在精度不高、强度低、表面硬度低的问题，在使用中极易出现划伤甚至破损等缺陷，不适合重复使用和试装配；而高聚物材料相比蜡而言，具有低收缩率、高强度等优点，使其成形制件具有较高强度，可直接用于试装配、测试评估及投标，也可作为快速经济模具的母模。以下对 FDM 工艺成形材料的基本性能做简单介绍。

1. 材料的流动性

为使材料能够顺利地从喷头中挤出，要求所使用的材料在高温熔融时具有良好的流动性。其原因在于流动性差的材料会对工件产生较大的阻力，而流动性过高的材料则会出现流动现象，即材料在喷头中不断流动，导致成形位置和形状难以控制，从而影响产品的成形质量。

2. 材料的熔融温度区间

合适的成形区间是指在该设定温度处，材料可以获得合适的黏度区间，同时也可以远离氧化分解临界温度。如果熔融温度接近氧化点，则会增加控制成形温度的难度。

3. 材料的力学性能

丝状进料方式对丝料的抗弯强度、抗压强度和抗拉强度等性能提出了更高的要求，以便在驱动摩擦轮的牵引和驱动力的作用下，不会出现断丝和弯曲的现象。同时，材料还应具有较好的柔韧性，不会在弯曲时轻易地折断。

4. 材料的收缩率

体积收缩率是指一种物质在热膨胀和收缩时的体积变化量。在液 - 固相变过程中，成形材料的体积收缩会引起 FDM 过程中的内应力，是造成零件变形甚至导致层间剥离和零件翘曲的根本原因。因此，材料的收缩率应越小越好。

5. 制丝要求

FDM 工艺所使用的丝状材料直径为 2 mm，该材料要求表面光滑、直径均匀、内部致密，不能有中空和表面起皱等缺陷。此外，其还需要具有良好的柔韧性。因此，对必须在室温下呈脆性的原材料进行改性，以改善其柔韧性。

6. 材料的吸湿性

由于材料的吸湿性高，在高温熔融过程中容易发生水分蒸发，从而降低成形质量，因此，用于成形的材料应干燥保存。

2.6.3.2 支撑材料的性能要求

针对FDM工艺的特点，需要对产品三维CAD模型做支撑处理，以避免在分层制造过程中，上层截面大于下层截面，多出部分悬空，导致上层截面部分发生塌陷或变形，从而影响零件的成形精度，严重时甚至无法成形。支撑可以建立基础层，为工作平台和原型的底层之间提供一个缓冲层，使原型在制作完成后能够很容易地从工作平台上拆除。另外，支撑也为制造过程提供一个基准面。

支撑可由同一种材料制成，仅需一个喷头，通过控制丝材在支撑部位和成形零件部位的填充度来控制材料密度，以区分成形零件和支撑结构[103-104]。目前，很多FDM设备采用双喷头独立加热，如图2-54所示，一个喷头用来挤出模型材料以制造零件；另一个喷头用来挤出支撑材料以制作支撑结构，两种材料的特性各不相同，在制作完成后很容易移除支撑结构。目前，FDM工艺常用的支撑材料有可剥离性支撑材料和水溶性支撑材料两种。

图2-55所示为支撑材料和成形材料之间黏结的放大图，两种材料之间扩散后的界面层厚度为界面a。在外力作用下，材料的断裂往往出现在力学性能相对薄弱的部位。如果在成形材料界面b处发生断裂，那么制件的表面就会产生小凹坑；如果是在支撑材料界面c处发生断裂，那么制件的表面就会出现一些毛刺。要获得所需的表面粗糙度，就必须对其进行表面光滑处理。当去除支撑时，期望在界面a处断裂。

为方便支撑材料的清除，必须确保相对于成形材料各层间，支撑材料和成形材料之间形成一个较弱的黏结力。最后，为防止脱层，应保证各层之间的支撑有足够的黏结强度[106]。

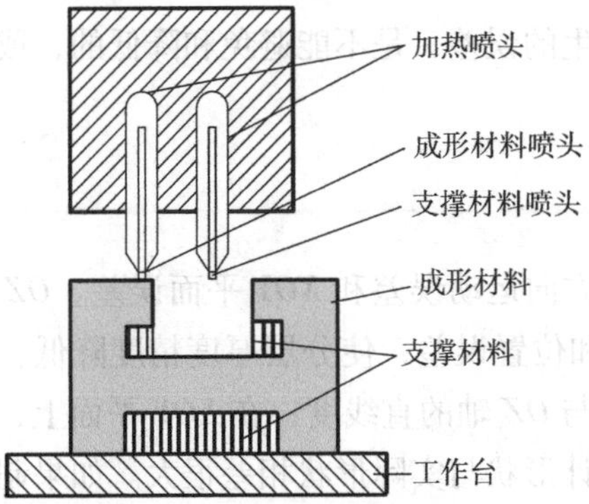

图2-54 FDM设备双喷头[105]

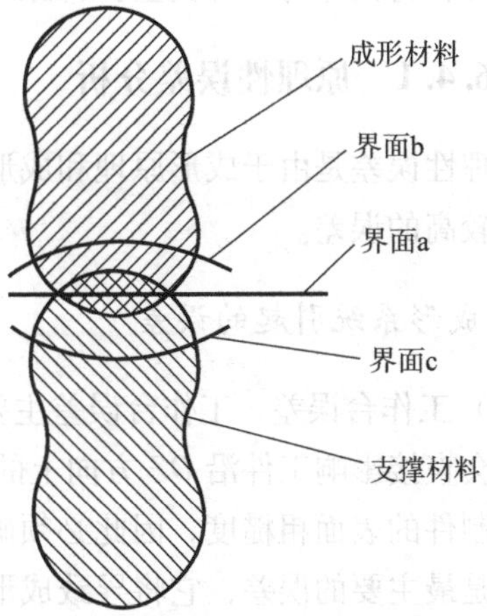

图2-55 支撑材料和成形材料之间黏结的放大图

下面对支撑材料需具备的性能进行介绍。

1. 可剥离性支撑材料的要求

（1）附着力适中。可剥离性支撑材料应具有适中的附着力，可以对零件表面进行有效黏附，保证支撑结构的稳定性和刚性，但在剥离时，又可以轻易分离，不会产生过大的剥离力。

（2）可剥离性。可剥离性支撑材料必须具备良好的剥离性，在不使用任何外力或专用工具的情况下，可利用物理或化学方法将其剥离，而剥离过程应该是可控和可重复的。

（3）与零件材料的相容性。可剥离性支撑材料应与零件材料相容，且不会对零件材料造成任何损害或发生化学反应，更不应与零件材料发生黏附或粘连，否则会影响产品质量。

（4）热稳定性。可剥离性支撑材料需具备良好的热稳定性，在加工过程中不会因高温发生熔化、变形或分解，从而保证支撑结构的完整性。

（5）容易处理和清除。可剥离性支撑材料应具有良好的可加工性，以便在打印或制造过程中进行处理。在剥离完成后，其应容易移除，不会残留在产品表面，妨碍后续处理。

2. 水溶性支撑材料的要求

水溶性支撑材料不仅需要具备成形材料的通用性能，而且需遇到肥皂水（浓缩洗涤剂溶液）即溶，适用于制作空心和微细特征的零件，可以解决人工拆卸困难，或因结构太脆弱而被折断的问题，提高支撑接触面的表面粗糙度。

2.6.4 熔融沉积成形误差

FDM 工艺是一个集 CAD/CAM 计算机软件、数控、材料、工艺规划和后处理为一体的加工工艺，任何一道工序都会对零件的精度和力学性能造成很大的影响。根据 FDM 误差产生的来源，将其分为三种类型：①原理性误差；②工艺性误差；③后期处理误差。

2.6.4.1 原理性误差分析

原理性误差是由于成形原理和成形系统所产生的误差，是不能避免和降低的，或者是消除成本较高的误差。

1. 成形系统引起的误差

（1）工作台误差。工作台误差主要分为 *OZ* 方向运动误差和 *XOY* 平面误差。*OZ* 方向运动误差会直接影响工件沿 *OZ* 方向上的形状误差和位置误差，使分层厚度精度降低，从而增加成形制件的表面粗糙度，因此必须确保工作台与 *OZ* 轴的直线度；在 *XOY* 平面上，工作台不水平是最主要的误差，它将导致成形制件的设计形状与实际形状相差很大。如果制件尺寸较小，也会由于喷头的压力而导致成形失败。

（2）同步带变形误差。在成形单个层片时，使用 *OY* 扫描系统，即采用 *OX* 轴、*OY* 轴之前，要保证工作台的 *XOY* 平面和 *OZ* 轴的垂直度。二维运动是利用步进电机驱动同步齿形带

并带动喷头在 XOY 面内运动，在成形过程中，同步齿形带会产生变形，从而影响成形时的定位精度。

（3）定位误差。在 OX、OY、OZ 三个方向上，FDM 设备的重复定位会出现偏差，从而造成定位误差。定位误差受生产技术的制约，并且在各种机器上都会遇到，通常无法避免。为降低此误差，应定期对机器进行维护。

2. STL 格式文件转换误差

STL 文件格式的划分原理是采用小三角形来近似逼近模型的实际形状，因此成形的实际轮廓与 STL 格式文件形成的轮廓肯定不同。如图 2-56 所示，小三角形划分的大小及剖分的个数，对逼近形状的真实性和精确度均有很大的影响，三角形面积越小、数量越多，精度越高，成形的失真度越小，文件的存储容量变大，会导致切片的时间增加；三角形的边长越小，其边界处的小线段越多，越不利于激光束的扫描，造成打印效率低和表面不光滑的问题。显然，当表面形状为平面时，几乎不会产生误差，但是当表面形状为曲面时，即使将三角形划分得再小，也无法避免误差，而且这种逼近误差是不可避免的[107]。

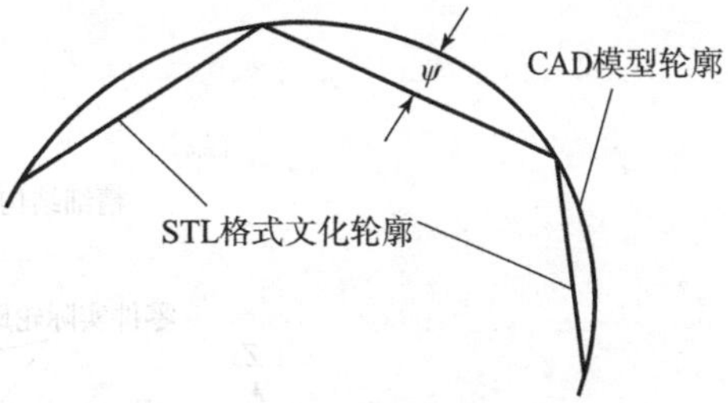

图 2-56　STL 格式文件误差[107]

STL 格式文件转换误差清除的办法是不经转化，直接从三维模型中获取制造数据，但目前的工艺水平尚无法满足这一要求，合理的方法是通过恰当地选择精度参数，从而有效减少该误差。通常，通过设置弦高来控制其精度，弦高是指近似三角形的轮廓与实际曲面轮廓之间的径向距离。弦高设置的不同会造成成形精度的巨大差异，通常选用 0.01 mm 或者 0.02 mm。有的版本中也用误差、角度公差来衡量小三角形划分的精度。

3. 分层产生的误差

当待成形件的三维 CAD 模型转换为 STL 格式文件后，通过切片处理软件对模型进行分层和离散化处理，以获得每层的打印轨迹路径。所谓分层切片是指沿成形件的 Z 轴正方向，用一系列平行于 XOY 平面的截面切取 STL 格式文件的数据实体模型。这样就可以获得该模型的内部构造和轮廓信息，为后续生成的成形设备能够识别加工 G 代码做准备。将每层的信息进行合并，就可获得一个完整制件模型所需的数据信息。由上述可知，采用分层切片将三维模型转化成二维曲线组合是实现快速成形加工的前提[109]。

由于分层切片是不连续的，层与层之间存在参数可改变设置的间距，使 STL 模型表面轮廓的连续性得不到保证，从而降低制件的成形精度。在实际应用中，通常采用分层后的分辨率来间接描述分层厚度值的设置大小，即层与层之间的间距大小，间距越小，分辨率越高，成形精度越高；间距越大，分辨率越低，数据信息丢失越多。分层切片处理对制件产生两种误差：阶梯误差和 Z 向成形尺寸误差。如图 2-57 所示，若分层厚度为 t，OZ 方向上的尺寸为 h，那么沿 OZ 方向的尺寸误差 ΔZ 为

$$\Delta Z=\begin{cases}h-t\cdot \mathrm{int}\left(\dfrac{h}{t}\right)，h\text{ 是 }t\text{ 的整数倍}\\ h-t\cdot\left[\mathrm{int}\left(\dfrac{h}{t}\right)+1\right]，h\text{ 不是 }t\text{ 的整数倍}\end{cases} \tag{2-4}$$

由式 2－4 可以看出，在 FDM 工艺中，并非只有分层切片厚度小才能获得较高的制件尺寸精度；只有当成形高度与分层切片厚度满足一定关系时，才能得到较高的制件尺寸精度。

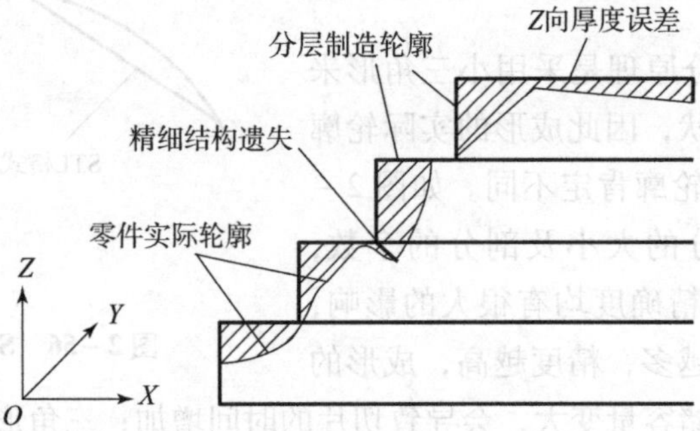

图 2－57　分层切片处理产生的误差[108]

阶梯误差是指成形制件表面与设计模型表面之间的误差，如图 2－58 所示，它包括正向阶梯误差和负向阶梯误差。正向阶梯误差是指成形零件表面处于设计模型表面外侧时的阶梯误差，通常此误差在当设计模型表面的外法线方向向下时产生；负向阶梯误差是指成形制件表面处于设计模型表面内侧时的阶梯误差，当设计模型表面的外法线方向向上时，产生这种误差。

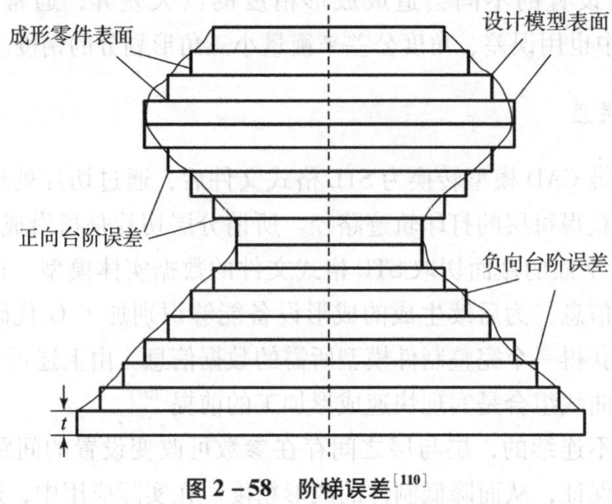

图 2－58　阶梯误差[110]

2.6.4.2　工艺性误差分析

工艺性因素是由成形工艺过程所造成，产生的误差为工艺性误差，是一种能够改善并降低成本的误差。通过对成形工艺过程的深入分析，掌握其机制，进而设计出合理的工艺方案，协调优化选择成形工艺参数，从而降低工艺性误差。

1. 材料收缩引起的误差

FDM 工艺以 ABS、聚乳酸（PLA）及蜡等工程塑料为主要原料，在成形过程中，材料将会发生两次相变过程：一次是由固态丝材受热熔化成熔融态，另一次是由熔融态丝材经喷头挤出后冷却成固态。成形材料从熔融态到固态相变时，会发生体积收缩，不仅会影响制件的尺寸精度，还会产生内应力，导致出现层间剥离等问题。它的收缩形式以热收缩和分子取向收缩为主。

1）热收缩现象

热收缩现象使制件成形后的实际轮廓尺寸与理想轮廓尺寸存在较大差异，外轮廓面向内偏移，尺寸减小；内轮廓面向外偏移，尺寸变大，如图 2－59 所示。热收缩引起的收缩量可表示为

$$dl = \lambda \cdot l \cdot dt \tag{2-5}$$

式中，dl 为热收缩引起的收缩量；λ 为材料的收缩率；l 为制件尺寸；dt 为温度变化量。

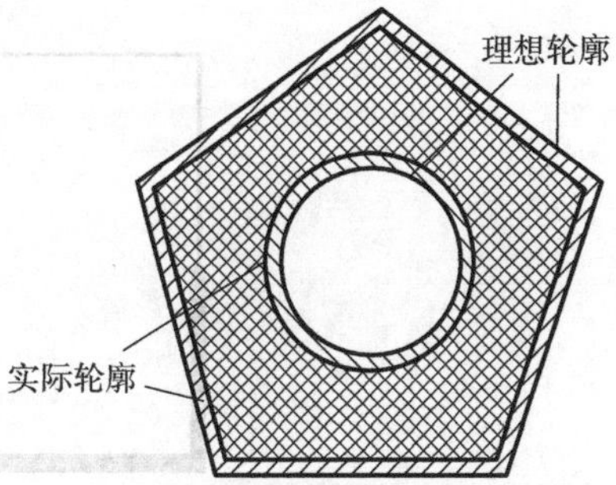

图 2－59　材料收缩引起的误差[111]

针对材料收缩而产生的误差，可采用以下方法来降低或补偿：在成形加工制件的过程中，选用收缩率低的成形材料或对现有的材料进行改性，以降低制件材料收缩率；在制件成形加工之前，对其 CAD 设计模型给予补偿。

2）分子取向收缩

当熔融态丝材从喷头喷出并填充时，处于高温活跃状态的大分子链沿填充方向被拉长，温度下降后又快速收缩。由于高分子材料（PLA、ABS 等）在填充时表现出明显的取向性，在截面方向上填充的材料收缩程度与沿成形方向（Z 向）堆积时的材料收缩程度不同，前者的收缩率远大于后者。这两个材料收缩量分别为

$$dl_1 = \beta \cdot \lambda_1 \cdot l_1 \cdot dt \tag{2-6}$$

$$dl_2 = \beta \cdot \lambda_2 \cdot l_2 \cdot dt \tag{2-7}$$

式中，β 为综合考虑实际模型尺寸时的收缩量，它受模型形状、单层成形时间等因素的影响，根据经验该值一般可取 $\beta = 0.3$；λ_1、λ_2 分别为材料沿截面填充方向（与工作台平面平行）和成形堆积方向（垂直于工作台平面）的收缩率；l_1、l_2 分别为成形件在截面填充方向的尺寸和成形堆积方向的尺寸；dt 为温度变化量。

为减少因材料收缩而引起制件精度的下降，通常通过下列方法来改善。

（1）减小材料收缩率。选用具有收缩率小的材料作为原型材料，或对现有材料进行改性，以降低收缩率。

（2）模型尺寸补偿。在创建制件的三维 CAD 模型时，预先考虑材料收缩对制件的实际尺寸的影响，并对不同尺寸方向定义不同的补偿量，具体补偿量为在 XY 方向补偿 dl_1，Z 方向补偿 dl_2。

2. 挤出丝宽引起的误差

在打印过程中，喷头挤出的熔融态丝材具有一定的宽度，而现有的成形设备无法实现对丝宽自动补偿的功能，因此在将喷头沿 STL 格式文件分层处理后，对获得的理想轮廓轨迹进行扫描，最终得到的实际轮廓会偏离理想轮廓，从而影响制件的尺寸精度，如图 2-60 所示。因此，在生成制件的轮廓路径时，必须对理想轮廓线进行补偿。在实际生产中，许多成形工艺参数，如喷头直径 d、分层厚度 δ、挤出速度 V_e、填充速度 V_f 等均会对挤出丝的截面形状尺寸产生影响。挤出丝材的宽度是一个可变的量，如图 2-61 所示，不同条件下挤出丝的截面形状会发生变化，如下所述。

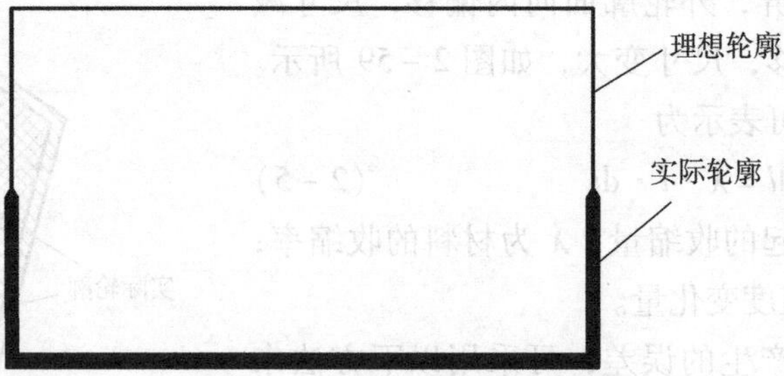

图 2-60　挤出丝宽引起的误差

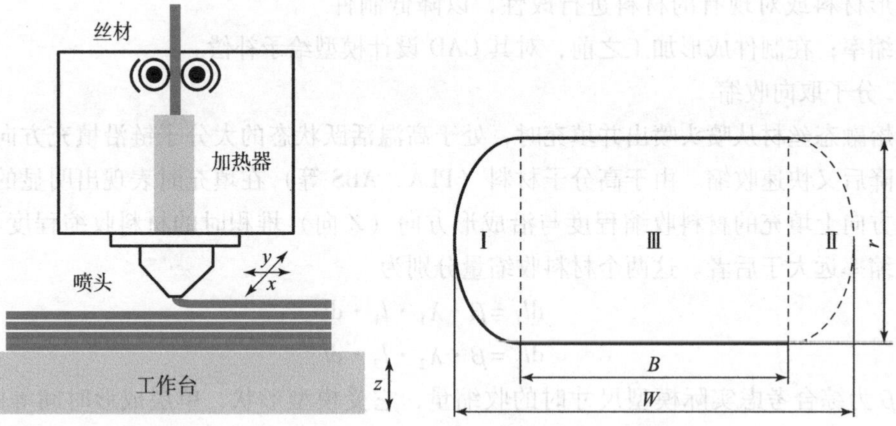

（a）　（b）

图 2-61　FDM 工艺丝宽模型[112]

（a）挤出丝正视图截面轮廓；（b）挤出丝俯视图截面轮廓

当挤出速度 V_e 较小时，挤出丝的截面形状可视为图 2-61（b）中的Ⅲ部分，其计算公式为

$$W = B = \frac{\pi d^2}{4\delta} \cdot \frac{V_e}{V_f} \tag{2-8}$$

当挤出速度 V_e 较大时，挤出丝的截面形状可视为图 2-61（b）中的Ⅰ、Ⅱ、Ⅲ部分，其计算公式为

$$W = B + \frac{\delta^2}{2B} \tag{2-9}$$

$$B = \frac{\lambda^2 - \delta^2}{2\lambda} \tag{2-10}$$

$$\lambda = \frac{\pi d^2}{2\delta} \cdot \frac{V_e}{V_f} \tag{2-11}$$

式中，W 为实际挤出丝宽；B 为丝宽模型矩形区域的宽度；d 为喷头直径；δ 为分层厚度；V_e 为挤出速度；V_f 为填充速度。

3. 填充速度和挤出速度的交互影响

在成形过程中，若填充速度大于挤出速度，将导致材料填充不足，易产生断丝现象，影响成形。反之，若填充速度小于挤出速度，则熔丝堆积在喷头上，造成成形面上材料分布不均匀，表面产生“疙瘩”，降低成形精度。因此，扫描填充速度与挤出速度应在一个合理的范围内匹配，并满足以下条件：

$$\frac{V_e}{V_f} \in [\alpha_1, \alpha_2] \tag{2-12}$$

式中，α_1 为成形时出现断丝现象的临界值；α_2 为出现黏附现象的临界值；V_e 为挤出速度；V_f 为填充速度。

4. 喷头温度的影响

喷头温度对材料的黏结性能、沉积性能、流动性能及挤出丝宽等性能有较大的影响，因此需要将喷头温度控制在某一范围，使挤出的丝材呈现熔融流动状态。若喷头温度较低，熔融态丝材趋向于呈现固态，则黏性系数增加，挤丝速度减慢。这不仅会增加挤出系统的压力，而且会使材料层间黏结强度降低，引起层间剥离，严重时还会造成喷头堵塞。如果喷头温度较高，则材料趋向于呈现液态，则黏性系数减小，流动性强，挤出速度加快，不能精确控制挤出丝的截面形状，在成形时，前一层材料尚未冷却凝固，后一层材料就加压于其上，导致前一层材料坍塌和破坏[113]。

5. 填充样式的影响

由于 FDM 过程所独具的特点，在成形制件的单个片层时，除了影响成形轮廓外，还需要将轮廓内部实体部分按一定的样式进行密集扫描填充，从而得到该层的实体形状。FDM 工艺的填充样式主要有单向扫描填充样式、多向扫描填充样式、螺旋形多向扫描填充样式、Z 形填充样式、偏置扫描填充样式以及复合扫描填充样式等。填充样式不同，其填充线的长度也不同，填充线越长，因填充开始和停止而造成的启停误差越少。此外，成形制件的力学性能及成形时热量传递方向等均与零件的填充样式有密切关系[114]。

（1）单向扫描填充样式。单向扫描填充样式是最简单的填充样式，一般是沿着一个轴（X 轴或 Y 轴）的方向进行填充，如图 2－62 所示。这种填充样式虽然数据处理简单，但有较多的扫描短线，导致产生的启停误差较大。

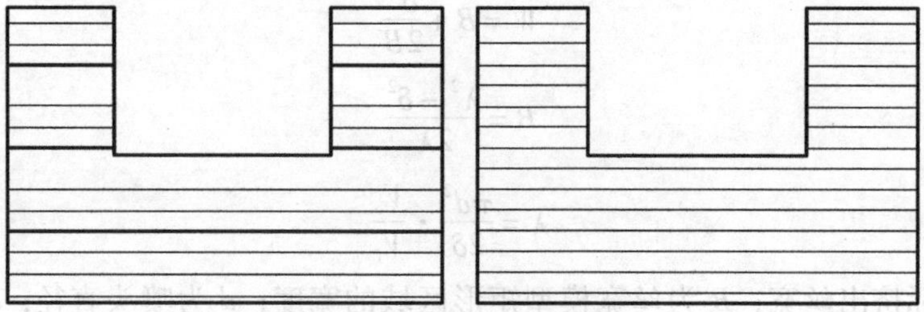

图 2-62　单向扫描填充样式

（2）多向扫描填充样式。为克服单向扫描的缺陷，减小短线段对成形制件精度的影响，提出了多向填充样式，即通过判断模型截面轮廓的形状，自动选择沿着长边的方向填充成形，如图 2-63 所示。该填充样式在一定程度上降低了单向扫描所引起的误差，提高了成形件的力学性能。

（3）螺旋形多向扫描填充样式。如图 2-64 所示，以多边形几何中心为螺旋线的中心，从这一点出发，做若干等角度的射线，以递进的方式从一条填充线到另一条填充线生成螺旋形的填充线。该填充样式是从中心向外逐渐成形，可极大地改善制件成形时的热传递和制件的力学性能；同时由于扫描线较长，可减小启停误差，但由于换向频率高，在成形过程中易出现噪声和振动等问题。

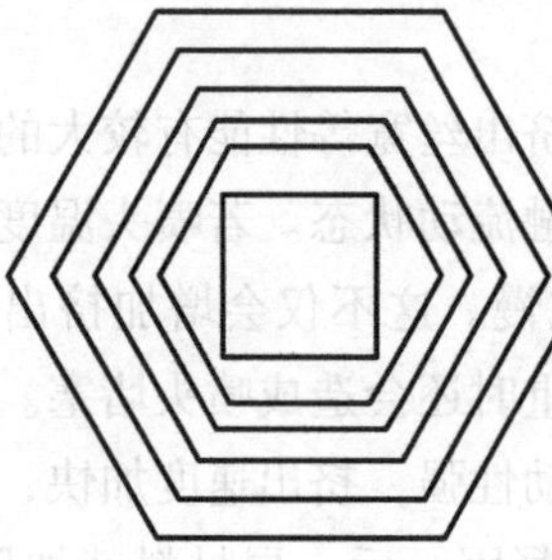

图 2-63　多向扫描填充样式

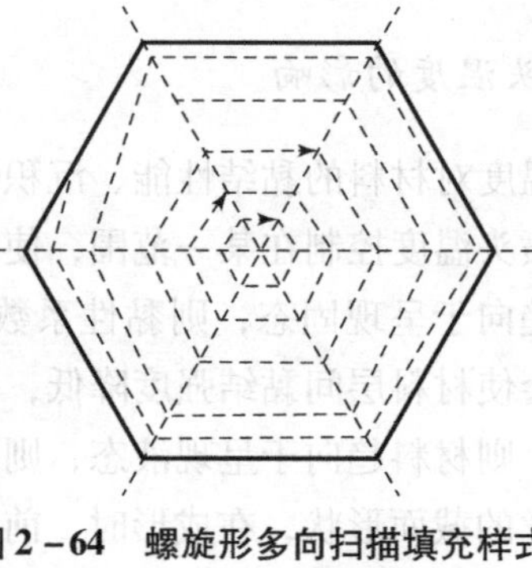

图 2-64　螺旋形多向扫描填充样式

（4）偏置扫描填充样式。针对 FDM 工艺中熔丝启停滞后，难以控制等问题，在成形过程中应减少启停动作，以降低滞后带来的不良影响，提高成形精度。另外，扫描填充线越长，启停误差越小。偏置扫描填充样式可使扫描线尽量长。该样式的关键是产生偏置填充线，如图 2-65 所示。因为需要反复计算偏置环，所以计算量非常大，而且可能产生更多的干涉环，并存在许多小块区域不能进行完整扫描填充的情况。

（5）复合扫描填充样式。多向扫描填充样式和偏置扫描填充样式可以产生一种复合填充样式，如图 2-66 所示。在轮廓线内部一定区域内采取偏置扫描填充样式，而在其他区域采用偏置扫描填充样式，这样不仅可以确保成形制件的表面精度，还可以消除在填充过程中产生的“孤岛”和干涉环，并使成形零件具备优良的力学性能。

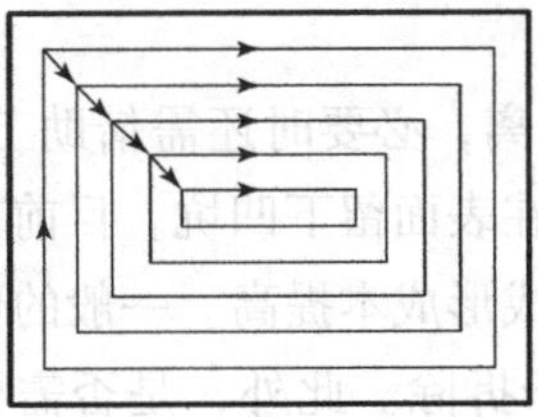

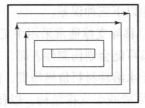

图 2-65 偏置扫描填充样式[115]

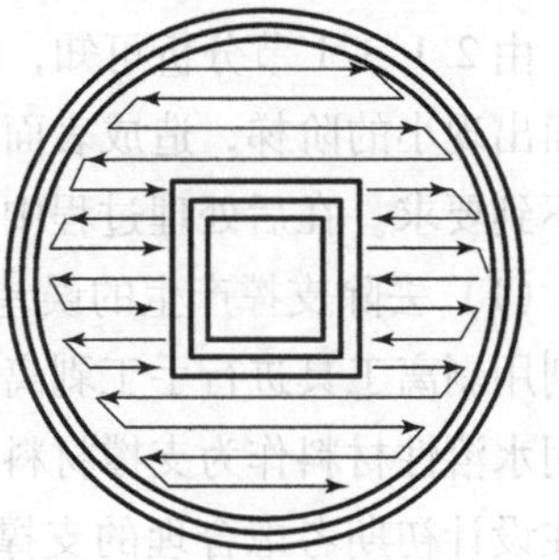

图 2-66 复合扫描填充样式[116]

6. 喷头启停响应引起的误差

在 FDM 工艺过程中，制件轮廓接缝处的成形质量较差。在未对喷头进行启停响应控制前，制件接缝处将产生“硬疙瘩”。如果对喷头进行启停响应控制，则容易出现“开缝”[117]。

喷头启停响应控制实质上是一个超前控制过程，又称前馈控制。如图 2-67 所示，在计算机发出喷头出丝的信号后，因为信号处理需要一定的时间，受力学系统和熔融态丝材的滞后效应等影响，实际出丝的响应曲线如图 2-67 中虚线所示。同样地，在计算机发出停止出丝的信号时，也会有滞后效应[118-120]。

在 FDM 工艺过程中，喷头的启停响应示意如图 2-68 所示，其中 $A_1-A_2-A_3-A_4-A_5-A_6-A_7-A_1$ 是待成形零件的实际轮廓，为确保路径连续，必须使运动系统从 P_0' 开始动作，喷头在到达 P_0 前填充速度已达到 V_f，运动到 P_0 时发出出丝控制信号，线段 P_0A_1 的长度与填充速度 V_f 和喷头出丝的延迟时间有关，接着喷头沿 $A_1-A_2-A_3-A_4-A_5-A_6-A_7$ 扫描，运动到 P_1 时发出关丝信号，线段 P_1A_1 的长度与填充速度和喷头关丝的延迟时间有关，然后继续运动到 P_1'，以防止喷头停在接缝处使该处的材料过度堆积。

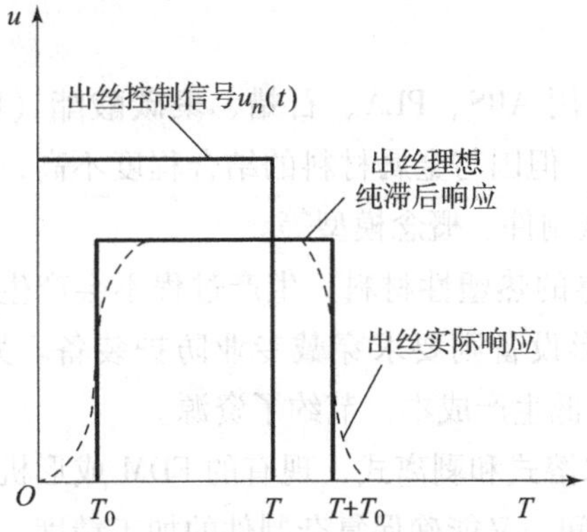

图 2-67 出丝超前控制信号及其响应曲线

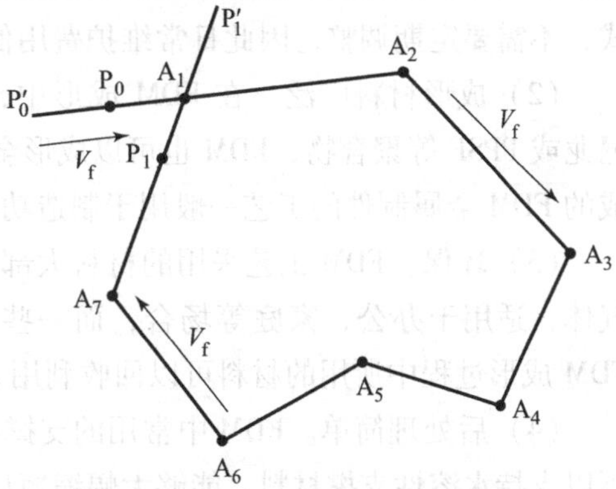

图 2-68 喷头的启停响应示意

2.6.4.3 后期处理误差分析

经 FDM 工艺成形后的制件一般由基板、实体和支撑三部分组成。为了获得一个完整的

3D 打印成形件，需要先将基板部分和支撑部分去除，然后对其进行打磨、抛光等后处理工艺。由 2.1.3.1 节分析可知，将 STL 格式文件进行分层切片时，会产生阶梯效应，导致制件表面出现小的阶梯，造成表面粗糙度、尺寸精度不高的问题，且制件表面强度、耐磨性能都达不到要求。在后处理过程中可能产生以下三种误差。

（1）去除支撑产生的误差。目前，移除支撑通常采用手工剥离，必要时还需借助工具。在利用剥离工具进行手工剥离时，工具可能会划伤制件表面，并在表面留下凹坑。目前，多采用水溶性材料作为支撑材料，但由于水溶性材料价格昂贵，使成形成本提高。一般的做法是在设计初期考虑合理的支撑方式，尽量减少支撑结构，以便于拆除。此外，是否需要支撑、需要支撑的数量均与模型的成形角度密切相关，选择合适的制件成形角度，不但可以提高制件的质量，而且可以减少支撑的数量。

（2）外部环境变化引起的误差。制件成形后，由于受外界环境温度变化，会发生相应的变形。此外，因制件自身结构设计等原因，成形后有时也会有内部残余应力存在，长时间静置后有可能发生局部翘曲变形。

（3）修补过程中产生的误差。为减小阶梯效应、提高制件的表面质量及美观程度，必须对零件进行表面处理，但若处理不当，修补过程将会加大误差，甚至产生新的误差。

2.6.5 熔融沉积成形的优、缺点

1）FDM 技术的优点

FDM 与其他增材制造工艺的最大区别在于其构成零件的每个层片均是由丝材熔融堆积而成。熔融态丝材受到打印喷头和下层已成形物体的挤压，因其自身应力，会自动黏结在已成形物体上，通过层层累积，最终形成一个 CAD 模型的实物。FDM 技术相对于其他快速成形技术有以下优点。

（1）运行成本低。与激光成形设备相比，FDM 成形设备的价格低廉，不需要昂贵的激光器。另外，激光成形需要定期更换激光器，运行费用高，而 FDM 成形技术不使用激光方式，不需要定期调整，因此日常维护费用低。

（2）成形材料广泛。在 FDM 成形中，主要采用 ABS、PLA、石蜡、聚碳酸酯（PC）、尼龙或 PPSF 等聚合物，FDM 也可以成形金属制件，但因与金属材料的结合程度不高，故制成的 FDM 金属制件的工艺一般用于制造功能性测试制件、概念模型等。

（3）环保。FDM 工艺采用的材料大部分是无毒的热塑性材料，生产过程不会产生有毒气体，适用于办公、家庭等场合，而一些激光成形设备则要求穿戴专业防护装备。另外，FDM 成形过程中所用的材料可以回收利用，从而降低生产成本，节约了资源。

（4）后处理简单。FDM 中常用的支撑材料是水溶式和剥离式，现有的 FDM 成形机大多可以支持水溶性支撑材料，能够大幅缩短后处理时间，又能确保复杂制件的加工精度。

基于上述优势，FDM 技术在工业生产、教学科研工作等领域得到了广泛应用。在传统产业的生产过程中，一个产品从研发到量产，一般要花费一到两个月的时间，若产品款式发生改变，则需重新制造模具。然而采用 FDM 工艺，可以将分析、制造和批量生产相结合，只需一到两天的时间就可以完成设计任务，极大地缩短研发和制造周期，在航天航空、医疗

器具、汽车、建筑模型，电器、工业造型等领域具有广阔的应用前景。

2）FDM技术的缺点

（1）FDM工艺的成形精度不高，无法实现对高精度要求制件的加工。

（2）FDM成形因需要将熔融态的材料从喷头挤出，导致成形速度较慢，不适用于大尺寸制件的成形。

（3）由于制件是层层叠加成形，故制件沿切片垂直方向上的强度较低。

（4）需要设计和制作支撑材料，并且涂覆整个表面，因而成形时间较长。在制作大型薄板件时，容易发生翘曲变形。

2.7 材料挤出技术

材料挤出技术（material extrusion，ME）是指半液体材料通过计算机控制的喷头中输出，形成物体层的3D打印过程。使用材料挤出技术进行3D打印的材料有很多种，包括混凝土、陶瓷、亚克力，甚至金属，最常用的挤出材料是塑料（技术上称为热塑性塑料），这是因为它从喷头中输出时能被暂时熔化。

2.7.1 材料挤出技术过程

图2-69所示为材料挤出操作示意，这种称作丝的材料被缓慢输送到加热的打印喷头中，温度为180~230 ℃。高温将丝熔化通过喷头挤压，在打印喷头出口处将其压平[121-122]。

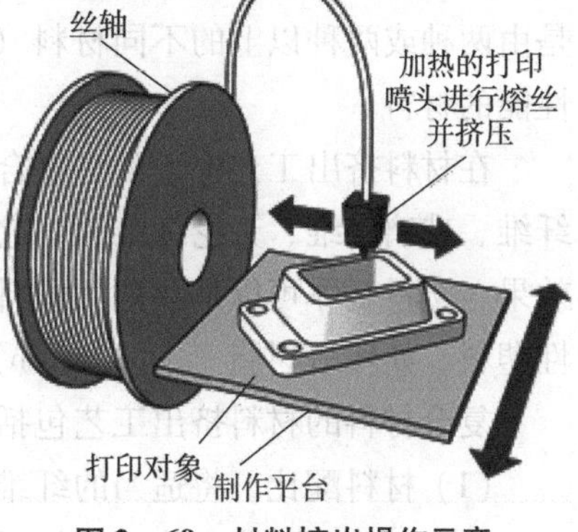

图2-69 材料挤出操作示意

首先将熔融的丝直接沉积到3D打印机平坦的制作平台或打印床上。当打印喷头移动时，熔丝迅速冷却凝固，从而在二维空间中勾画出打印对象的第一层轮廓。一些材料通过移动打印喷头自身的南北和东西轴线来实现这一动作，其他打印机则通过在相同轴线上一边来回摆动打印喷头，一边移动制作平台的方式完成动作。打印出物体的第一层轮廓后，制作平台会下降一层，便于下一层热塑性塑料沉积在轮廓上。这个过程一直反复进行，通常需要花几个小时才能把一个完整的模型打印出来。实际上，整个过程类似于用计算机控制的热胶枪制作模型。

虽然图2-69演示的是单一喷头的工作原理，但如今多喷头的3D打印机已经十分常见。一般情况下，这些喷头可以在同一零件中输出两三种材料。热塑挤出3D打印机还能和搅拌挤出机结合，将不同的热塑性塑料放入单一喷头中，能够打印出彩色的塑料物体。

2.7.2 适用于材料挤出技术的材料

很多材料可用作热塑性塑料丝，其中最常见的是丙烯腈-丁二烯-苯乙烯，俗称ABS，这种石油基材料广泛用于产品铸模。例如，乐高积木、自行车头盔和圆珠笔，都是各种等级的 ABS 注塑模型。作为3D 打印耗材，直径3 mm 或1.75 mm 的 ABS 丝材有很多种颜色。其他材料还包括尼龙和聚碳酸酯，热塑性聚氨酯（TPU）是用于制造柔韧的类似橡胶的组件。一种名为 ABSi 的材料能够通过 γ 射线和环氧乙烷进行消毒，其3D 打印的塑料零部件在食品工业或医药领域应用广泛，因其半透明性，ABSi 也可用来制造传输光线的物体，如汽车尾灯。

另一种广泛用于材料挤出的丝材是 PLA。它是由玉米淀粉或甘蔗等农产品制成的生物塑料，比 ABS 更加环保。PLA 在生产中十分安全，因为它在加热时不会发出有毒气体。PLA 丝呈半透明固体状，颜色丰富，深受3D 打印爱好者的喜爱，其打印工艺相对于 ABS 来说要简单得多。其他生物塑料丝材还包括聚羟基脂肪酸酯（PHA），这种材料经常与 PLA 共混，形成 PLA/PHA 的合成物。PLA 和 PHA 均可被生物降解，将来有可能用合成生物的方法来生产。

2.7.3 材料挤出工艺

1. 复合材料的材料挤出工艺

复合材料的材料挤出工艺是一种将复合材料应用于材料挤出技术的加工方法。复合材料是由两种或两种以上的不同材料（通常是纤维增强材料和基体材料）组合形成的具有特定性能的材料。

在材料挤出工艺中，常将复合材料作为纤维增强材料添加到塑料基体中。纤维可以是碳纤维、玻璃纤维、芳纶纤维等。它们具有高强度、高刚度和耐磨损性，可以提供材料的增强效果。塑料基体可以是热塑性塑料，如聚丙烯、聚乙烯（PE）、聚苯乙烯等，也可以是热固性塑料，如环氧树脂（epoxy resin）等。

复合材料的材料挤出工艺包括下列工序。

（1）材料配比。将适当的纤维和基体材料按照一定比例混合均匀。

（2）加热和熔化。将混合材料放入挤出机的喷头中，经加热和熔化，使材料达到可挤出的状态。

（3）挤出。将熔化的复合材料用挤出机挤出呈连续的线材。挤压过程中，纤维均匀分布在塑料基体中。

（4）沉积。将挤出的线材沉积到工作平台或之前沉积的线材上，然后逐层构建复合材料的零件。

（5）固化和冷却。在沉积完成后，待零件固化和冷却，以获得所需的最终性能。

另外，还可以调整纤维类型、含量以及挤出参数来实现对复合材料性能的进一步优化。通过复合材料的材料挤出工艺，可以制备具有高强度、轻量化、高刚度和耐磨损性的零件，在航空航天、汽车、船舶、体育用品等方面均具有广阔的应用前景。

2. 碳纤维增强塑料的挤出工艺

碳纤维增强塑料（carbon fiber reinforced plastics，CFRP）是一种集高强度和轻质化特性为一体的复合材料，由碳纤维和塑料基体组成。碳纤维是由碳元素的微观晶体结构构成，具有优异的强度和刚度，而塑料基体则提供了材料的柔韧性和可成形性。

可通过下列工序实现碳纤维增强塑料的挤出工艺。

（1）材料准备。首先准备碳纤维和塑料基体，碳纤维一般事先经过预浸渍，即纤维已被浸渍在具有树脂（通常是环氧树脂）的基体中，从而保证纤维和基体之间的良好黏合。

（2）加热和熔化。把预浸渍的碳纤维基板送入挤出机的喷头中。在挤出机内，将环氧树脂基体加热并熔化，使其处于熔融状态。

（3）精确控制。在挤出机中，精确控制温度、挤出速度和压力等参数，以确保熔融的碳纤维基板处于正确的挤出状态。

（4）挤出。将熔化的碳纤维基板通过挤出机的喷头挤出呈连续的线材。挤压过程中，碳纤维均匀分布在塑料基体中。

（5）沉积和固化。将挤出的线材沉积到工作平台或之前沉积的线材上，逐层构建碳纤维增强塑料的零件。在沉积完成后，需要进行固化过程，即将环氧树脂基体通过热固化或紫外线固化使其完全固化。

碳纤维增强塑料的挤出工艺可以制备具有高强度、轻质化和力学性能优良的零件。但因碳纤维自身的特殊性质和挤出过程的复杂性，需要高精度的控制和专业的设备，这对其技术提出了更高的要求。

3. 金属材料的挤出工艺

金属材料的挤出工艺是将金属材料挤出成形的一种加工工艺。该工艺涉及各种类型的金属，如铜、铝、锌、钢、铅等，在高温条件下将金属挤出呈所需型材、管材、棒材或其他形状，用于机械、汽车、建筑、电子等领域。

金属材料挤出工艺的流程包括预加热、挤出和冷却固化三阶段。

（1）预加热。将金属材料进行预加热，以减小挤出过程中的应力和形变。根据金属材料的类型，预加热温度一般为500～800 ℃。

（2）挤出。将预加热的金属材料放入挤压机中，利用机器的压力和温度，使金属材料从模孔中挤出成形。在挤出过程中，金属材料流向轧辊的方向。

（3）冷却固化。在挤出过程中，通过冷却风扇向挤出模具周围喷射冷却水或空气，使金属材料快速冷却，从而提高材料的强度和硬度。

金属材料的挤出工艺具有高精度、高密度、均匀的壁厚等可靠的力学性能，同时具有节约原材料、快速、低成本等优点，在工业生产中得到广泛应用。其可生产各种规格的金属材料，如管材、角材、T形材、H形材等。

4. 黏土材料的挤出工艺

黏土材料的挤出工艺是一种将黏土通过挤出机将其挤出呈所需形状的加工工艺，这种工艺通常用于陶瓷制品的生产，如陶艺、砖瓦、陶瓷管等。

以下为黏土材料挤出工艺的主要工序。

（1）材料准备。通常黏土需要事先经过适当处理和配料，包括将原始黏土矿石进行筛选、均化和湿化，以获得适合挤出的均匀黏土浆料。在湿化过程中，在黏土中掺入一定比例的水，可提高其可塑性和可挤出性。

（2）挤出机设备。选用合适的挤出机设备，用于挤出加工。一般来说，挤出机包括进料系统、螺杆推进系统和挤出模具。进料系统将黏土浆料输送到螺杆推进系统，然后螺杆推进系统把黏土推进至挤出模具。

（3）挤出。将黏土浆料输送至挤出机的进料系统中。在挤出机中，螺杆推动黏土浆料，使之形成所需的形状。通过调整挤出机的温度、压力和挤出速度等参数，以控制黏土的挤出过程。

（4）剪切和切断。挤出机挤出的黏土形成连续的坯料或管材，根据需要，可以通过切割装置将挤出件按照所需长度进行剪切。

（5）干燥和固化。挤出后的黏土制品一般需要进行干燥和固化，以去除残留的水分，提高材料的强度。干燥和固化可以通过空气干燥、加热或陶瓷加工中的窑炉等方法实现。

黏土材料的挤出工艺具有效率高、精度高、成本低等优点，能够满足大批量、复杂形状的加工要求。另外，挤出工艺还可以通过调整挤出机参数和设计模具来控制黏土制品的尺寸、形状和质量，以满足不同的需求。

2.7.4 热塑挤出工艺的局限性

热塑挤出工艺是利用可靠的材料来制造相对简单的小型或中型模型的方法，有以下几点需要注意。

首先，与其他的3D打印技术相比，采用热塑挤出成形创建的对象具有明显的层次。也就是说，当近距离观察一个打印物体时，可以很清楚地看到它具有不同的层，在倾斜或弯曲的表面上可能会更明显。图2-70简单说明了用热塑挤出工艺与用传统注塑成形技术制造金字塔模型的区别。

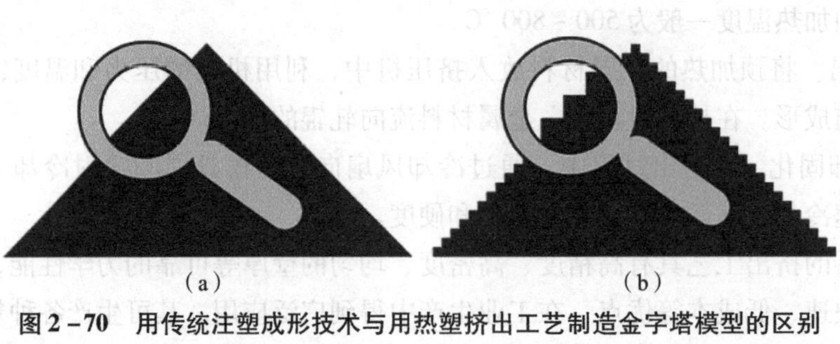

（a）　　（b）

图2-70　用传统注塑成形技术与用热塑挤出工艺制造金字塔模型的区别

（a）用传统注塑成形技术制作的物体表面十分光滑；（b）用热塑挤出工艺3D打印的物体有明显的层次

人们普遍认为人眼无法识别小于0.1 mm的层次，即使是这样细小的层次触摸起来也会感到有些粗糙。实际上，没有一个用热塑挤压制造的物体表面是非常光滑的，除非在成形后进行打磨或化学处理（如放置在丙酮蒸气中）。

除了显而易见的层次，热塑挤出3D物体在打印过程中可能会出现变形、卷曲或收缩的现象。这种情况经常出现在冷却工艺中，由于物体不同部位的冷却速率不同，导致物体内部热压增大，进而引起变形。为避免这种情况的出现，大部分热塑挤出 3D 打印机配有加热制作平台，该平台能有效防止低层比高层冷却更快。

为进一步减少产品变形、收缩，工业热塑挤出打印机还配有封闭制作区域，这样能够阻止气流并对温度进行严格控制。高端硬件制造商宣布目前变形或收缩已经不再是主要问题，但大多数廉价的 3D 打印机还是会面临这个问题。针对这种情况，一些低成本热塑挤出设备在打印喷头处安装小型风扇，用以加快打印层的冷却速度。许多人认为只要降低打印速度，注意打印喷头在制作平台上的起始高度，就能减少产品变形和收缩；或者是用“筏”将物体最底层固定住，待物体打印完成后再将其拆除，这样可以使物体牢固地固定在制作平台上，从而减少变形。

不管哪一种类型的打印机，只要有效地设计模型，就可以控制其变形。例如，减少填充空隙能够避免这种情况的发生。传统的注塑成形技术制作的塑料零件都是实心的，而 3D 打印的物体可以是空心的、实心的，也可以内部是半固态的开放格子。减少物体的固体部分能够阻止其内部拉长和外部冷却变形。此外，空心的固体模型可以减少耗时和耗材，继而降低打印成本。

最后一个也是最主要的问题是，在打印过程中对没有支撑点的悬空部分或独体部分的处理。为便于解释，图 2－71 展示了由热塑挤出 3D 打印机制造的四个塑料字母，大写字母 L 很容易地被打印出来。相比之下，大写字母 Y 具有向上倾斜的延伸，此处的难度在于打印输出的逐层倾斜堆叠而掉下来的问题，其向上倾斜的角度不超过 45°，通常是可以打印的。但是大写字母 T 左、右两侧展开的角度均达到了 90°，如果不采取措施的话，在打印过程中肯定会掉下来。同样，大写字母 M 也可能会无法打印，因为字母中间部分是完全悬空的，没有任何支撑点。

图 2－71　热塑挤出 3D 打印机制造的塑料字母

当然，如果将大写字母 T 和大写字母 M 水平放在制作平台上，也能轻松地完成打印。几乎所有 3D 打印的物体都会首先考虑物体的面向问题，而许多复杂的物体根本无法简单地为之确定既有支撑点又无独体部分的方向。要解决这一问题，大多数的热塑挤出打印机需要打印支撑结构。在打印完成后，再把这些临时的支撑结构拆除。

支撑结构有两种方式。有些热塑挤出 3D 打印机利用打印物体自身的材料制作出精致格状的分离支撑结构。打印完毕后，将这些多余的塑料小块用小刀、其他工具拆除或手动拆除。拆除这些支撑结构后，需要进行后续的清理工作，例如用砂纸或其他工具将物体打磨平整，这样才能完全消除支撑结构的痕迹。

有些热塑挤出打印机则利用第二个打印喷头输出水溶性支撑材料来制作支撑结构，如聚醋酸乙烯酯（PVAC）。将打印完成的物体放入一罐水基清洗剂中，用罐中的搅拌器不停地搅拌，让清洗剂在物体四周流动，从而清除支撑材料。最后将完成的3D打印物体取出，用清水洗净并烘干。

使用可溶性支撑结构工艺的3D打印机与使用分离支撑结构工艺的3D打印机相比，其制作过程较为复杂和费时，但也得到了较好的效果。部分3D打印机制造商基于制造和拆除可溶性支撑结构工艺的特性，将其命名为可溶性支撑技术（SST），而那些使用分离支撑结构工艺的则称为分离支撑技术（BST）。

尽管使用热塑挤出技术制造的物体经常需要将支撑结构拆除，但这种成品在生产完成后可立即投入使用（可能需要对其进行打磨、上色，或将其置于丙酮蒸气中以提高表面质量）。相反，使用其他3D打印方法制造的产品往往需要进行后处理，如固化或注入其他材料中。

2.8 材料薄材叠层技术

2.8.1 材料薄材叠层工艺原理

LOM工艺是将多层薄材料（如金属、塑料、纤维等）表面事先涂覆一层热熔胶，加工时使热压辊热压片材，与下层已成形的工件黏结；用CO_2激光器在刚黏结的新层上切割出零件截面轮廓和工件外框，并在截面轮廓与外框之间多余的区域内切割出上下对齐的网格；激光切割完成后，工作台带动已成形的工件下降，与带状片材（料带）分离；供料机构转动收料轴和供料轴，带动料带移动，使新层移至加工区域；工作台上升到加工平面热压辊热压片材，工件的层数增加一层，高度增加一个料厚；再在新层上切割截面轮廓，如此反复直至零件的所有截面黏结、切割完，得到分层制造的实体零件，如图2－72所示。

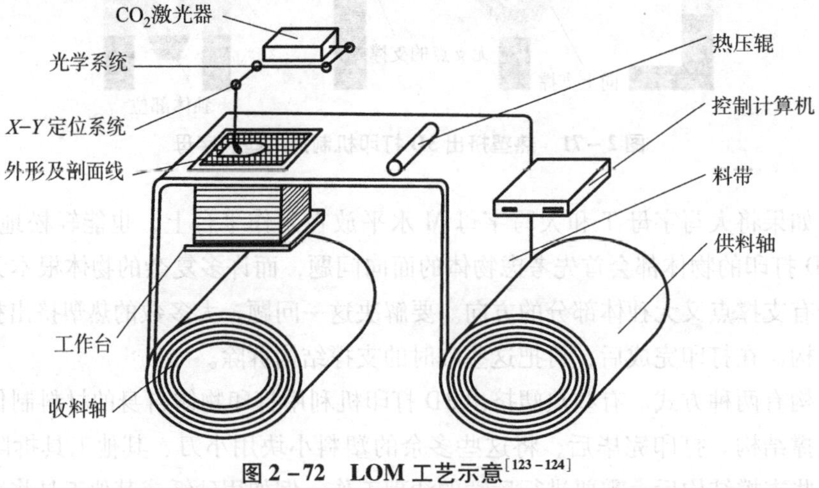

图2－72 LOM工艺示意[123－124]

LOM技术制造所选用的激光器为CO_2激光器。在CO_2激光器的放电管中，一般输入几十毫安或几百毫安的直流电流。在放电过程中，放电管中混合气体内的氮分子由于受到电子的撞击而被激发起来。这时受到激发的氮分子和二氧化碳分子发生碰撞，氮分子将自身的能量传递给二氧化碳分子，使分子从低能级跃迁到高能级上并形成粒子数反转发出激光。随后激光通过光学扫描机构投射到薄片材料上，实现与传统切削加工的刀具类似的、将薄材切割成所需形状的效果。激光切割原理为对常用的纸张、塑料薄膜、复合材料利用高能量密度的激光加热薄材，在较短的时间内气化，形成气体，如图 2－73 所示。在材料上形成切口，继而切割薄材；而对于金属片材，则是通过高能量密度的激光束加热薄材，使金属薄片熔化，形成切口，继而切割薄材。

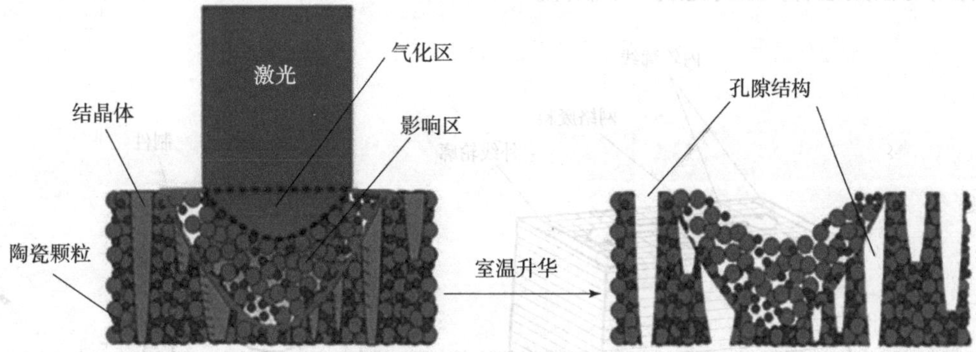

图 2－73　激光切割原理[125]

图 2－74 所示为 LOM 系统的工艺过程。首先由计算机接收 STL 格式文件的三维数字模型，并沿垂直方向进行切片，获得模型截面图形数据。根据模型横截面图形数据生成切割截面轮廓，然后生成激光束扫描切削的控制指令。材料送进机构将原材料（底面涂覆有热熔胶的纸或料薄膜）送至工作区域上方，热压辊机构控制热压滚筒滚过材料，使上、下两层薄片黏合在一起，因薄片材料的厚度存在一定的偏差，故需要通过位移传感器测量当前高度

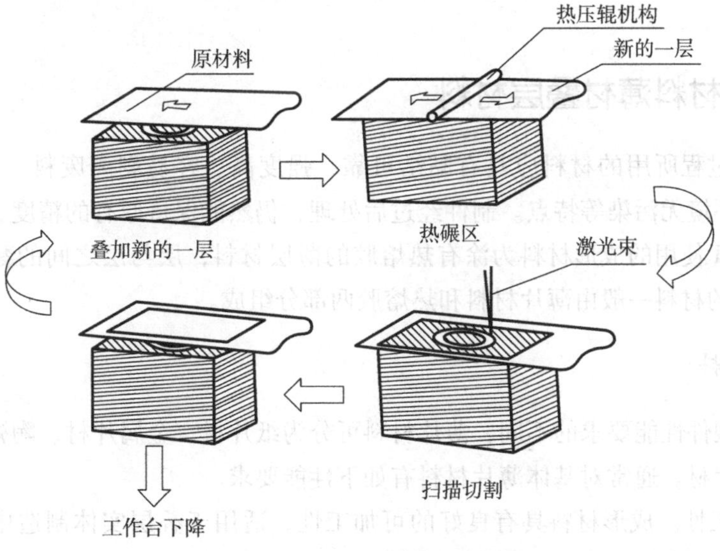

图 2－74　LOM 系统的工艺过程

以供后续切片使用。在计算机控制下，激光切割系统根据模型的当前切割层轮廓的轨迹，在材料上表面切出轮廓线，同时将模型实体区以外的空白区域切割成特定网格，以便在对成形件后处理时去除废料，而非将模型实体区切割成小碎块。支撑成形件的可升降工作台在模型每层截面切割完后下降设定的安全高度，材料传送机构将材料送进工作区域，而后工作台缓慢回升，一个工艺过程循环完成。重复上述工序，直至最后形成三维实体[126-128]。

制件完成后，还需要进行后处理工作。成形后的制件及废料如图2-75所示，将完成的制件卸下来，手动将制件周围被切成小块的废料剥离。此时，制件表面较为粗糙，经过打磨和喷漆等方法处理后，最终完成一个制件。

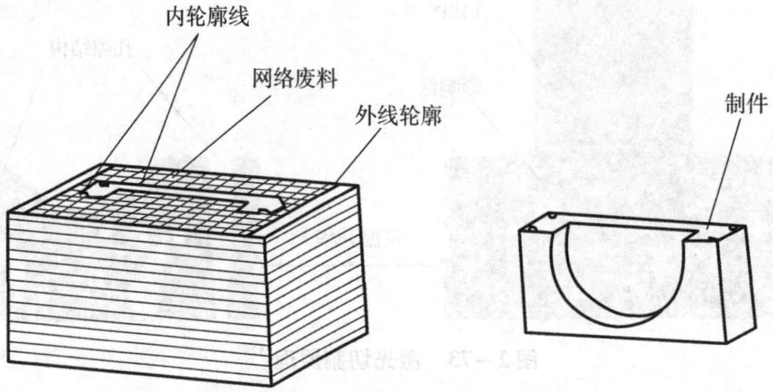

图2-75　成形后的制件及废料

简单来说，LOM工艺采用表面涂覆有一层热熔胶的薄片材料，通过热压将薄片材料上的热熔胶熔化，并与上一层片材黏结，降温冷却后，两层片材胶接在一起。接着，在计算机控制下，激光器和扫描系统按切片图形轮廓切割片材，并对非图形区域进行网格切割，工作台下降，所切割的薄片与整体片材分离，最后供料卷转动重新送料，反复进行，从而堆积成形。

2.8.2　材料薄材叠层材料

LOM成形过程所用的材料应具有黏结可靠、强度高、容易剥离废料、制件精度稳定、成本低廉、对环境无污染等特点。制件经过后处理，仍然能保持原有的精度、表面质量和尺寸稳定性。LOM使用的成形材料为涂有热熔胶的薄层材料，层与层之间的黏结是靠热熔胶实现的，LOM的材料一般由薄片材料和热熔胶两部分组成。

1. 薄片材料

根据对原型件性能要求的不同，薄片材料可分为纸片材、金属片材、陶瓷片材、塑料薄膜和复合材料片材。通常对基体薄片材料有如下性能要求。

（1）可加工性。成形材料具有良好的可加工性，适用于叠层实体制造中的制造工艺和设备。它们应易于切割、堆叠和固化，以便于实现逐层构建。

（2）力学性能。成形材料必须具备一定的强度和刚度，才能保证产品达到所要求的力学性能。材料的强度、韧性、耐磨性和耐腐蚀性等力学性能应符合具体的应用要求。

(3) 材料相容性。在多层叠加的过程中，成形材料应具备良好的相容性，从而确保层与层之间的黏合力和结合强度。材料之间的相互作用应减小不附着和剥离的风险。

(4) 热稳定性。成形材料应具有足够的热稳定性来承受叠层制造过程中的高温或高热应力。为了减小因温度梯度而产生的应力问题，它们必须具有低热膨胀系数和高热导率。

(5) 可再加工性。为便于后续的加工、修整和表面处理，成形材料应具备一定的可再加工性，这是保证产品精确度和外观质量的关键。

(6) 可持续性。成形材料必须满足环保和可持续性要求。从资源利用和废弃物回收角度出发，应优先选用可再生材料或可回收材料。

现在常用的纸材采用了熔化温度较高的黏结剂和特殊的改性添加剂，成形后的制件坚如硬木，表面光滑，部分材料甚至能在温度低于 20 ℃时工作，成形时的翘曲变形较小，且成形后的制件容易脱离，经表面涂覆处理后不吸水，具有良好的稳定性。

2. 热熔胶

热熔胶是一种高温胶水，它是将薄片材料黏合在一起的关键。在 LOM 生产工艺中，将热熔胶作为黏结剂，并将其喷洒在每个薄片材料的表面上。热熔胶可以使该层薄片材料软化和凝固，能够与下一层材料黏合在一起。在制造过程中，为了确保整个结构的稳定性和精度，必须对热熔胶的喷涂量和位置进行精确控制。

LOM 中使用的热熔胶主要有两种：热熔胶粉末和热熔胶片。

(1) 热熔胶粉末。热熔胶粉末是一种颗粒状的材料，一般是塑料或其他可熔融的材料。在 LOM 制造过程中，采用喷涂或粉末堆积技术将热熔胶粉末涂覆在薄片材料的表面。然后，通过热源（如激光束或加热器）加热，使热熔胶粉末熔化并黏结薄片材料，从而实现层与层之间的黏结。常见的热熔胶粉末材料有聚乙烯、聚丙烯和尼龙等。

(2) 热熔胶片。热熔胶片是一种带状的材料，与胶带类似。它是事先制备好的、具有黏性的片状材料。在 LOM 生产过程中，将热熔胶片添加到薄片材料之间，使其受热熔化并黏结材料。热熔胶片的优点是容易操控，使用方便，并能精确控制黏结的位置和强度。

这两种类型的热熔胶可根据具体的 LOM 制造系统和应用需求来选用。热熔胶粉末常见于低成本的 LOM 系统中，而热熔胶片常见于高精度和控制性要求更高的系统中。热熔胶材料的选用直接关系到 LOM 制造的成形质量及性能。

2.8.3 材料薄材叠层设备及核心器件

LOM 增材制造系统一般由机械系统、机身、激光扫描系统（$X-Y$ 型切割头）、材料送给装置、热压叠层装置、抽风排烟装置、计算机控制系统、激光器等组成。

1. 机械系统

LOM 增材制造系统是利用激光束做 $X-Y$ 平面运动，由工作台、材料送给、热压叠层运动等机构组成的多轴小型激光加工系统。该系统从加工、安装、调试等方面考虑，各运动单元相对独立，并针对不同的精度要求设计、加工、选购相应的零件。在系统连续自动化操作中，各单元彼此间做并行、顺序复合运动。

2. 机身

机身是整个系统的底座，起到安装、固定全部执行机构的作用。机身采用型材焊接及铸造件相结合的组合式框架结构，以减轻质量，提高刚性，并便于加工、安装。

3. 激光扫描系统（X－Y型切割头）

激光扫描系统包括激光器、扫描头、光路转换器件、接收装置和反馈系统。该系统的核心是扫描头，光束在工作台面上的扫描过程是由扫描器件接收指令来完成的。当前扫描器件种类很多，如机械式绘图扫描器件、声光偏转扫描器件、二维振镜扫描器件等。快速、高精度的激光振镜式扫描系统是激光扫描的必然趋势，因其快速、高精度等优点成为激光扫描系统中最广泛的应用之一[129]。

4. 材料送给装置

材料送给装置包括供料辊、送料夹紧辊、导向辊、收料辊、送料交流变频电机、摩擦轮和材料撕断报警器。卷状材料包裹在供料辊上，材料的一端通过送料加紧辊、导向辊、材料撕断报警器附着在收料辊上。收料辊的芯与送料交流变频电机的轴芯相连。摩擦轮固定在供料辊的轴芯上，并且由于它与带状弹簧的制动块相接触，所以会有一定的摩擦阻力矩，从而确保材料始终处于张紧状态。送料时，送料交流变频电机沿逆时针方向旋转一定的角度，以抵抗作用于摩擦轮上的阻力矩，带动材料向左前进一段距离，这个距离等于所需的每层材料的送进量。每层材料的送进量是根据成形件的最大左、右尺寸和两相邻切割轮之间的搭边决定的。若因意外而导致材料撕断，报警器将立刻发出声音信号，停止送料交流变频电机的转动及后续工作的循环。

5. 热压叠层装置

热压叠层装置包括交流变频电机、热管（或发热管）热压辊、温控器及高度检测传感器等。它的功能是对叠层材料加热加压，使上一层纸与下一层纸能够紧密黏结，如图 2－76 所示。交流变频电机经齿形带驱动热压，可在工作台的上方做左右往复运动。热压辊内设有大功率发热管，能使热压辊快速升温。温控器由温度传感器（热电偶或红外温度传感器）和显示控制仪组成，可以检测热压的温度，并使其保持在设定值，温度设定值根据所用材料的黏结温度而定。当热压辊对工作台上方的纸进行热压时，高度检测器可以准确地测定正在成形制件的实际高度，并将这些数据及时反馈到计算机中，然后根据此高度对产品的三维模型进行切片处理，获得与上述高度一致的截面轮廓，这样就能很好地确保成形件在高度方向的轮廓形状和尺寸精度[130－133]。

6. 抽风排烟装置

抽风排烟装置是针对成形时产生的烟尘对设备（激光镜头、精密运动机构）及工作环

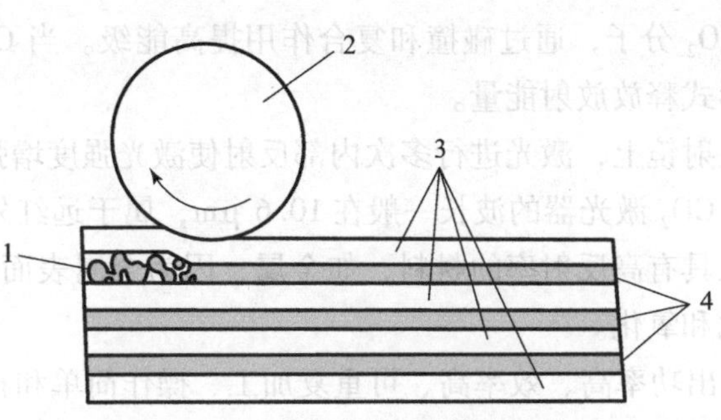

图2-76 叠层材料的热黏结示意

1—黏结前的粉粒状热熔胶；2—加热辊；3—薄片状纸材；4—热熔胶受热熔融黏合态

境造成的污染问题而设计的，由风扇组及外接管构成。该装置不但结构简单、效率高，而且易于清洁和维护。

7. 计算机控制系统

LOM系统具有多任务、大数据量、多运动轴、系统高速实时的特点。它控制对象的加工过程由以下基本运动构成：实时检测成形制件的高度、对三维实体模型实时切片和进行数据处理、激光头平面切割运动、工作台升降运动、成形材料送进运动、热压叠层运动。

8. 激光器

激光器作为LOM系统的核心元器件，对成形材料进行切割，其性能直接关系到系统运行的可靠性与连续性、制件质量、整个系统的成本以及制件成本。

和其他气体激光器一样，CO_2激光器的工作原理也是通过气体放电来激发CO_2分子受激辐射而产生激光，如图2-77所示。分子运动分为三种：一是分子里的电子运动，其运动决定了分子的电子能态；二是分子里的原子振动，即分子里原子围绕其平衡位置不停地做周期性振动，决定了分子的振动能态；三是分子转动，即分子作为一个整体在空间连续地旋转，决定了分子的转动能态。分子运动非常复杂，因此它的能级也很复杂。

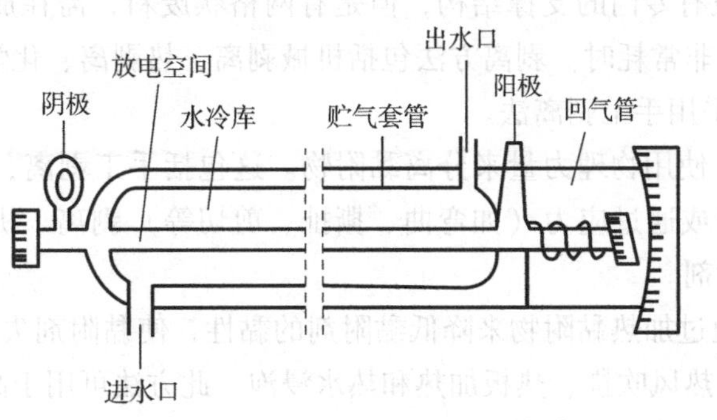

图2-77 CO_2激光器内部结构[134]

CO_2激光器由三部分组成：放电管、光学反射镜和高压电源。在放电管内填充CO_2、氖气（Ne）和氮气（N_2）的混合气体。当电源施加高电压时，气体会放电并在放电管内形成气体等离子体，激发 CO_2 分子，通过碰撞和复合作用提高能级。当 CO_2 分子退激跃迁回基态时，会以激光束的形式释放放射能量。

在放电管两端的反射镜上，激光进行多次内部反射使激光强度增强，再经过其中一个镜子从激光输出口输出。CO_2 激光器的波长一般在 10.6 μm，属于远红外波长范围。这种波长的激光非常适用于加工具有高反射率的材料，如金属，因为金属表面大部分能量会被反射，从而避免了材料的熔化和氧化。

CO_2 激光器具有输出功率高、效率高、可重复加工、操作简单和自动化等优点，广泛应用于材料加工、切割、打孔、刻字、印刷和医疗等行业。

2.8.4 材料薄材叠层后处理

LOM 后处理是指在机器制造成形后对零件进行表面处理、去除支撑结构、修整尺寸及形状，从而获得理想的几何精度和力学性能的过程，这是 LOM 制造过程中不可避免的一个环节。

以下是 LOM 后处理中常用的操作步骤。

（1）解层。将 LOM 构建的模型从机器中取出，并将其分离为各个层。这常常需要用到手工工具或自动化设备。

（2）清洁。使用刷子、气压或其他合适的方法清除模型表面的副材料或颗粒。

（3）表面处理。根据模型的要求，对模型进行表面处理，提高样板的质感和外观。这涉及机械砂光、抛光或涂漆等工艺。

（4）黏合。对于某些大型或多个零件组装的模型，需要进行黏合操作，可使用适当的黏合剂或热融合技术将零件黏合在一起。

（5）结构加固。若需加强模型的结构强度或稳定性，可采用添加支撑结构或涂覆增强性涂层等方法。

（6）表面修整。对模型进行最后的修整及细节处理，确保模型的表面光滑度和精度，需要用到砂纸打磨、填补小缺陷或最终的涂漆等方法。

LOM 成形过程没有专门的支撑结构，但是有网格状废料，需在成形后剥离。剥离是一项精细的工序，有时非常耗时。剥离方法包括机械剥离、热剥离、化学剥离、气体剥离。对于 LOM 成形件，多采用手工剥离法。

（1）机械剥离。使用物理力量来分离黏附物。这包括手工剥离、使用剥离工具（如刮刀、剥离器等）剥离或通过应力（如弯曲、撕扯、剪切等）剥离。机械剥离适用于黏附强度较低的物体或黏附剂。

（2）热剥离。通过加热黏附物来降低黏附剂的黏性，使黏附剂失去黏合力而易于剥离。热剥离常用的方法有热风吹拂、热板加热和热水浸泡。此方法可用于高温对物体本身不会造成损害的热敏性材料。

（3）化学剥离。通过使用化学试剂来破坏或溶解黏附剂，从而实现剥离。如何实现化学剥离，应根据黏附剂的类型和黏附物的性质决定。常用的化学剥离剂包括有机溶剂、酸性溶液和碱性溶液等。

（4）气体剥离。通过引入气体或气体混合物来改变黏附物和黏附剂的界面特性，从而减弱或破坏黏附，包括气体吹拂、气泡剥离、气体注入等方法。

2.8.5　材料薄材叠层工艺的优、缺点

1）LOM 技术的优点

（1）快速制造速度。LOM 技术能使产品的生产周期更短。它的工作原理是将层叠的材料通过加热或黏合方法黏合在一起，从而实现相对快速的制造过程。

（2）简单的操作。与其他增材制造技术相比，LOM 技术的操作相对简单。该技术不需要精细控制或高度复杂的设备，易于操作上手。

（3）成本效益。LOM 技术常用的材料为纸张、陶瓷和塑料等相对低成本的材料。与其他增材制造方法使用的昂贵材料（如金属粉末）相比，LOM 技术具有成本低廉的优点。

（4）高精度和表面质量。利用 LOM 技术将材料切割成薄层，再根据需要叠加，能实现较高的制造精度和表面质量。因此，LOM 技术特别适用于需要高精度和光滑表面的零件。

（5）灵活性和设计自由度。LOM 技术可以实现复杂几何形状和内部空腔结构的零件成形。这种技术为定制化制造和快速原型制作提供了更大的灵活性和设计自由度。

2）LOM 技术的缺点

（1）材料选择有限。LOM 技术常用的材料主要是纸张、陶瓷和塑料等相对低成本的材料，在采用 LOM 工艺加工某些特殊材质时，存在选材受限的问题。

（2）强度和耐久性低。由于 LOM 技术使用的层叠材料之间是通过黏合剂黏合在一起的，这种黏合剂的强度和耐久性相对较低，易导致零件在强度和耐久性方面不佳。

（3）裂纹和层间分离风险。层叠材料之间的黏合是 LOM 制造过程中制造零件的一项重要步骤。但若黏合不够牢固或材料不够均匀，则易产生裂纹或层间分离，从而降低零件的质量和性能。

（4）高成本制造复杂结构。LOM 技术在制造复杂结构时，存在较大的成本问题。由于需要对多层材料进行分割和叠加，因此所耗费的时间和成本比较高。

（5）有限的表面质量和加工能力。LOM 制造的零件存在一定的层次感或可见的切割边缘，对一些应用而言，这影响产品的表面质量。另外，LOM 技术的局限性也会影响后续的加工和表面处理。

2.8.6　影响材料薄材叠层精度的因素

从 LOM 系统的组成可以看出，制件的原型精度受软件和硬件两个方面的影响。软件方面包括：①在 CAD 造型系统中曲面表示形式及精确程度，以及 CAD 实体的模型精度；②实体的切片精度，即切片截面层的轮廓线精度；③切片层厚度的选取；④对软件的实时性等进行控制。硬件方面包括：①激光功率；②激光切割头移动的响应速度；③激光通断响应速度；④激光光斑大小；⑤激光聚焦点扫描平面的平面度，即聚焦光斑的扫描运动轨迹是否处在理想位置或所调整的 Z 向水平高度处；⑥伺服系统的位移控制精度；⑦切割速度；⑧热压温度控制以保证黏结质量；⑨热压压力；⑩薄层材料厚度的均匀性；⑪工作台面与 Z 向

垂直度及与激光切割头扫描平面的平行度等。

这里重点对 CAD 面化模型精度、切片层轮廓线精度、切片层厚度的选取、激光光斑半径补偿及伺服系统位移控制精度加以分析。

1. CAD 面化模型精度对制件原型精度的影响

由于增材制造技术普遍采用 STL 格式文件作为其输入数据模型的接口，因此 CAD 实体模型需要转换为用许多的小平面空间三角形来逼近原 CAD 实体模型的数据文件。毋庸置疑，小平面三角形的数目越多，它所表示的模型与原实际模型越逼近，其精度越高。然而许多实体造型系统的转换等级有限，当在一定等级下转换为三角形面化模型时，若实体的几何尺寸增大，而平面三角形的数目不会随之增多，这必将增大模型的逼近误差，从而降低 CAD 面化模型精度，影响后续的制件原型精度。例如，在 AutoCAD AME2.0 中进行实体建模，它转换为 STL 格式文件的等级为 12，当取最大等级时，由于几何形状一定的实体转换为三角形面的数目是一定的，当实体的尺寸增大时，其模型误差也将增大（多面体除外）。因此，为了得到高精度的制件原型，首先需要有一个高精度的实体数据模型，这必须提高 STL 数据转换的等级、增加面化数据模型的三角形数量或寻求新的数据模型格式。当然，三角形数量越多，后续的运算量也越大。

2. 切片层轮廓线精度对制件原型精度的影响

当使用通用的 STL 三角形面化数据模型作为 LOM 系统的实体输入数据模型时，实体切片处理将给切片层的截面轮廓线带来误差，其原因主要是三角形平面片的顶点落在切片平面内。由于切片算法的实时性要求，采用对切片高度做上下微小移动的措施来避免算法处理的复杂性，从而加快切片的速度，但同时将给截面轮廓线带来误差，即所求实测切片平面高度处的截面轮廓线与由算法实际所求高度处的截面轮廓线不同，从而形成误差。只要切片高度上下移动的量很小，且切片厚度不大，轮廓线误差对后续成形精度的影响便可以忽略不计；但当切片厚度较大，且截面变化较大时，轮廓线误差对制件的原型精度会产生很大的影响。因此，为了保证制件原型精度，切片厚度应取小一点（即选薄一点的纸）。

3. 激光光斑半径大小对制件原型精度的影响

在 LOM 系统中，截面轮廓线是由激光切割出来的。但在实际加工过程中，因为激光光斑尺寸是有限的，而切片产生的截面轮廓线是数控光束的理论轨迹线，就像数控机床加工技术一样。因此，光斑也要像刀具那样进行半径补偿，特别是当激光光斑半径较大时，其半径补偿是必须的，否则它将直接影响切片截面的轮廓切割线精度，进而影响整个制件原型的精度。在加工过程中，为了实现激光扫描过程中对光斑半径的实时补偿处理，必须减小光斑的大小或测量光斑的尺寸，提高制件原型的截面精度。在进行光斑半径补偿时，首先要自动识别出所补偿的实体截面轮廓边界的内外性，然后根据轮廓边界的走向及半径补偿的类型来确定补偿矢量，以对具体的轮廓边界进行相应的半径补偿处理。

4. *切片层厚度的选取对制件原型精度的影响*

切片层厚度对制件的表面粗糙度、切片轴方向的精度和制造时间有很大的影响，是增材制造技术中一个重要的参数。以制件的精度为第一位，特别是在制件截面变化较大的地方，应选用较小的切片层厚度，不然它将无法保证制件的原型精度，甚至有时还会产生严重的失真现象。此外，为了减少阶梯效应，提高加工速度，对不同几何形状的制件可选用不同的切片层厚度进行加工。

2.8.7 材料薄材叠层效率

LOM 效率受很多因素的影响，在实际生产中，可以从设备、工艺、控制各个方面进行优化和改进，从而有效地提高成形效率。LOM 效率受到以下因素的影响。

（1）制造速度。LOM 制造速度取决于每层堆叠和固化的时间。制造速度越快，成形效率越高，但制件质量越差。制造速度快慢的选择要兼顾制件质量和生产效率。

（2）构建方向和方向切换。LOM 一般允许在构建过程中选择不同的构建方向。不同的构建方向会产生不同的制造效率。另外，方向切换也可能导致停机和重新定位，影响成形效率。

（3）异常处理和支撑结构。在 LOM 过程中，如果出现材料供给中断、设备故障等异常情况，应立即进行处理和修复，防止对成形效率造成影响。此外，支撑结构的设计和移除对成形效率也有一定的影响。

（4）建模和切片准备时间。在 LOM 制造中，需要通过建模和切片来准备制造过程所需的数据。建模和切片准备的时间会对成形效率产生影响。几何形状越复杂、尺寸越大的零件，制备时间越长。

（5）设备性能和工艺参数。设备的精度和稳定性，材料的供给方式，固化方式等都对加工效率有很大的影响。

2.9 复合增材制造技术

一般地，复合增材制造以增材制造为主体工艺，在零件制造过程中采用一种或多种辅助工艺与增材制造工艺耦合协同工作，使工艺、零件性能得以改进。复合增材制造虽涉及多种工艺，但并不能严格达到同步工作的程度，更多的是组成循环交替的协同工作。以基于机加工的复合增材制造技术为例，通常是先完成若干层制造后，再进行机加工，两者循环交替直至完成零件制造。

复合增材制造技术包括多工艺耦合、协同制造、工艺与零件性能改进三个关键技术特征，由于涉及两种及以上工艺，这些工艺需同步或协同工作，并要求辅助工艺进程不能与增材制造工艺进程完全分离。生产中，常采用热等静压或磨粒流加工等后处理工艺，虽可通过使内部致密化或降低表面粗糙度来提升零件性能，但无法与增材制造工艺构成复合增材制造技术，这是因为从多工艺耦合角度出发，进程完全分离且只是简单的工艺叠加，尚不属于协同制造关系，只可构成前后加工顺序关系。

复合增材制造技术可分为以下几类。

2.9.1 基于机加工的复合增材制造技术

基于机加工的复合增材制造技术涉及增材制造与材料去除工艺的耦合，该技术的主流工艺包括以直接金属沉积和选区激光熔化为代表的激光增材制造工艺。在这类耦合工艺的制造过程中，增材制造工艺每完成若干层制造后，辅助工艺会对零件表面或侧面进行机加工，循环交替直至完成零件制造。如此，增材制造工艺完成零件逐层制造，辅助工艺保证零件尺寸精度，两者可共同完成具有复杂形状和内部特征且成形精度高的零件。

基于机加工的复合增材制造技术中最常用的机加工工艺是铣削，其目的包括提高零件侧面和上表面的表面粗糙度、减少成形零件的阶梯效应，同时可为后续材料沉积提供光洁、平整的表面，保证以恒定层厚进行逐层制造，提高 Z 轴成形精度。

较普通增材制造，基于机加工的复合增材制造技术虽然可有效提高零件成形精度，但与零件最终尺寸精度的要求仍存在一定差距，仍需精加工处理，且在复合制造过程中，增材制造与机加工两种工艺需要频繁切换工序，这无疑增加了零件的生产周期与制造成本。此外，成形零件需要通过后续的热处理、热等静压等工艺来消除内应力及提高致密度，但在热处理过程中应力的重新分布会导致二次变形，使机加工获得的尺寸精度损失殆尽，这是该类复合增材制造技术实现工程化应用亟待解决的难题之一。随着传感器和计算机视觉技术的进步，利用视觉传感器结合图像处理算法实现对工艺过程的闭环反馈控制，将有利于进一步提高基于机加工的复合增材制造技术的零件成形精度与效率，实现对刀具路径规划的自动调整。

2.9.2 基于激光辅助的复合增材制造技术

基于激光辅助的复合增材制造技术（laser - assisted composite additive manufacturing）是一种将激光技术与复合增材制造技术相结合的制造方法。它利用激光加热和熔融材料，实现材料层的精确叠加，从而创建具有复合材料和多功能性的零件。

在基于激光辅助的复合增材制造中，通常使用的是 LMD 技术。该技术使用高功率激光光束将金属粉末或线材加热至熔点，然后通过熔融材料的喷射与底层基板或前一层材料结合。通过连续叠加这些熔融的层，逐渐构建出复杂的三维零件。在制造过程中可提高零件的成形精度，细化晶粒，降低孔隙率，但其循环移动会使零件经历更复杂的热过程，陡峭的温度梯度使零件产生不均匀塑性变形，从而在零件内产生残余应力，降低材料疲劳性能。此外，该复合制造技术涉及众多工艺参数，需要建立多目标优化的数学模型，从而优化零件残余应力分布，提高零件性能。

与传统的 PBF 相比，基于激光辅助的复合增材制造技术具有以下特点。

（1）多材料打印能力。基于激光辅助的复合增材制造允许使用多种不同材料，如金属、陶瓷、聚合物或复合材料，可以在一个零件中实现材料的多样性和复合效应。

（2）定向能集中。激光束可以有效地将能量集中在所需的位置，从而实现局部加热和熔融。这使对制造过程的控制更加精确，可以加工薄壁或复杂形状的零件。

(3) 高效的制造速度。由于激光的高能量密度和材料的快速熔化，基于激光辅助的复合增材制造技术通常具有较高的制造速度，适用于大规模和高效生产。

2.9.3 基于激光重熔的复合增材制造技术

基于激光重熔的复合增材制造技术（laser beam melting with refilling）是一种利用激光热源对已存在的沉积层进行局部加热和熔化，然后将其再次凝固以填充空隙和孔隙的技术。这种技术旨在提高零件的密实度和力学性能，并在增材制造过程中减少缺陷。

在基于激光重熔的复合增材制造中，一种常见的方法是使用激光或电子束等热源，对已经沉积的材料进行局部加热和熔化。通过控制激光的扫描路径和功率，可以使原本存在的空隙和孔隙再次熔化，并用材料填充这些空隙和孔隙。然后，重新凝固的材料与已有的沉积层结合，从而提高零件的致密度和完整性。

尽管基于激光重熔的复合增材制造技术在提高零件的致密度和完整性方面具有潜力，但仍然需要进一步研究和发展，以解决如何控制热输入、优化制造参数、选择适当材料及如何实现材料的充分填充等问题。随着技术的不断进步，它有望在制造高性能零件和功能性复杂零件方面发挥更大的作用。

2.9.4 基于喷丸的复合增材制造技术

基于喷丸的复合增材制造技术（shot - based composite additive manufacturing）是一种利用喷丸技术实现复合材料增材制造的方法。喷丸是一种通过在工件表面植入一定深度的残余压应力而提高材料疲劳强度的表面强化工艺，主要分为激光喷丸、超声喷丸与机械喷丸。该技术将喷丸与基底材料结合，通过喷射和熔化的过程，逐层叠加来构建三维零件。喷丸工艺与增材制造可耦合成一种能控形控性的复合增材制造技术，在航空航天、国防工业和生物医疗等方面均具有重要的应用前景。

在基于喷丸的复合增材制造中，喷丸材料被喷射到基底材料表面，在喷丸过程中与基底材料发生热交换，并将其部分熔化。这些喷丸颗粒可同时提供强度和增强功能的性能，如提升硬度、耐磨性或导热性等。随后，下一层的喷丸材料叠加在已熔化的层上，形成新的层，并通过再次喷射和熔化过程与前一层结合。

较其他复合增材制造技术而言，基于超声喷丸的复合增材制造技术是一种低成本、快速提高零件性能的方法，可以与多种增材制造工艺相结合。机械喷丸作为应用最成熟且广泛的喷丸强化技术，在与增材制造组成耦合工艺时却存在一些挑战。例如，机械喷丸的丸粒直径较增材制造粉末颗粒大几个数量级，需要额外的工序进行清除，以避免材料污染。

2.9.5 基于轧制的复合增材制造技术

在增材制造过程中，熔池形状和体积的不稳定以及热源反复加热造成的复杂热损失，使零件存在成形精度不足和热应力残余的问题，而基于轧制的复合增材制造技术（rolling -

based composite additive manufacturing）可有效解决这些问题。这种方法不仅能够提高零件的力学性能，还可在不去除材料的前提下保证成形零件的尺寸精度。

基于轧制的复合增材制造技术是一种利用轧制过程实现复合材料增材制造的方法。该技术通过轧制机械对多种材料层进行压制、热处理和连接，逐渐形成具有三维结构的零件。

在基于轧制的复合增材制造中，首先将多种材料以层状形式堆叠在一起，形成初始的压制块。压制块在轧制机械中经历一系列的轧制操作，同时对其施加压力和控制温度，使材料层之间发生塑性变形和热交换。这样可以实现材料的熔合和形成结合层，将各个层次的材料固定在一起。

基于轧制的复合增材制造技术具有以下优势。

（1）多材料组合。通过在不同层次堆叠不同材料，可以实现具有复杂组合和功能性能的复合材料结构。

（2）高强度连接。轧制过程中的高压力和热处理可以促使材料层之间形成牢固的连接，提供高强度和高密度的零件。

（3）高效制造。相对于传统的机械加工方法，基于轧制的复合增材制造技术可以减少材料的浪费，并且在一个工艺中完成多个工序，从而提高生产效率。

基于轧制的复合增材制造技术在制造高性能和复杂结构的零件方面具有潜力，特别是在航空航天、交通运输和能源领域。然而，该技术仍需要进一步的研究和开发，存在包括轧制过程的精确控制、层间界面的优化设计以及材料选择等方面的挑战。

2.9.6 激光锻造复合增材制造技术

现有的激光锻造复合增材制造技术，是张永康团队在长期研究激光喷丸的基础上提出的新方法，其实质是两束不同功能的激光束同时且相互协同制造金属零件的过程。具体过程为首先使用激光熔化设备将粉末或线材熔化，在构建材料沉积的同时，激光能量也被用于加热紧邻的区域；随后通过机械力或激光光束的运动在熔化区域附近施加外力，使其发生锻造变形。这种锻造过程使沉积层发生塑性形变，消除沉积层的气孔和热应力，以提高金属零件的内部质量和力学性能，并有效控制宏观变形与开裂问题。

激光锻造复合增材制造技术中的辅助工艺激光锻造虽然源于激光喷丸，但是两者有重大区别。

1）冲击波激发介质不同

激光喷丸一般需要吸收保护层和约束层，在吸收保护层表层的激光能量后气化电离形成冲击波，气化层深度不足 1 μm；激光锻造不需要吸收保护层和约束层，激光光束直接辐照中高温沉积层，金属吸收激光能量气化电离形成冲击波。由于增材制造是逐层累积进行的，每一层不足 1 μm 的气化层厚度对零件的尺寸和形状没有影响。

2）作用对象不同

激光喷丸一般是对常温零件的强化处理；激光锻造是对中高温金属的冲击锻打。

3）主要功能不同

激光喷丸的主要功能是改变残余应力状态，其次是改变微观组织，难以改变材料原有的内部缺陷；激光锻造的主要功能是在中高温下消除金属沉积层内部的气孔、微裂纹等缺陷，以提高致密度与力学性能，其次是改变残余应力的状态。

由于激光锻造的灵活性和可控性，其可以与多种增材制造复合并能有效细化晶粒、消除缺陷和重构应力分布，为解决高性能金属增材制造的热应力与变形开裂、内部质量与力学性能的共性基础难题提供新的途径。

复合增材制造技术理念先进、技术可行，并表现出成形精度高、性能提高大等技术优势，逐渐得到了国内外学者的广泛关注。我们可以期待复合增材制造技术在各个领域的应用范围和效能进一步扩大，其有望在航空航天、汽车制造、能源等领域的高性能零件制造中发挥重要作用。

习 题

1. SLA 技术与 BJ 技术的主要区别是什么？
2. 请详细描述 SLS 技术的工艺原理。
3. WAAM 与 FDM 技术之间有什么异同点？
4. FDM 工艺过程中，原材料是如何通过喷头进行挤出的？
5. LOM 技术的后处理步骤有哪些？
6. 影响叠层实体制造成形精度的因素有哪些？如何改善成形精度？
7. 紧凑设计没有做特定的展开，使用 LOM 技术制造时，预计会遇到哪些挑战和限制？
8. 选择合适的增材制造工艺时，应该考虑哪些方面？
9. 请列举 BJ 技术的优点和缺点。
10. EBSM 技术适用于哪些材料类型？
11. 影响 BJ 技术的因素有哪些？它们对成形质量有何影响？

参 考 文 献

[1] 赵胥英．光固化3D 打印技术的专利现状及发展趋势［J］．中国标准化，2020，(S1)：18 –23.

[2] 王东峰．光固化成形 3D 打印材料应用研究［J］．新型工业化，2016，6（12）：59 –63.

[3] 张梅，赵浩，邹伟．基于光学投影拉皮剪刀的3D 打印技术研究［J］．激光与光电子学进展，2016，53（22）：1 –8.

[4] 刘扬，王峰，柳伟．3D 打印技术研究进展及应用展望［J］．新技术新产品，2014，11（20）：42 –46.

[5] HUANG Q，LIU J，WEI Q，et al. A review on optical 3D printing［J］. Micromachines，2021，12（4）：14 –27.

[6] GUO D，ZHU W，ZHU L，et al. Progress in 3D printing of microfluidics［J］.

Micromachines, 2019, 10 (10): 65 -72.
[7] 赵光华，刘志涛，李耀棠．光固化3D打印：原理、技术、应用及新进展[J]. 机电工程技术，2020，49 (8)：1-6.
[8] 马金荣．硅酸三钙陶瓷复合材料增材制造实验研究及性能评价 [D]. 长春：吉林大学，2022.
[9] 刘扬，谢童，段宝元，等．一种新型快速激光扫描系统及其应用[J]. 中国激光，2021，48 (2)：02 -10.
[10] 张玉，王波，谢兴春，等．基于激光振镜的快速扫描成形技术研究 [J]. 激光与光电子学进展，2020，57 (2)：20 -26.
[11] ZHANG Y, WANG B, XIE X, et al. Research on fast laser scanning and forming technology based on laser galvanometer [J]. Advanced Topics in Optoelectronics, Microelectronics and Nanotechnologies Ⅸ, 2020, 11 (53): 09 -19.
[12] XIE X, WANG B, LI P, et al. Rapid prototyping technology based on laser galvanometer scanning [J]. International Journal of Optoelectronics and Applications, 2018, 08 (2): 19 -24.
[13] IJZERMAN W L, UBBINK G J, DE VREUGD J, et al. Fast multi - mirror: a novel light scanning principle [J]. Optics Communications, 2003, 226 (1 -6): 159 -165.
[14] 莫健华．快速成形及快速制模 [M]. 北京：电子工业出版社，2006.
[15] 王中华，王兴松，徐卫良．实时控制系统的快速成形及在运动控制中的应用 [J]. 制造业自动化，2001，23 (4)：13 -19.
[16] 陈波，梁申嘉，阎金诚，等．基于DSLM光固化3D打印技术的研究 [J]. 热带作物学报，2019，40 (12)：2303 -2310.
[17] 吕季荣，高萍．光固化3D打印工艺的研究与应用 [J]. 化学研究与应用，2021，33 (3)：01 -07.
[18] 池敏．金属激光选区熔化增材制造数值模拟与实验研究 [D]. 上海：华东理工大学，2019.
[19] 周文聪，吴熹霖，付永安，等．快速成形技术中的激光扫描系统 [J]. 激光技术，2019，43 (5)：677 -682.
[20] 王明，王波，孙浩，等．3D打印中光敏树脂固化过程研究 [J]. 激光与光电子学进展，2018，55 (8)：08 -14.
[21] 陈戈，石国珍．光固化增材制造技术原理及发展 [J]. 机械基础与制造工艺，2021，13 (7)：149 -152.
[22] 杜鹏，李强，马蕊，等．光固化三维打印技术在复杂结构制造中的研究进展 [J]. 光电技术应用，2019，24 (4)：364 -374.
[23] 赵明，丁智斌，王书宏．光固化增材制造技术的研究现状与发展趋势 [J]. 机械传动，2018，42 (11)：27 -31.
[24] 柳红宇，向春晖，等．建筑装配式钢结构中3D打印技术研究 [J]. 建筑科学，2020，

36（2）：148－154.
［25］王其胜，白雪，熊超群，等．定向能量沉积成形过程中激光扫描偏差的研究［J］．光学精密工程，2018，26（10）：2215－2221.
［26］张根义，严恩明，徐彬，等．面向3D打印的台阶效应研究［J］．机械工程学报，2020，56（1）：115－125.
［27］程先清，杜明贵，王进，等．底板直径对斜孔钛合金3D打印加工参数的影响及其机理［J］．光学精密工程，2019，27（11）：2245－2252.
［28］邢连峰，王建华，李田雨，等．层错方向与支撑结构对 Ti_6Al_4V 合金激光选区熔化成形工艺性能的影响［J］．机械工程学报，2021，57（3）：1－10.
［29］张立恒，周洋，田茂龙，等．紫外光固化3D打印制件变形与去变形的研究进展［J］．工程塑料应用，2021，49（7）：78－84.
［30］梁云飞，陈杨，杨伟鹏，等．改进型框架支撑结构对光固化树脂3D打印垂直尺寸精度的影响［J］．材料导报，2021，35（7）：1452－1457.
［31］DUAN S，LU X，LIU S，et al. Investigation of scanning path strategies for improving manufacturability in digital light processing（DLP）－based additive manufacturing［J］. Advanced Engineering Materials，2020，22（2）：19－26.
［32］YANG Y，LIN C L，HUANG G Q，et al. An efficient support structure generation algorithm for digital light processing［J］. Journal of Manufacturing Systems，2020，54（34）：144－157.
［33］CORCODEL R，IOAN I. Accuracy analysis on the surface for the 3D models designed with CAD software［J］. Procedia Engineering，2016，149（23）：357－364.
［34］KEMPER M，SAVIO G，ASPRAGATHOS N. Evaluation of geometrical deviations in additive manufacturing parts using the STL file format［J］. Journal of Manufacturing Science and Engineering，2018，140（11）：11－16.
［35］王晓敏，刘文霞．一种面向激光扫描的曲线插补算法［J］．计算机工程与设计，2019，40（10）：2572－2578.
［36］洪生，尚硕，李博，等．基于粒子群优化的LVD模型插补算法研究［J］．计算机集成制造系统，2020，26（5）：1068－1076.
［37］王杨，李天，仇雄伟，等．基于光固化3D打印技术的加工技术状态研究［J］．机械科学与技术，2020，39（9）：1066－1073.
［38］谢罕，许晓梅，刘鸣朝，等．光固化3D打印工艺研究综述［J］．机械工程学报，2018，54（19）：228－238.
［39］张秋桃，马佳佳，马朴，等．光固化三维打印技术的新进展［J］．机床与液压，2021，34（5）：103－106.
［40］江子义，朱文轩，马卉．光固化三维打印工艺中形状多余增长研究［J］．现代制造工程，2016，21（12）：83－87.
［41］龙承祥，张天宇，叶小涛．光固化3D打印工艺中形状多余增长的研究［J］．真空科学与技术学报，2019，39（6）：645－651.

[42] MUELLER B, HEUVELMANN F, HABERLAND C, et al. Benchmark for evaluating additive manufacturing systems [J]. Rapid Prototyping Journal, 2012, 18 (2): 117-124.
[43] MUELLER B, VETTERLI M, SCHAFER O, et al. Towards a standardized benchmark for additive manufacturing machines: an initial test specimen [J]. 3D Printing and Additive Manufacturing, 2014, 1 (1): 19-27.
[44] GAO W, ZHANG Y, RUAN J, et al. Influence of process parameters on part accuracy in stereolithography [J]. Rapid Prototyping Journal, 2005, 11 (1): 47-56.
[45] THOMPSON K M, MORONI G, VANEKER T, et al. Design for additive manufacturing: trends opportunities considerations and constraints [J]. CIRP Annals - Manufacturing Technology, 2016, 65 (2): 737-760.
[46] 罗旦，孔繁涛，袁炳松，等. 光固化3D打印成形工艺的影响因素与控制技术 [J]. 塑料科技，2018，46 (4): 109-112.
[47] 崔成松，章靖国. 喷射成形快速凝固技术制备高性能钢铁材料的研究进展（四）——喷射成形钢铁材料的工业化生产及展望 [J]. 上海金属，2012，34 (05): 47-50.
[48] 张国庆，刘娜，李周. 高性能金属材料雾化与成形技术研究进展 [J]. 航空材料学报，2020，40 (3): 95-109.
[49] 沈韬. 基于面曝光的3D打印机系统研究 [D]. 上海：上海工程技术大学，2017.
[50] 王雪婷，马千理. 国内外黏结剂喷射成形技术发展态势研究 [J]. 机电产品开发与创新，2023，36 (2): 158-161.
[51] 杨雨童. 喷射成形铝合金的热加工性能及其变形机制研究 [D]. 镇江：江苏大学，2019.
[52] SACHS E, HAGGERTY J S, CIMA M J, et al. Three-dimensional printing techniques [J]. CIRP Annals - Manufacturing Technology, 1990, 39 (2): 663-671.
[53] WANG K, KOMVOPOULOS K. Advanced technologies for powder-based rapid prototyping and manufacturing [J]. MRS Bulletin, 2003, 28 (2): 102-109.
[54] 魏青松，衡玉花，毛贻桅，等. 金属黏结剂喷射增材制造技术发展与展望 [J]. 包装工程，2021，42 (18): 103-119.
[55] 贺超良，汤朝晖，田华雨，等. 3D打印技术制备生物医用高分子材料的研究进展 [J]. 高分子学报，2013 (6): 722-732.
[56] 颜永年，单忠德. 快速成形与铸造技术 [M]. 北京：机械工业出版社，2004.
[57] 赵丹，王学良. SLS粉末层压制造技术研究 [J]. 现代制造工程，2017，26 (9): 92-94.
[58] 祖逊贤，朱浩，王雪梅，等. SLS成形技术的研究现状和发展趋势 [J]. 塑料工业，2017，45 (7): 105-109.
[59] 徐文武. 碳化硅陶瓷的SLS成形及后处理研究 [D]. 武汉：华中科技大学，2007.
[60] 郭婷. 尼龙/Cu复合粉末激光烧结快速成形注塑模具的研究 [D]. 武汉：华中科技大学，2009.

[61] 何曼君. 高分子物理 [M]. 3 版. 上海：复旦大学出版社，2007.
[62] 周文明. 选择性激光烧结 PS/ABS 复合粉末多指标成形工艺参数优化研究 [D]. 西安：西安科技大学，2018.
[63] 高玉玲，闫静，王忠民，等. 金属粉末变形行为研究的进展与问题 [J]. 材料工程，2020，48 (6)：1 -9.
[64] 王占国，蒋玮，陈道成，等. 碳纤维粉末变形性能的研究现状 [J]. 材料导报，2019，33 (14)：242 -248.
[65] 王学明，赵青，陈兆华，等. SLS 成形中对肽酸酯粉末表面粗糙度的研究 [J]. 材料导报，2017，31 (21)：545 -549.
[66] 张瑞华，程瑞银，张彤，等. SLS 纳米陶瓷粉体的微观形貌及成形工艺研究 [J]. 硅酸盐通报，2016，35 (9)：2561 -2566.
[67] 陶磊. 尼龙 6/铜复合粉末选区激光烧结制造塑料模具的研究 [D]. 南昌：南昌航空大学，2012.
[68] 闫春泽. 聚合物及其复合粉末的制备与选择性激光烧结成形研究 [D]. 武汉：华中科技大学，2006.
[69] 罗慧，张玲玲，徐波. 不同形状粉末 SLS 工艺成形效果分析 [J]. 机械工程与自动化，2018 (2)：104 -108.
[70] 王若男，张瑞卿，屈晓阳，等. 球形和不规则形粉末的 SLS 成形及机制分析 [J]. 工程塑料应用，2017，45 (12)：38 -41.
[71] 杜文斌，李东，蔡育标，等. 球形和不规则形粉末对 SLS 成形性能的影响 [J]. 昆明理工大学学报，2017，42 (1)：1 -5.
[72] 徐文斌，刘楠，郝旭东，等. 一种高效的 SLS 快速成形技术 [J]. 光电工程，2008，35 (11)：66 -69.
[73] 肖杨，蒋兴涛，陈亮. 堆叠式混合式 SLS 3D 打印快速形成技术研究 [J]. 广东机械工程，2019，28 (8)：1 -7.
[74] 董新光，刘慧，毛远财. 粉末行为对 SLS 成形影响分析 [J]. 机械设计与研究，2013，29 (6)：1 -5.
[75] 李昊丞. 铝、钛合金导弹结构件 SLM 成形关键工艺研究 [D]. 哈尔滨：哈尔滨工业大学，2021.
[76] 梁栋. 薄壁件激光选区熔化成形多尺度仿真及工艺优化 [D]. 秦皇岛：燕山大学，2022.
[77] 牛智坤，姚鹏，严晓明，等. 电子束选择性熔化成形工艺 [J]. 光学与光电技术，2017，15 (6)：36 -41.
[78] 张海峰，李科敏. 电子束选择性熔化制造技术 [J]. 光电子技术应用，2016，31 (6)：53 -57.
[79] 徐叶琳. TA15 电子束选区熔化成形缺陷控制研究 [D]. 哈尔滨：哈尔滨理工大学，2021.

[80] 权国政，刘莹莹，张建生，等．摆动电弧熔丝增材技术研究现状及应用［J］．大型铸锻件，2022，(6)：1－6.
[81] 陆刚，王云飞，孙曼，等．工程塑料 FDM 制件成形技术的研究［J］．热加工工艺，2020，26（21）：63－66.
[82] 许向阳，李建平，程黎明．FDM 成形工艺的研究与发展［J］．制造技术与机床，2018，52（6）：80－83.
[83] 单硕．基于熔融沉积型金属复合材料 3D 打印的工艺参数对成形坯翘曲变形的影响及改进［D］．汕头：汕头大学，2023.
[84] 胡军，王昌富，杜亮，等．FDM 3D 打印薄壁结构成形工艺优化［J］．机械设计与制造，2016，13（12）：29－31.
[85] 马飞，李岳辉，王正，等．FDM 3D 打印的研究与进展［J］．工具技术，2014，12（5）：37－40.
[86] 崔庆伟，乔明，陈斌．FDM 3D 打印研究进展［J］．制造技术与机床，2014，23（5）：1－5.
[87] 余梦．熔融沉积成形材料与支撑材料的研究［D］．武汉：华中科技大学，2009.
[88] 李冲，袁君，陈雨润，等．FDM 3D 打印机 Z 轴定位误差的研究［J］．机械设计与制造，2019，06（21）：95－98.
[89] 高婧，张志超，蒲慕华．基于 Delta 结构的 FDM 3D 打印卫星模型设计与制造［J］．宇航计测技术，2018，38（12）：29－32.
[90] 周望，朱林杰．基于 Kossel 机构的 3D 打印技术［J］．航空制造技术，2015，23（12）：50－53.
[91] 魏如振．FDM 喷头系统的故障分析及改进研究［D］．沈阳：沈阳航空航天大学，2022.
[92] 吴明星．微型挤出熔体流变行为分析及螺杆优化设计研究［D］．广州：华南理工大学，2010.
[93] 颜永年，叶绍英，吴良伟，等．快速成形系统的挤压喷头结构：中国，CN98219118.9［P］. 1999.
[94] 曹林强．精密铸造蜡模 3D 打印机设计研究［D］．青岛：中国石油大学（华东），2016.
[95] 刘斌，吴明星，谢毅．熔融挤压快速成形系统的喷头结构分析［J］．工程塑料应用，2009，37（5）：71－75.
[96] 赵建华，李博．多辊进料机构的自适应张力控制技术研究［J］．机械制造与自动化，2019，48（1）：197－201.
[97] 王旻冲，陈景华，李伟，等．多辊摆动进料机构设计与分析［J］．机械设计与研究，2018，34（6）：172－176.
[98] 马飞，赵娟．3D 打印推杆进料机构的设计与实现［J］．机械制造与自动化，2020，49（6）：180－182.

[99] 马玉良，王明娟，杨超．基于推杆结构的颗粒加料机构设计与分析 [J]．辽宁工程技术大学学报，2020，39（7）：977－982.
[100] 陈佩辉，毛宇通．一种基于推杆式动态跟踪颗粒加料系统的研究与实践 [J]．控制工程，2019，26（6）：998－1002.
[101] 杨阳，吴兴刚，高世维．基于卡边立方体结构的粉末层厚度均匀性改善 [J]．传动与控制，2017，39（9）：11－14.
[102] 何新英，潘夕琪．FDM 位置控制系统的设计与实现 [J]．机械与电子，2012，45（2）：39－41.
[103] 刘秀英，刘明华，林燕杰，等．温度控制系统设计及应用 [J]．机械设计与制造，2020，09（21）：61－63.
[104] 周聪，卢强，张峰，等．基于温度控制器的电阻加热系统的设计与实现 [J]．化工自动化及仪表，2019，40（7）：21－24.
[105] 孙磊，刘坤，王金凤，等．温度控制系统电路设计及其在加热器上的应用 [J]．仪器技术与传感器，2019，08（23）：88－90.
[106] 孟庆洲，刘小海，李刚．基于 DSP 的温度控制系统设计 [J]．电气研究，2018，37（11）：48－51.
[107] 李成，武博．FDM 快速成形技术中的支撑结构研究进展 [J]．机械设计与制造，2019，12（16）：127－129.
[108] 张鑫，辛永良，苏洪伟，等．可剥离式支撑材料对 FDM 成形零件性能的影响 [J]．热塑性塑料工艺，2018，04（21）：19－22.
[109] 宗蒙．熔融沉积 3D 打印机机械结构的设计 [J]．橡塑技术与装备，2021，47（4）：50－57.
[110] 铁硕硕，张冰，王菁洁．水溶性支撑材料在 FDM 成形中的应用研究 [J]．机械设计与研究，2017，33（1）：84－87.
[111] 毕晓夕．基于 3D 打印技术的多孔结构力学性能研究 [D]．沈阳：东北大学，2022.
[112] 李生鹏．熔融沉积成形零件精度及机械性能研究 [D]．徐州：中国矿业大学，2016.
[113] 郑小军．FDM 3D 打印制件性能的影响因素分析与试验研究 [D]．杭州：浙江理工大学，2019.
[114] 杜琛．粉体材料增减材复合成形及表面涂覆工艺研究 [D]．大连：大连理工大学，2022.
[115] 倪荣华．熔融沉积快速成形精度研究及其成形过程数值模拟 [D]．济南：山东大学，2013.
[116] SOOD A K，OHDAR R K，MAHAPATRA S S. Parametric appraisal of mechanical property of fused deposition modelling processed parts [J]. Materials and Design，2010，31（1）：287－295.
[117] 刘琮，刘娟，张颖．熔融沉积成形中悬臂梁翘曲变形的优化设计 [J]．合肥工业大学学报，2020，43（9）：1168－1173.

[118] 张爱民，胡建业，褚洪涛．熔融沉积成形挤出头运动轨迹的实时在线优化控制［J］．机械设计与制造，2020，38（1）：67－72.
[119] 徐剑，王纪锋，邓奇，等．熔融沉积成形中双喷头同步控制技术的研究与应用［J］．热喷涂技术，2019，18（3）：9－12.
[120] 张浩，唐文瑞，张吉华，等．熔融沉积成形工艺及其应用［J］．机械工程与自动化，2018，47（3）：1－5.
[121] 刘仁存，靳慧莉，张岭峰．材料挤出型三维打印技术与应用［J］．机械设计与制造，2019，10（21）：139－141.
[122] 杨梅子，刘文雅，李世瑞，等．材料挤出成形过程优化与机理分析［J］．液压与气动，2019，39（5）：45－50.
[123] 马立．基于并行工程的当代建筑建造流程研究［D］．天津：天津大学，2016.
[124] 张炯．树脂基快速模具材料的研究［D］．重庆：重庆大学，2007.
[125] 李娜．基于冻结浆料 3D 打印激光辐照温度场模拟及实验研究［D］．西安：西安工业大学，2020.
[126] 李勇生，张志强，王浩，等．基于 3D 打印的复杂曲面母模纸叠层成形［J］．机械设计与制造，2020，12（21）：183－185.
[127] 李兆，张涵钰，周宁，等．基于纸叠层成形技术的定制化手术器械制造［J］．生物医学工程，2019，36（4）：555－558.
[128] 刘军喜，周宇发，吴剑锋，等．纸层叠加 3D 打印技术在建筑中的应用研究［J］．计算机时代，2018，04（12）：67－69.
[129] 许晨昱．基于机器视觉的激光打标机定位系统研究与开发［D］．厦门：厦门大学，2021.
[130] 马连起，李建文，高彦鹏，等．基于纸堆叠技术的橡胶成形方法［J］．橡胶工业，2019，66（6）：335－341.
[131] 刘小林，李俊兰，贺文超，等．纸叠层成形系统关键技术研究与应用［J］．价值工程，2018，37（14）：118－119.
[132] 杨子炜，王敏，王妍，等．纸叠层成形技术在陶瓷制品生产中的应用［J］．中国陶瓷，2017，56（9）：178－182.
[133] 吴郁斐，董志豪．纸叠层成形工艺对三维可打印材料的影响分析［J］．软件，2016，37（7）：38－40.
[134] 刘立功．激光模切设备控制系统设计［D］．天津：河北工业大学，2014.

第 3 章

增材制造材料

增材制造技术的迅速发展，使得增材制造材料的需求量越来越大，新型增材制造材料已经成为增材制造技术突破的关键和难点，只有进行更多新材料的开发才能拓展增材制造技术的应用领域。增材制造材料对快速、精确加工和产品的质量提出了更高的要求。同时，该材料还应满足强度、刚度、耐潮湿性、热稳定性能等方面的指标，并为后续处理工艺提供便利[1-3]。

增材制造的四个应用目标：概念型、测试型、模具型、功能设备零件，对成形材料的要求各不相同。概念型主要要求成形速度快，而对材料成形精度和物理化学特性要求较低，例如对光敏树脂，要求临界曝光功率低、穿透深度较大和黏度较低；测试型对于成形后的强度、刚度、耐温性、抗蚀性能等提出一些要求，以满足测试要求，若在装配测试中使用，则对成形件精度有很高的要求；模具型要求材料满足具体模具制造要求，如强度、硬度，对于消失模铸造用原型，要求材料易于去除，烧蚀后残留少、灰分少；功能设备零件对材料的力学、化学性能提出更高的要求[4]。

增材制造材料分类。

(1) 根据材料的物理状态不同，可分为液态材料、薄片材料、粉末材料、丝状材料等。

(2) 根据材料的化学性能不同，可分为高分子材料（树脂类材料、石蜡材料）、金属材料、陶瓷材料及其复合材料等。

(3) 根据材料成形方法不同，可分为光固化材料、材料薄材叠层技术材料、选择性激光烧结材料、FDM 材料、选择性激光熔化材料等。

其中，液态材料包括 SLA 材料、光敏树脂；固态粉末包括 SLS 材料、SLM 材料、非金属（蜡粉、塑料粉、覆膜陶瓷粉、覆膜砂等）、金属粉（覆膜金属粉）、金属丝材；固态片材包括 LOM 材料、纸、塑料、陶瓷箔、金属铂 + 黏结剂；固态丝材包括 FDM 材料、蜡丝、ABS 丝等。

增材制造材料是增材制造技术发展的关键，其发展程度决定着增材制造技术的应用范围和深度。本章主要是关于高分子材料、金属材料、陶瓷材料和复合材料的介绍。

3.1 高分子材料

增材制造是一种将材料逐层叠加构建物体的先进制造技术。在 3D 打印中，高分子材料被广泛用于制造各种类型的产品和零件。下面是用于 3D 打印的一些常见高分子材料。

（1）聚合物材料。3D 打印中应用了多种的聚合物材料，如 PLA、聚丙烯、聚酰胺（PA）、聚碳酸酯等，由于其优良的可打印性和力学性能，经常被用来制作原型、模型、工具以及耐用零件。

（2）热塑性弹性体材料（TPE）。TPE 是一种兼具弹性和可塑性的高分子材料，其抗拉强度和撕裂强度均极佳，在制造柔性零件、密封件、橡胶垫和柔性结构等方面有广泛的用途。

（3）聚酰亚胺（PI）。聚酰亚胺是一种高性能高分子材料，具有出色的耐热性、耐化学腐蚀性和力学性能，它们常用于制造高温环境下的零件，如航空航天领域中的喷头、燃烧室和耐火件。

（4）聚酰胺酮（PAEK）。PAEK 具有良好的热稳定性、化学稳定性和力学性能，它被广泛用于制造要求高温、化学耐受性和耐磨损的零件，如汽车发动机零件、医疗器械和石油钻探设备。

（5）聚酯（PET）。PET 是一种常用的塑料材料，广泛应用于食品包装和纤维制品中。在 3D 打印技术中，PET 还可以用来制造透明零件、玩具和艺术品等。

（6）聚氨酯（PU）。PU 是一种具有强度、弹性和耐磨性的高分子材料，它广泛应用于制造鞋类、椅子、汽车座椅和减振器等。

此外，在 3D 打印中，也存在诸如聚乙烯、聚丙烯酸（PPA）和聚四氟乙烯（PTFE）等其他种类的聚合物。不同材料的性能和用途各不相同，因此如何选择合适的高分子材料取决于所需的功能、性能和工艺要求。

3.1.1 ABS 丝材

ABS 丝材是一种以 ABS 树脂为基材的增材制造材料，在 3D 打印机中通常用于制造模型、零件等。ABS 树脂是一种常用的热塑性工程塑料，具有高强度、耐久性、耐热性和良好的耐冲击性等特点。

ABS 树脂一般由 50%（质量分数，下同）以上的苯乙烯、25% ~ 35% 的丙烯腈和适量的丁二烯组成，三种组分各显其能，使 ABS 树脂表现出优良的综合性能。苯乙烯的加入提高了 ABS 树脂的介电性能、加工流动性和强度；丙烯腈使 ABS 树脂具有较好的耐化学腐蚀性、耐油性、一定的刚度及表面硬度；丁二烯改善了 ABS 树脂的韧度、耐冲击性和耐寒性。

ABS 丝材作为最早应用于 FDM 打印的高分子耗材，具有良好的热熔性和易挤出性，具有打印过程稳定、制件强度高和韧度大的优点[5]。

因纯 ABS 丝材在打印过程中存在遇冷收缩率大、制件易翘曲变形、易发生层间剥离等问题，制约其应用。另外，ABS 丝材的打印温度高达 230 ℃，会造成材料部分分解并产生异味，而且打印过程中还会消耗大量的能量。因此，要得到打印性能优良的 ABS 丝材，必须选用合适的 ABS 树脂牌号。

3.1.1.1 ABS 树脂牌号的选择

在选用 ABS 树脂牌号时，应注意以下问题。

(1) 力学性能。不同牌号的ABS树脂，其强度、韧性、硬度等力学性能各不相同。针对不同的使用需要，选用合适的牌号，以达到对材料力学性能的要求。

(2) 热稳定性。ABS树脂的热稳定性与其应用温度相关。若需要在高温环境下使用，则应选择具有较高热稳定性的牌号。

(3) 成本因素。不同牌号的ABS树脂价格存在一定差异，根据自身预算和经济考量选择合适的牌号。

(4) 加工性能。在生产工艺中，ABS树脂的加工性能对生产过程和产品质量也有一定的影响，如流动性、熔体黏度等。根据具体的加工要求，选用工艺性能良好的牌号。

(5) 特殊要求。有些特殊应用对其有特殊要求，如耐化学腐蚀性、耐紫外线性能等。此时，应选用具有特殊性能的ABS树脂牌号。

3.1.1.2 ABS丝材的制备

ABS树脂是一种无定形的高分子材料，无明确的熔点，成形后不会出现结晶现象。ABS树脂具有较宽的熔融范围，成形温度一般控制在180～230 ℃，一旦超过250 ℃会出现降解，甚至产生有毒的挥发性物质。已有报道表明，ABS树脂的熔融黏度适中，在熔融状态下的流变特性为非牛顿型。在成形加工过程中，ABS树脂流动性不受温度的影响，因此可以很容易地控制成形温度。根据树脂种类不同，ABS树脂线膨胀系数一般为（6.2～9.5）$\times 10^{-5}$℃，成形收缩率一般为0.3%～0.8%[6]。

ABS丝材的制备一般包括以下几个步骤。

(1) 原材料准备。选用合适的ABS树脂牌号，按照规定的配比，将ABS树脂颗粒、添加剂和颜料等混合均匀。

(2) 加工成形。通过挤出机对混合料加热、挤压，挤出一定直径的ABS丝材。为了保证ABS丝材品质的稳定性，在加热和挤压过程中，需要对控制温度、压力和挤出速度等参数进行控制。

(3) 冷却和切割。将挤出后的ABS丝材经冷却水槽和风机冷却，再用切割机械切割为一定长度的丝材，装入包装袋或卷轴内，以便后续使用。

(4) 品质检测。对制备好的ABS丝材进行外观、尺寸和力学性能等方面的检测，确保其符合要求。一般常用的检测手段有显微镜观察、拉伸实验、扭转实验等。

需要注意的是，在生产ABS丝材时，应保证原材料的质量和配比准确，并对制备过程中产生的废料进行回收和处理，以减少原材料的浪费和对环境的影响。

3.1.2 PLA丝材

3.1.2.1 PLA的特性

PLA是一种新型的、可生物降解的热塑性树脂，具有可再生性，其原材料乳酸来源广泛，可从玉米淀粉等农产品中发酵获得。它具有强度高，良好的生物相容性，对环境友好，无异味，适用于办公场所，另外由于较低的收缩率，在打印大尺寸模型时，不会出现翘曲。

然而，PLA 也存在韧度小、体强度低、热稳定性差等缺点，且未经改性的 PLA 在熔融加工时易发生降解，从而增加了熔体的流动速率[7]。

PLA 丝材在打印过程中，由于熔体强度下降，喷头处出现漏料，泄漏的物料会黏在制件上形成毛边，影响制件的表面质量。研究表明，采用带有环氧活性基团的化合物 ADR 4370S 作为扩链剂，与 PLA 丝材在熔融加工过程中产生的活性基团（如羧基）发生交联、支化与扩链等化学反应，可大幅提升 PLA 的熔体强度，改善丝材在打印过程中喷头处的漏料现象。

3.1.2.2 PLA 丝材的制备

一般通过以下工序来制备 PLA 丝材。

（1）原材料准备。原材料选择高品质的 PLA 颗粒，按要求加入色素、增稠剂等辅助剂，充分混合均匀后将其放入挤出机的喂料斗内。

（2）熔融挤出。PLA 颗粒在挤出机中被加热至高于其熔点的温度，添加适量的增稠剂和润滑剂，使其变为熔融状态，然后经过挤压，生产出 PLA 丝材。

（3）冷却和切割。熔融挤出的 PLA 丝材通过调控冷却速度和冷却方法，使其冷却成为半固态或固态，再利用切割机或切割刀具将其切割成具有一定长度的 PLA 丝材。

（4）干燥和包装。将切割好的 PLA 丝材经过干燥处理，除去表面的水分，并经过称量、包装、封装等方式进行储存。

在 PLA 丝材的制备过程中，应针对不同的生产需求和设备，不断地调整、优化各种工艺参数。为了使 PLA 丝材具有良好的物理性能和表观形态，需要控制挤出温度、加工速度、挤出压力等参数。值得注意的是，PLA 丝材的制备通常使用专业的挤出设备，而且需要具备一定的挤出经验，并针对产品的特性采取相应的工艺措施。

3.1.3 聚碳酸酯及其合金丝材

3.1.3.1 聚碳酸酯及其合金丝材的特性

聚碳酸酯因其优异的物理性能和化学稳定性，如强度高、耐热、耐冲击，此外它还具有良好的透明性、高抗紫外线性能和耐候性，可抵御长期使用过程中的老化和变色，是一种具有优良综合性能的塑料，在工艺、电子、汽车和建筑等行业有着广阔的应用前景。

聚碳酸酯及其合金丝材是聚碳酸酯与其他添加剂混合制成的材料，这种混合使其具备了更多的优势和应用范围。例如，聚碳酸酯与玻璃纤维增强剂混合，可以提高材料的刚性和强度，使其在结构件制造中具备更好的负载能力和耐久性。另外，聚碳酸酯及其合金丝材还可以与 ABS、PBT 等其他塑料材料进行合金化，发挥不同材料的优势特性，提高材料的加工性能。

在电子领域中，聚碳酸酯及其合金丝材可用于制造计算机外壳、手机壳体和光学器件等。由于其优良的电绝缘性能，它也常用于制造电线电缆的保护层。在汽车制造中，它可用于制造车灯透镜、车内饰件和车身结构等。在建筑领域，它可用于制作透明的隔断、采光板和阳光房等。

聚碳酸酯及其合金丝材具备良好的加工性能，可以通过注塑成形、挤出成形、压延等方式进行成形加工。另外，聚碳酸酯及其合金丝材还具备一定的耐化学腐蚀性，能在一定程度内抵御酸、碱介质的侵蚀，因此在一些特殊环境中具有更大的应用价值。

3.1.3.2 聚碳酸酯及其合金丝材的制备

聚碳酸酯及其合金丝材的制备通常经历以下步骤。

（1）原材料准备。一般采用碳酸酯单体（如二氧环己烷）作为生产聚碳酸酯的主要原料。对于合金丝材，可选用添加其他塑料材料（如 ABS、PBT）或增强剂（如玻璃纤维）作为添加剂。

（2）溶解和反应。将碳酸酯单体与适量的催化剂（如碳酸酯催化剂）在反应器中混合，然后将其加热到有利于单体的溶解和聚合反应的温度，为了避免氧化以及不需要的反应，该过程一般需要在惰性气氛下进行（如氮气）。

（3）聚合反应。在催化剂的作用下，碳酸酯单体中的酯基进行酯交换反应，缩合为聚碳酸酯高聚物链。实验表明，该方法不仅能有效地提高聚合物的分子量，而且还能有效地控制聚合反应的时间和温度。

（4）合金化处理。若要制备聚碳酸酯及其合金丝材，可以在聚合反应中加入其他塑料材料（如 ABS、PBT）或增强剂（如玻璃纤维）作为添加剂。添加剂的比例和混合方式对合金丝材的性能有很大的影响。

（5）熔融挤出。将进行聚合反应或合金化处理后的聚碳酸酯混合物熔化，然后用挤出机将熔融的聚合物推送到模具或喷头内。

（6）成形和固化。通过模具或喷头对熔融的聚碳酸酯进行成形。成形方法有注塑成形、挤出成形、压延等，根据具体的应用需求选择合适的成形工艺。同时，为了使成形后的聚碳酸酯形状稳定，可以进行冷却或固化处理。

（7）加工和后续处理。根据需要，对成形的聚碳酸酯丝材进行机械加工或表面处理（如抛光、涂覆等）以获得所需的最终产品。

值得注意的是，制备过程中的温度、压力和添加剂比例等参数的选取，直接关系到最终产品的性能和质量。因此，在生产实践中，如何选用原材料和优化工艺参数是十分重要的。

3.1.4 尼龙丝材

尼龙丝材又称聚酰胺纤维，属于合成纤维的一种。它以尼龙树脂为原材料，经纺丝加工处理而成。尼龙分子间存在大量作用力极强的氢键，这些氢键赋予尼龙优异的耐磨性、抗腐蚀性等力学性能，使其在汽车工业、电子电器、医疗、机械军事及航空航天等众多领域有着重要用途。由于尼龙是一种结晶高分子材料，具有较大的分子内应力和成形收缩率，使纯尼龙丝材在 FDM 成形过程中容易产生翘曲变形，如何改善其翘曲变形是国内外研究的热点[8]。

尼龙种类繁多，常用的有尼龙 6（Nylon 6）、尼龙 66（Nylon 66）、尼龙 11（Nylon 11）、尼龙 12（Nylon 12）、尼龙 1010（Nylon 1010）及各种共聚尼龙。具体情况如下所示。

(1) 尼龙6。尼龙6是由己内酰胺制成的合成纤维材料。它具有良好的强度、耐磨性和耐化学性，广泛用于纺织品、汽车零件、电子电器和工业制品等领域。

(2) 尼龙66。尼龙66是由己二酸和六亚甲基二胺制成的合成纤维材料。它具有较高的强度，较好的耐磨性和热稳定性，常用于汽车零件、电气设备、电线电缆绝缘层和工业制品等领域。

(3) 尼龙11。尼龙11是由十一内酰胺制成的合成纤维材料。它具有较高的韧性、耐磨性和耐化学性，常用于油管、软管、导管、喷头和涂层等领域。

(4) 尼龙12。尼龙12是由十二内酰胺制成的合成纤维材料。它具有良好的耐热性、耐化学性和耐磨性，常用于自动化机械、汽车零件、工具和管道等领域。

(5) 尼龙1010。尼龙1010是由十碳二酸和十胺制成的合成纤维材料。它具有较高的韧性、耐热性和耐化学性，通常用于电子电器、管道、工业制品和胶囊壳等领域。

另外，共聚尼龙也是由多种不同的单体组合制成的尼龙材料。这些共聚尼龙会将各种单体的优势综合起来，使其具有更好的性能。共聚尼龙具有较高的强度、良好的韧性和耐化学性，在汽车制造、电子设备和工业制品等领域有着广泛应用。

3.2 陶瓷材料

3.2.1 陶瓷材料简介

陶瓷材料是当今世界材料产业三大支柱之一，具有强度高、硬度高、良好的耐磨性、耐高温和抗腐蚀等优点。近年来，由于具有优异的力、热、光、电、化学和生物等特性的新型陶瓷的研发，使陶瓷材料在机械、电子、航空航天、军事、生物工程等众多领域得到了越来越多的应用。与此同时，这些特殊应用需要对陶瓷的形状和结构复杂性提出新的设计要求。但是，干压成形、等静压成形、流延成形、挤出成形、凝胶注模成形和直接凝固注模成形等传统陶瓷成形工艺难以制备复杂形状的零件，并且模具制造过程复杂、制造成本高、研发周期长，无法适应现代社会对陶瓷的发展需求[9]。因此，开发一种不需要模具就能制造出具有高性能、复杂结构的陶瓷零件的新方法，是国内外陶瓷领域的研究热点。陶瓷材料3D打印技术是20世纪80年代中期出现的一种高新技术，它将传统的去除制造或等体积制造转变为增加制造，该制造技术不需要模具、缩短了开发周期、降低了生产成本，成为制造复杂结构陶瓷零件极具发展前景的新型加工方法。

3.2.2 陶瓷材料的3D打印技术及原理

陶瓷材料3D打印的本质是基于分层叠加原理，在计算机上的三维造型软件中对零件的三维模型进行切片处理，然后将各层的信息导入制造装备中，经过材料的逐层堆积，形成具有任意复杂结构的三维实体零件。目前，可应用于陶瓷材料3D打印的方法主要有SLA、LOM、FDM、BJ，SLM、SLS等[10]。这些3D打印技术已经在高分子、金属材料领域取得了良好的应用，但在陶瓷材料领域的研究还很少。从20世纪90年代中期以来，国内外许多研究人员开始尝试通过这些3D打印技术来成形陶瓷零件素坯，有的甚至借此直接制造出了陶瓷零件。

3.2.2.1 陶瓷液材光固化技术

陶瓷液材SLA技术所采用的液态材料为含有陶瓷颗粒的树脂。该树脂在紫外线照射下，通过光固化反应，逐层固化形成陶瓷材料。为确保打印出的零件具有良好的力学性能和材料特性，一般采用高浓度的陶瓷颗粒。

西安交通大学周伟召[11]等的试验结果表明，陶瓷浆料黏度和固化厚度是影响陶瓷素坯成形工艺的关键因素。陶瓷粉体的体积分数决定陶瓷素坯的收缩率。因此，要减小陶瓷素坯的收缩率，提高尺寸精度，并提高陶瓷粉体的体积分数，一般要求其体积分数在40%以上。

陶瓷液材SLA技术有许多优势。首先，由于紫外线激光束可以精确照射到每一层液体材料，故能够实现高精度的打印。其次，该工艺与传统陶瓷加工方法相比更加灵活，可用于生产复杂形状的陶瓷零部件。另外，陶瓷液材SLA技术在打印过程中还能够控制陶瓷颗粒的取向，从而实现对材料性能的优化。

尽管陶瓷液材技术已得到广泛应用，但是它在未来的发展中仍面临一些问题。首先，加入陶瓷颗粒会使材料的黏度增加，限制打印速度。其次，为了得到理想的性能，在打印完成后需要进行后处理，如烧结或其他热处理工艺。

3.2.2.2 陶瓷粉材SLM技术及原理

陶瓷粉材SLM技术是一种利用激光束熔化陶瓷粉末逐层叠加来制造陶瓷零件的3D打印技术。除了所用的材料为陶瓷粉末外，它的工作原理与金属粉末SLM技术类似。SLM成形最大的优点是可以缩短制造周期，且不需要后处理即可获得结构与性能兼备的零件。

刘威[12]采用SLS/SLM技术对陶瓷粉材进行成形，弥补并克服了传统制备方法的不足，为陶瓷零件的制造开辟新的途径。通过对国内外陶瓷粉材SLS/SLM技术发展状态和研究水平在材料成形质量及性能等方面进行系统总结，对比不同陶瓷材料，聚焦阐述针对氧化锆、氧化铝的成形特点及其面临的问题，阐明了目前陶瓷粉材SLS/SLM成形中亟待解决的关键性问题，并深入分析了SLS/SLM成形工艺参数，如粉末粒度和形貌、激光能量密度、扫描速度、温度场及后处理工艺，对陶瓷粉材SLS/SLM成形件质量和性能的影响作用。

采用SLM成形技术制备陶瓷，不需要后续烧结处理就可以获得较为致密的零件。但由于激光与粉末作用时间短，激光熔化过程中陶瓷物理化学变化复杂，以及陶瓷的热振性能较差等原因，导致制得的零件易出现气孔、裂纹等缺陷。此外，对于采用高温预热系统的设备，激光扫描过程中出现的大熔池往往会导致陶瓷零件表面粗糙、精度差。

3.2.2.3 陶瓷片材LOM技术

LOM基本原理为在薄层材料单面涂覆一层热熔胶，通过热压装置使材料表面达到一定温度，从而使两个薄层之间黏合在一起，根据三维模型的截面信息，通过CO_2激光器在涂有热熔胶的片材上切制出轮廓线，并将非轮廓区域切制成网格，工作台下降一个层厚的高度，铺上一层新的片材，在黏附作用下，新铺的片材和已切制层黏结在一起，重复以上步骤，最终得到三维实体零件。

1994 年，Griggin 等以 Al_2O_3 为原料，采用流延法制备陶瓷薄膜。他率先将 LOM 技术应用于陶瓷零件的制备，获得了纯度高、性能优良的陶瓷零件，与传统热压方法制备的陶瓷的性能相近。余志勇[13]研究了分散剂、黏结剂和塑化剂等对 Si_3N_4 浆料流变特性的影响，并采用流延法制备了 LOM 技术所需的 Si_3N_4 基陶瓷片。利用 LOM 技术对陶瓷坯体进行成形，并对坯体进行了热分析。研究发现，随着分散剂含量的增加，浆料的黏度呈现降低后升高的趋势，当黏结剂含量达到某一点后，其黏度再次下降，继续减少黏结剂，浆料的黏度又升高；浆料的黏度随着塑化剂含量的增加而降低。

为了制备具有中空结构且表面倾斜的零件。以 LOM 技术为基础的“层压工程材料的计算机辅助制造”是近年来快速发展的一种新方法。这种方法的基本原理与传统的 LOM 技术类似，不同的是皮料在新的片材黏结之前就被去除，并且在加工斜面或球面时，将切割激光倾斜一定角度，避免零件表面出现阶梯效应。

用 LOM 方法制备陶瓷，在坯体表面存在层间阶梯效应，导致坯件表面不光滑，需要边界磨光，水平方向和增长方向陶瓷材料的成形方法不同，密度也不同，造成最终的陶瓷零件密度不均匀，不利于后续的脱脂及烧结过程，进而影响陶瓷零件的综合性能。

3.2.2.4 陶瓷丝材 FDM 技术及原理

陶瓷丝材 FDM 技术是将陶瓷粉末制作的丝材用于 3D 打印的技术。该技术基于熔融沉积原理，通过逐层沉积熔化的陶瓷丝材来制造陶瓷零件。

1996 年，Agarwala[14]等首次采用 Si_3N_4 和少量酸性氧化物为原料，以 FDM 技术制备陶瓷零件。Stuecker 等采用直径为 225 ~ 1 000 μm 的莫来石细丝，成功制备出孔径尺寸在 100 ~ 1 000 μm 的多孔莫来石陶瓷素坯，其支撑结构相对密度为 55%，经过烧结后相对密度可达 96%。

陶瓷丝材 FDM 技术可以制造出具有密度高、强度和耐热性良好的陶瓷零件。它最大的优势是具有较高的塑性，能够满足不同的设计要求，实现复杂陶瓷零件的快速制造。另外，该技术使用的原材料范围更广，除了普通的氧化铝等材料外，还可以使用如碳化硅和碳化硼等具有较高熔点的珍贵材料。

但是，相对于其他陶瓷 3D 打印技术，陶瓷丝材 FDM 技术在制造过程中存在热变形、预先确定精度难以保持等问题。另外，陶瓷丝材 FDM 技术切割后的表面粗糙、不均匀，需要对其进行后期表面加工处理。

3.2.2.5 陶瓷粉材 SLS 技术及原理

陶瓷粉材 SLS 技术是一种利用激光束烧结陶瓷粉末并逐层叠加制造陶瓷零件的 3D 打印技术。这种技术通过熔化或加热陶瓷粉末并分层沉积来制造 3D 陶瓷模型。

陶瓷粉材 SLS 技术将 CAD、计算机数字控制（CNC）、激光加工技术和材料技术相结合，具有如下突出的优势。

(1) 生产周期短，制造成本低。陶瓷粉材 SLS 技术适用于新产品的研发，尤其是在复杂形状零件的制造方面，具有其他工艺无法比拟的优点。

(2) 将陶瓷粉材 SLS 技术与传统工艺方法相结合，可以实现快速铸造和快速模具制造等功能，使传统制造方式焕发出新的生机。

(3) 应用面和成形材料广泛。陶瓷粉材 SLS 技术可应用到许多领域，如汽车模具、家电等。

从理论上讲，任何加热后能以高分子材料实现黏结的粉末材料均可以作为 SLS 的成形材料。

上述几种陶瓷材料的 3D 打印技术，虽然已经被实验证实可以实现复杂形状陶瓷零件的成形，但是对于制品成形陶瓷却有很大的局限，这极大地限制了陶瓷材料增材制造技术的发展与实际应用。

3.2.3 SLS 成形用陶瓷材料制备

3.2.3.1 SLS 成形用陶瓷粉材及黏结剂

1. SLS 成形用陶瓷粉末

用于 SLS 成形技术的材料广泛，但材料的物理、化学性质对成形有很大的影响。选择 SLS 成形用陶瓷材料时，要考虑材料特性对制件的影响。例如，粉末材料的热吸收性、热传导性、收缩率、熔点、反应固化温度和时间、结晶温度与速率、热分解温度、阻燃性和抗氧化性模量、熔体黏度、熔体表面张力、颗粒粒径分布、颗粒形状、堆积密度以及流动性等特性，这些特性均对制件的性能有影响。

目前，国内外研究较多的 SLS 成形用陶瓷材料主要有 Al_2O_3、ZrO_2、堇青石、高岭土等。

Al_2O_3 是最常用的陶瓷材料之一，随着医药电子、机械等行业的快速发展，市场对 Al_2O_3 的需求量有越来越大的增长空间，其产量将会不断增长。Al_2O_3 按照物相的不同主要分为两种：$\alpha-Al_2O_3$ 和 $\gamma-Al_2O_3$。$\gamma-Al_2O_3$ 是工业 Al_2O_3，主要应用于电解铝行业和生产铝锭，其烧成收缩大，属于不稳定相。$\alpha-Al_2O_3$ 是 Al_2O_3 的稳定相，也是刚玉的主要成分，其结构稳定、密度大、强度大，一般通过工业煅烧，由 γ 相转化获得。因此，为使烧成时制品裂纹少，工业制造用 Al_2O_3 一般使用 $\alpha-Al_2O_3$。

ZrO_2 陶瓷是一种十分重要的功能陶瓷和结构陶瓷，具有非常优异的物化性质，如化学稳定性好、耐高温、抗腐蚀、热稳定性好、力学性能优良等，在工业生产中得到广泛应用，是耐火材料、高温结构材料、耐磨材料及电子材料的重要原料。ZrO_2 有三种晶体形态：单斜相、四方相及立方相。常温下 ZrO_2 只以单斜相出现，加热到 100 ℃左右转变为四方相，更高温度条件下会转化为立方相。ZrO_2 在从单斜相向四方相转变的时候会产生较大的体积变化，且冷却的时候又会向反方向发生体积变化，容易造成制品开裂，限制了纯 ZrO_2 在高温领域的应用。但是添加稳定剂氧化钇后，四方相便可以在常温下稳定，加热后不会发生体积的突变，从而拓展了 ZrO_2 的应用范围。

堇青石（cordierite）陶瓷材料，其分子式为$2MgO \cdot 2Al_2O_3 \cdot 5SiO_2$，是一种镁铝硅酸盐矿物，密度为2.53～2.78 g/cm^3。在陶瓷材料中，堇青石是一种低熔点（1 460 ℃）陶瓷。另外，堇青石最显著的特性是其热膨胀系数较低，这是由其晶体化学键的键长和键角共同决定的。在堇青石晶体中，温度对堇青石内部Al—O、Si—O的键长影响较小。堇青石陶瓷材料具有膨胀系数低、抗热振性好、硬度高等性能，在冶金、汽车电子、化工、环境保护等方面得到广泛应用。

高岭土是一种铝硅酸盐矿物的混合体，主要成分为Al_2O_3和SiO_2。高岭土可分为非煤系高岭土和煤系高岭土。前者是传统陶瓷制品生产中常用的高岭石类黏土材料，经无机酸化处理去除Fe离子等后，再经水漂洗、干燥后制成。非煤系高岭土具有强吸附性能，能吸附有色物质、有机物质。后者是煤矿开采和洗涤过程中产生的固体废弃物，主要由高岭石和碳质组成，为煤矸石的主要成分。

陶瓷材料由于脆性大、硬度高，在制造过程中容易产生缺陷，很难通过后续处理进行弥补，特别是复杂结构陶瓷零件更加难以成形和加工。传统的陶瓷成形方法主要包括干压成形、等静压成形、注浆成形、注射成形、挤压成形等。现代工业对复杂结构陶瓷零部件的要求越来越高，且现代市场各行业竞争日益激烈，上述成形技术不仅需要昂贵的模具，而且很难甚至无法实现高性能复杂结构陶瓷零件的制造。SLS成形是一种典型的3D打印技术，与传统的陶瓷成形方法相比，它突破了材料变形成形和去除成形的缺陷，可在没有工装夹具或模具的情况下，增加材料进行成形，在制备复杂形状陶瓷结构方面具有独特的优势。

2. SLS成形用高分子黏结剂

SLS成形用黏结剂的要求是熔点低、润湿性好、黏度低。采用液相条件下黏度较低的黏结剂，有利于材料的SLS成形，主要因为这类黏结剂经高温熔化后流动性较好，有利于烧结过程中物质的迁移，从而使制件在组织和性能上趋于均匀。

目前，陶瓷材料SLS成形主要有三种类型的黏结剂：无机黏结剂，如磷酸二氢铵；有机黏结剂，如环氧树脂、酚醛树脂、尼龙12；金属黏结剂，如铝粉。由于无机黏结剂和金属黏结剂在素坯后处理阶段不易去除，可能引入杂质，从而破坏原材料的相结构，最终导致零件的性能降低，因此主要用有机黏结剂来制备此复合陶瓷。针对有机黏结剂，研究较多的主要有环氧树脂、聚甲基丙烯酸甲酯、尼龙等，以堇青石陶瓷材料为例，添加不同黏结剂获得的素坯对比如表3-1所示。三种环氧树脂的性能参数如表3-2所示。

表3-1 添加不同黏结剂获得的素坯对比

黏结剂种类	质量分数	成形效果	强度
环氧树脂E12	5%～20%	成形性好，没有发生翘曲，精度高	高
聚甲基丙烯酸甲酯	5%～20%	成形性差，聚甲基丙烯酸甲酯颗粒分散在粉末中	无
尼龙12	5%～20%	预热温度较高，成形性较差	无

表 3-2　三种环氧树脂的性能参数

牌号	原牌号	颜色及形状	软化温度/℃	环氧值
E03	609#	黄色透明固体	135~155	0.02~0.04
E06	607#	黄色透明固体	110~135	0.04~0.07
E12	604#	黄色透明固体	85~95	0.10~0.18

环氧树脂作为黏结剂，有如下特点：①环氧树脂的黏结能力很强，这是因为其结构中的羟基和醚基的极性让环氧树脂分子与相邻分子之间产生引力，因此环氧树脂适合黏结多种陶瓷颗粒；②环氧树脂成形的收缩率较低，抗变形能力强，在 SLS 成形的热作用过程中可以减少制件的收缩和翘曲；③环氧树脂的软化温度较低，比较容易实现熔融黏结。

环氧树脂具有较好的润湿性和黏结能力，适合 SLS 成形。以堇青石材料为例，采用三种不同的环氧树脂作为黏结剂制作陶瓷素坯，其质量对比如表 3-3 所示。由表 3-3 可知，采用 E03 作为黏结剂时，素坯强度较低，实验后难以取出进行后处理，E06 和 E12 均能有效地黏结陶瓷粉末形成素坯。另外，E06 的软化温度较高，需要将工作腔升温到较高温度，而 E12 则只需预热到 45 ℃便可较好地成形。

表 3-3　三种环氧树脂的堇青石陶瓷 SLS 素坯质量对比

质量指标	E03	E06	E12
素坯强度	较低	高	高
SLS 成形所需激光功率	高	中	低
翘曲现象	预热温度较低时出现	预热温度不够时出现	基本不出现
成形精度	高	高	高
层间偏移现象	轻微	无	无

3.2.3.2　SLS 成形用复合陶瓷粉末的制备方法

现阶段已经得到广泛研究的陶瓷粉末材料主要有四类：直接混合黏结剂的陶瓷粉末、表面覆膜黏结剂的陶瓷粉末、表面改性的陶瓷粉末和树脂砂。其中，适用于 SLS 成形的复合粉末可通过机械混合、溶剂蒸发、溶剂沉淀等技术来制备。一般通过机械混合或者溶剂蒸发来制备适用于 SLS 成形的陶瓷、黏结剂复合粉末，通过溶剂沉淀法来制备聚合物覆膜陶瓷颗粒。

1. 机械混合法

机械混合法是将陶瓷粉末与适量黏结剂置于行星式球磨机或三维混粉机中进行机械球磨，以实现复合粉末充分均匀化，且所制得的复合粉末仍保持原粉末各自的形态和性质的方法。该方法操作简单，对设备要求低，制粉周期短，在充分混合时可制备出满足 SLS 成形要求的复合陶瓷粉末，因此应用最为广泛。

2. *溶剂蒸发法*

以硬脂酸-纳米陶瓷复合粉末的制备为例，阐述溶剂蒸发法制备复合陶瓷粉末的工艺，如图 3-1 所示。①将纳米陶瓷粉末与无水乙醇混合，并加入 ZrO_2，在球磨机中进行球磨，使纳米陶瓷粉末在溶剂中充分扩散；②将充分扩散好的纳米陶瓷粉末混料取出，与硬脂酸和 ZrO_2 磨球按照 4∶1∶10 的质量比加入球磨机中，以无水乙醇为球磨介质，在 300 r/min 的转速条件下球磨 4 h；③球磨完毕后，将混料倒入烧瓶内，烧瓶与乙醇回收装置相连并置于恒温磁力搅拌器上进行 40 ℃恒温搅拌；④当溶剂蒸发至少量剩余时，取出混料并在恒温箱中进行干燥，烘干后的粉末经轻微研磨或球磨过 200 目筛后，获得硬脂酸-纳米陶瓷复合粉末。

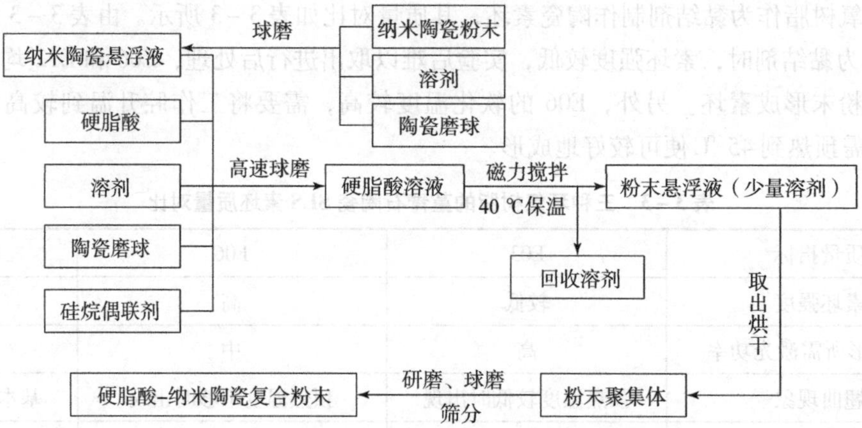

图 3-1　硬脂酸-纳米陶瓷复合粉末制备流程

3. *溶剂沉淀法*

采用溶剂沉淀法制备适用于 SLS 成形用陶瓷复合粉末的原理是先将聚合物粉末与陶瓷粉末投入有机溶剂中，通过升温使聚合物溶解在溶剂中，并剧烈搅拌混合溶液，待溶液冷却后，陶瓷粉末颗粒表面会附着由聚合物结晶形成的膜，再通过蒸馏干燥得到覆膜粉末的聚集体，最后进行球磨，得到不同颗粒粒径的聚合物覆膜复合陶瓷粉末。

尼龙是一类具有优异抗溶剂性能的高分子，在常温条件下难溶于普通溶剂，但在高温下可溶于特定的溶剂。如选用乙醇作为溶剂，加入尼龙与被包覆粉末以及抗氧剂，在高温下尼龙溶解，经剧烈搅拌后逐渐冷却。由于被包覆的陶瓷粉末对尼龙的结晶具有异质形核作用，所以尼龙会优先析出在陶瓷粉末上，形成覆膜粉末。然而，尼龙高分子粉末材料的比表面积较大，在 SLS 成形过程中容易发生氧化降解，导致性能变差，因此有必要加入抗氧剂，以降低 SLS 成形过程中和制件在使用过程中的热氧老化。

此外，用硅烷偶联剂对陶瓷粉末进行表面处理，提高陶瓷粉末与尼龙的相容性，改善陶瓷粉末与尼龙的界面黏结，有利于陶瓷粉末在溶解沉淀时均匀分散。以 ZrO_2 为例，为了提高尼龙 12 与纳米 ZrO_2 基体的界面黏结，使用硅烷偶联剂 APTES 对纳米 ZrO_2 进行有机化处理。

以尼龙-纳米陶瓷复合粉末的制备为例，阐述溶剂沉淀法制备复合陶瓷粉末的工艺，如图 3-2 所示。①将一定量的纳米陶瓷粉末与无水乙醇混合，并加入 ZrO_2 在球磨机中进行球磨，使纳米陶瓷粉末在溶剂中充分分散；②取出纳米陶瓷混料，并将其与尼龙 12、溶剂、抗氧剂及硅烷偶联剂按比例投入带夹套的不锈钢反应釜中，将反应釜密封、抽真空后，通入氮气保护（尼龙 12 与纳米陶瓷粉末按 1∶4 和 1∶3 的质量比配制两种尼龙含量的复合粉末，抗氧剂含量为尼龙 12 质量的 0.1%~0.3%，硅烷偶联剂为尼龙 12 质量的 0.1%~0.5%）；③以 1~2 ℃/min 的速度逐渐升温到 140 ℃，使尼龙完全溶解于溶剂无水乙醇中，并保温保压 1~2 h；④在剧烈搅拌下，以 2~4 ℃/min 速度逐渐冷却至室温，使尼龙逐渐以 ZrO_2 粉末聚集体为核，结晶包覆在 ZrO_2 粉末聚集体外表面，形成尼龙覆膜纳米陶瓷粉末悬浮液；⑤将覆膜纳米陶瓷粉末悬浮液从反应釜中取出，静置数分钟，悬浮液中的覆膜纳米陶瓷粉末会沉降下来，回收剩余的无水乙醇溶剂；⑥将取出的稠状粉末聚集体在 80 ℃下进行真空干燥 24 h，得到干燥的尼龙覆膜纳米陶瓷复合粉末，然后在研钵中轻微研磨，并在球磨机中以 200 r/min 的转速球磨 15 min，经 200 目过筛，得到尼龙 12 覆膜纳米陶瓷粉末。

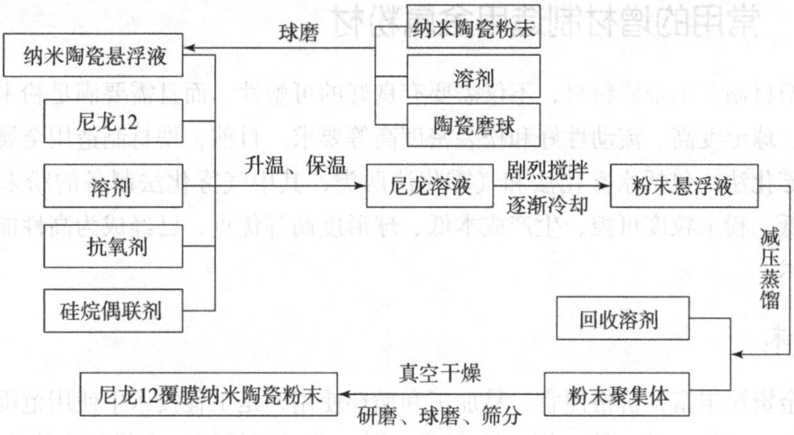

图 3-2　尼龙-纳米陶瓷复合粉末制备流程

利用覆膜法制备的 SLS 成形用复合陶瓷粉末能使黏结剂分布均匀，并且在 SLS 铺粉烧结过程中，减少粉末偏聚的现象。Vail 等研究发现，采用覆膜法成形的陶瓷素坯比机械混合法成形的素坯强度更高，并且最终制件的成形精度和力学性能也更好。这是由于采用黏结剂包覆方式得到的素坯，其内部的黏结剂和陶瓷颗粒分布更加均匀，素坯在后处理过程中的收缩变形量相对较小，所得零件的内部组织也更均匀。然而，相对机械混合法制备的粉末，覆膜粉末虽然更为均匀，但这种工艺操作比较烦琐，在实验的过程中易引入杂质，需要较多的专业设备，例如要将覆膜粉末与溶剂回收利用，还需配备专门的真空抽滤装置，且效率不高；烘干后的粉末还需要再次研磨过筛，工艺复杂，制备周期长，成本高，而且对环境不利。通常，粒径较小的亚微米陶瓷粉末采用覆膜法来制备 SLS 成形粉末。

3.3 金属材料

金属材料增材制造技术是整个增材制造体系中最具发展潜力的技术，是先进制造技术的一个重要发展趋势。当前，我国金属增材制造技术已经取得了一些进展，但对金属材料的要求也越来越高，因此必须大力发展增材制造专用金属材料，以促进增材制造技术的发展与应用。现如今，可用于工业3D打印的金属材料种类很多，以金属粉材与金属丝材为主，专用金属粉材在工业生产中应用最广。

增材制造用金属材料的研究方向主要表现在三个方面：一是以现有材料为基础，深入研究材料参数与性能之间的关系，进一步优化工艺参数，增加打印速度，降低孔隙率和氧含量，提高制件表面质量；二是研究适合增材制造技术的新型金属材料，例如开发耐腐蚀、耐高温和综合力学性能优异的新材料；三是修订并完善3D打印粉材技术标准规范，实现金属材料增材制造技术标准的制度化和常态化。

3.3.1 常用的增材制造用金属粉材

常用的增材制造用金属粉材，不仅需要有良好的可塑性，而且需要满足粉末粒径小、粒径分布较窄、球形度高、流动性好和松装密度高等要求。目前，增材制造用金属粉末的制备方法主要是雾化法，包括水雾化法和气雾化法两类，其中气雾化法制备的粉末具有纯净度高、含氧量低、粉末粒度可控、生产成本低、球形度高等优点，已经成为高性能金属粉末的主要制备技术。

1. 铁粉末

铁基合金资源丰富，价格便宜、易加工和循环使用，是工程技术中使用范围最广、最重要的合金，主要以铁－碳、铁－铜、铁－碳－铜－磷、不锈钢、高强钢和模具钢等为研究对象。

2. 不锈钢粉末

304和316奥氏体不锈钢粉末（及其低碳钢种）是最早开发并用于增材制造成形的不锈钢材料，如今已经成为增材制造市场的代表性加工材料。AerMet 100钢属于二次硬化型超高强度钢，主要应用于航空航天领域，但其熔炼与成形工艺复杂，现已经成功应用于增材制造技术。对300M、30CrMnSiA和40CrMnSiMoVA等高强度钢的研究均已取得较大进展。FeCrMoVC工具钢的增材制造成形件具有致密度高、无裂纹等特点，可作为刀模具使用。增材制造技术打印用的AISI420模具钢已到达锻件水平。

3. 钛合金粉末

钛合金是增材制造领域在金属材质方向一个新的研究方向。钛合金因其质量轻、强度高、韧性高、耐腐蚀、耐高温以及良好的生物相容性等优点，在医疗器械、化工设备、航空航天、运动器材等方面得到了广泛应用。

美国 AeroMet 公司是国际上首次采用增材制造技术实现钛合金零件装机应用的机构，然而其 TC4 的制件性能仍未达到锻造要求，不能作为主承力零件。北京航空航天大学王华明教授团队突破了激光熔化沉积关键技术，成功制造出 TC4 钛合金结构件，该结构件的室温、高温拉伸，高温蠕变和持久性等综合性能明显优于锻件，并且已经在飞机上装机应用。

4. 镍合金粉末

镍基合金是指在 650 ~ 1 000 ℃高温时是有较高的强度与一定的抗氧化、耐腐蚀能力等综合性能的镍合金，广泛用于航空航天、石油化工、船舶、能源等领域。例如，航空发动机的涡轮叶片与涡轮盘使用的是镍基高温合金。Inconel 625 合金、Inconel 718 合金和 Inconel 738 合金已经作为增材制造的典型材料用于加工制造，Inconel 600 合金、Inconel 690 合金和 Inconel 713 合金也在研究中。21 世纪初，通用电气公司研发的 Rene 95 合金，其制造的制件力学性能强度指标已经接近粉末冶金 C 级标准，塑性指标超过粉末冶金 A 级标准。在国产高温合金牌号中，FGH95 粉末增材制造制件的室温力学性能已经非常接近于粉末冶金的工艺水平。

5. 铝粉末

铝合金是一种具有优异的物理、化学及力学性能的轻质金属材料，在航空航天、轨道交通和轻型汽车等领域有着广阔的应用前景，也是 3D 打印领域的热点材料。使用 AlSi12 合金粉末激光成形修复 Zl104 合金和 7050 合金，结果表明，修复部位的力学性能优于基体合金。此外，还开发了一些新的铝合金材料，如 AlSi7Mg、AlSi9Cu3、$AlMg_{4.5}Mn_4$ 和 6061 等。AlSi10Mg、AlSi12 已成为常用的 SLM 成形铝合金材料。

6. 铜材料

纯铜 3D 打印在换热器、散热器、感应热处理用的电感器、电机绕组等方向都得到了应用，并体现出其特有优势，例如 3D 打印纯铜换热器、散热器具有优良的散热性、换热性能及优异的一体化、小型化、轻量化能力，这些特点都给产品带来明显的竞争优势。再如，纯铜 3D 打印的热处理用的复杂感应器，其一体化成形、与加热产品高度随形、尺寸精度高、一致性高，有效地解决了复杂感应器传统制造方式需要大量焊接、整体电导率低、成本高、尺寸精度低、一致性差的问题。纯铜 3D 打印制造出结构优良但用传统方式难以制造的感应器，在提高加热产品质量的同时，也使复杂电感器寿命提高 2 ~4 倍，如图 3 - 3 所示。

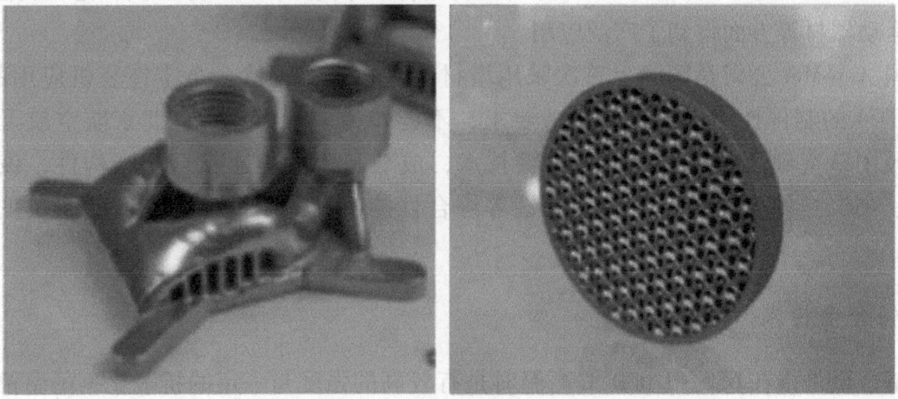

（a） （b）

图 3-3 纯铜 3D 打印产品

（a）3D 打印的新型纯铜散热器；（b）3D 打印的纯铜换热器

3.3.2 粉材球形度对成形性的影响

粉材的球形度是指其颗粒形状近似于球状。粉材的球形度对成形性能有着重要的影响，具体表现在以下几个方面。

（1）流动性。球形粉末具有表面平滑、粒径分布均匀的优点，可以更好地克服内部摩擦阻力，同时具有良好的流动性，便于在成形时的流动与混合。

（2）压实性。粉末的球形度越大，颗粒之间的空隙越小，填充率越高，加压时可以获得更高的压实度。

（3）飞溅和溢流。在喷射成形过程中，粉末会发生飞溅、弹射、堆积等现象，球形度越高的粉末，飞溅和溢流现象越少。

（4）烧结性。球形度高的金属粉末，在加热提高过程中颗粒之间的接触更加紧密，因此在烧结时会产生更多的协同效应，从而提高了烧结质量和力学性能。

由上述可知，选用球形度更高的粉末有利于提高成形的质量和生产效率。在增材制造等领域中，对粉末的球形度要求更高，这是由于缺陷会严重影响制件质量。增材制造中复杂零件的成功率和效率都与粉末的球形度密切相关，这主要是由于粉末颗粒形状会影响粉末的流动性，进而影响铺粉的均匀性。在多层成形过程中，铺粉不均会使扫描区域内各部位的金属熔化量不均匀，导致制件内部组织结构不均，存在部分区域结构致密，而其他区域较多孔隙的现象。

3.3.3 粉材氧含量对成形性的影响

粉末中的氧含量会对成形性有一定的影响。以下是氧含量对成形性的一些主要影响。

（1）粉末流动性。氧含量较高的粉末由于氧吸附在粉末颗粒表面，增大了颗粒之间的摩擦力，使粉末的流动性降低，导致成形困难增大。

（2）结合性。氧会与金属粉末中的金属原子发生反应生成金属氧化物，并在粉末颗粒表面上生成氧化物层。氧化物层的出现降低了粉末的结合力，使粉末在成形过程中难以形成良好的结构。

（3）烧结性能。氧含量高的粉末在烧结过程中极易氧化生成氧化物，造成烧结的质量和性能下降。

（4）密实度。氧含量较高的粉末形成的最终制品的密实度相对较低，这是因为高氧含量会使粉末在成形过程中形成大量的孔隙和缺陷，导致制品的密实度下降。

因此，为了获得较好的成形性能，必须对粉末中的氧含量进行控制。对于金属粉末而言，应从优化气氛控制、粉末处理和存储条件等方面尽可能地减少氧含量，提高粉末流动性、结合性和烧结性能，以获得更高的制品密实度和力学性能。

3.3.4 典型金属粉材3D打印组织特征及其力学性能

SLM成形技术以材料的完全熔化和凝固为特征。因此，它主要适用于金属材料的成形，其优势是可以成形大部分金属材料，包括纯金属材料、合金材料，以及金属基复合材料等。以下对SLM成形金属材料的组织及力学性能进行分析。

3.3.4.1 316L不锈钢

1. SLM－316L不锈钢组织的研究现状

Zhong等[15]从层级结构这一角度对SLM－316L材料的显微结构进行了细致的研究，成形件内部的宏观、微观及纳米观结构分别是由激光扫描后形成的百微米级熔池（见图3－4（a））、晶粒内特征尺度约为0.5 μm的胞状网络结构（见图3－4（b））以及成形过程中原位形成的富硅纳米氧化物颗粒等组成（见图3－4（c））。

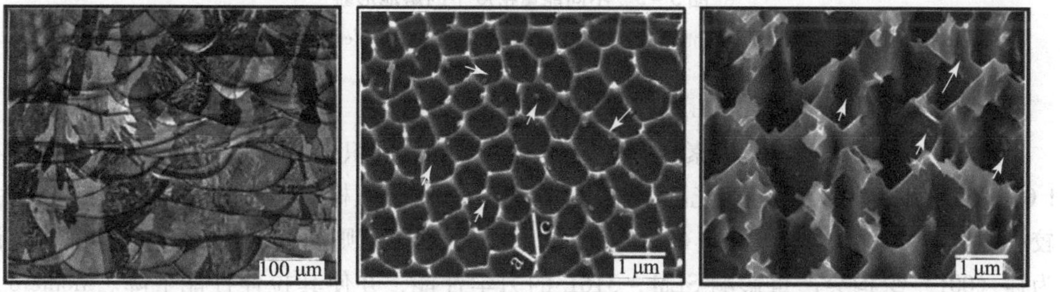

（a）　　（b）　　（c）

图3－4　SLM－316L的微观组织[15]（其中白色箭头指示纳米氧化物颗粒）

（a）熔池；（b）胞结构；（c）纳米氧化物颗粒

Wang等[16]发表在*Nature Materials*上的文章指出，SLM－316L打印件内部形成了跨越6个数量级的非均匀层级结构，这种结构包括晶粒、熔池、胞结构、局部取向差、胞壁、纳米氧化物颗粒等。研究发现，SLM－316L的层级结构由包含与被包含关系的多尺度结构组成，即以特征尺寸最大的熔池作为基本单元，晶粒在熔池内沿热梯度最大的方向生长，每个晶粒内部由大量的胞结构构成，而最小的纳米氧化物颗粒则随机分散在熔池内。该结构与传统方法[17-19]制备的梯度层级结构明显不同，却也能同时提高材料的强度和韧性，这是增材制造材料性能得以大幅提高的重要原因。

2. SLM-316L 熔池的研究现状

1）能量密度对熔池形貌的影响

熔池是 SLM 成形过程中最基本的重叠单元，其形状及稳定性直接决定了 SLM 成形件的缺陷和微观组织演化[20]。在熔池演化规律的研究中，早期研究人员主要利用金相法，通过观察材料凝固后的横截面，获得熔池的形貌[21-23]，随后逐渐发展成利用原位高速 X 射线成像及衍射手段对 SLM 的熔化过程进行实时监测[24]。Ma 等[25]的研究表明，SLM-316L 熔池的深宽比随面能量密度的增加而增加，如图 3-5（a）、图 3-5（b）所示。但是，Kurzynowski 等[26]发现，SLM-316L 熔池的深宽比随体积能量密度的增加而降低，如图 3-5（c）、图 3-5（d）所示。这表明采用面能量密度或体积能量密度来描述熔池的形貌演化规律存在局限性。

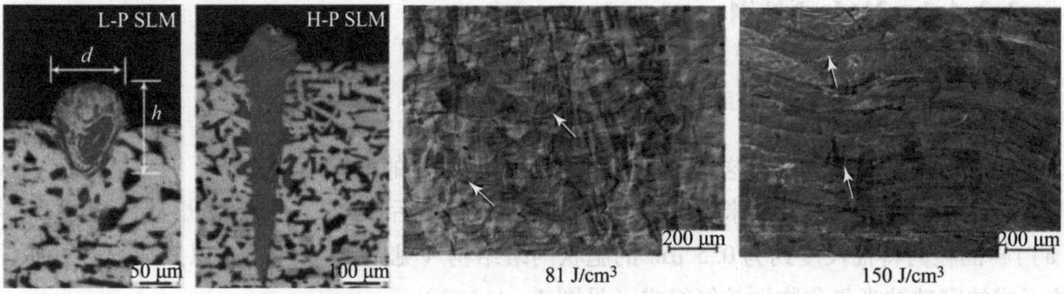

图 3-5 不同能量密度下的熔池形貌

（a），（b）不同面能量密度下的熔池形貌；（c），（d）81 J/cm³ 和 150 J/cm³ 体积能量密度下的熔池形貌[26]

2）熔池形貌对 SLM-316L 晶体织构的影响

激光功率和扫描策略等因素会影响 SLM-316L 材料的织构。Niendorf 等[27]以 400 W 与 1 000 W 为例，考察了不同激光功率对 SLM-316L 成形件织构力学性能的影响。研究表明，较小的功率下所得到的主要是〈011〉织构，而较大功率下则为〈001〉织构。这项研究认为强〈001〉织构会严重影响 SLM-316L 的力学性能，并使其拉伸性能下降。Montero-Sistiaga 等[28]所做的研究也得出了相似的结果。研究证实，通过调节熔池形态，可实现对织构形成的控制。新加坡南洋理工大学的 Sun 等[29]采用低功率（≤400 W）的高斯激光束和高功率（400～1 000 W）的平顶光束对熔池形貌进行调控。结果发现，高斯激光束在低功率（380 W）条件下，熔池浅而宽；而高功率（950 W）下的平顶光束产生的熔池窄而深，如图 3-6（a）～图 3-6（f）所示，且浅而宽的熔池易形成〈001〉织构，窄而深的熔池易形成〈011〉织构。与〈001〉织构相比，〈011〉织构更容易激活变形孪晶，尤其有利于纳米孪晶的形成，因此可实现在高应变下的持续变形，从而提高材料的综合力学性能。

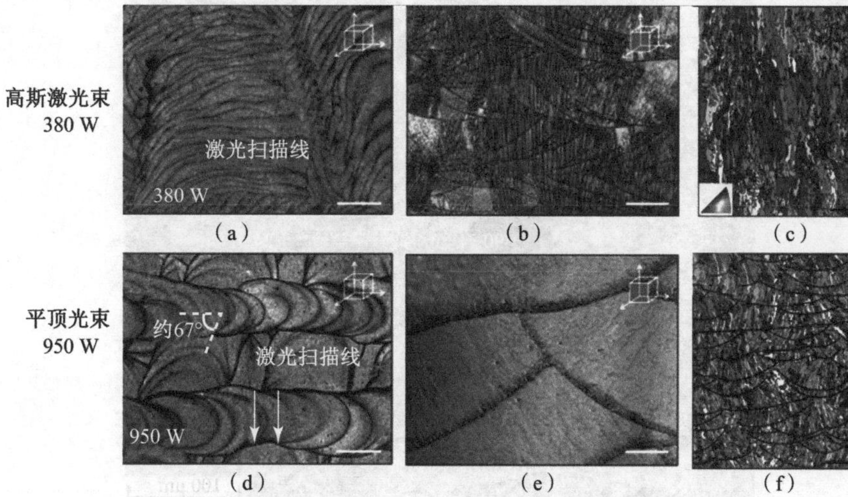

(a) (b) (c)
(d) (e) (f)

图 3-6 通过调控熔池形状控制织构

(a) ~ (f) 不同激光光束和激光功率下的熔池形貌及织构

上述研究结果显示，通过控制工艺参数可以设计不同的晶体学织构，进而实现对 SLM-316L 材料综合力学性能的全面开发。

3) 力学性能

(1) 硬度。

孔隙率和微观组织对 SLM 成形件的硬度有很大的影响。Krakhmalev 等[30]通过研究发现，SLM-316L 的显微硬度与胞结构尺寸的均方根符合 HallPetch 关系，因此提高扫描速度（即降低输入到粉末床的能量密度）可以有效地改善材料的显微硬度。但是 Tucno 等[31]的研究表明，随着体积能量密度从 50 J/mm^3 增加到 80 J/mm^3，成形件的孔隙率不断减小，而显微硬度却在不断上升，这和 Cherry 等[32]的研究结果相吻合，即在体积能量密度小于 125 J/mm^3 的情况下，材料的显微硬度随体积能量密度的增加而增加，若进一步提高体积能量密度，显微硬度则下降。由此可见，面能量密度或者体积能量密度不是决定显微硬度大小的唯一参数，显微硬度还与扫描策略、孔隙率及显微组织有关。SLM-316L 打印态样件显微硬度值在 165 ~ 325 HV。而大部分研究人员所得到的最大硬度在 220 ~ 280 HV，远高于退火态材料的硬度值（155 ~ 170 HV）。

研究发现，即使是同一工艺下的成形件（致密度 >99%），当加载载荷不同时，获得的硬度值也会有显著差异（见图 3-7）。9.8 N 载荷下的显微硬度约为 235 HV，而 0.98 N 载荷下的显微硬度高达 302.42 HV。这表明，载荷越大，形成的压痕越大，越有可能覆盖更多的孔隙缺陷，导致其在加载过程中发生坍塌，从而降低材料抵抗变形的能力，故硬度值下降；而当载荷较小时，压痕覆盖的面积小，材料的显微组织起主要作用，因此在一些局部区域可以测出较高的显微硬度。

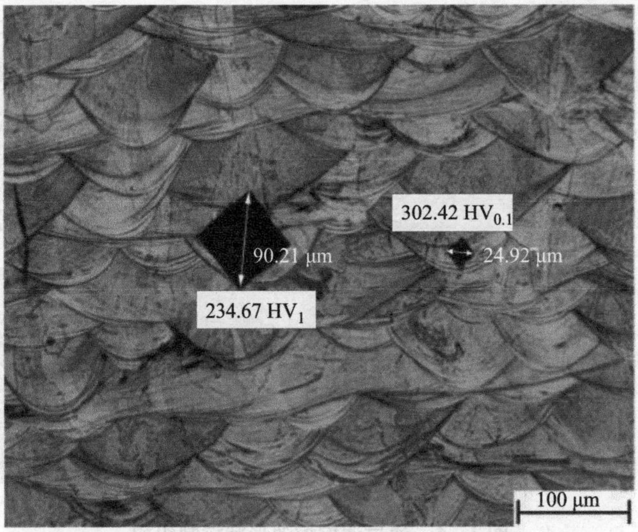

图 3-7　0.98 N 与 9.8 N 载荷下的典型压痕形貌

（2）拉伸性能。

位错的运动控制金属的塑性变形，因而决定着材料的力学性能。通过对材料的微观组织进行调控可以阻碍位错的运动，例如在基体中引入二次相、晶界或其他内部界面可以改善合金的力学性能，但这些方法在提高材料强度的同时往往会降低材料的塑性。研究发现，通过在材料内部引入孪晶、梯度纳米晶或非均匀层片状结构，可以在提高材料强度的前提下，大幅度提高其塑性。近年来，多家科研机构已成功制备出强韧兼备的 SLM-316L 不锈钢打印态样件，展示了 SLM 技术制备综合力学性能优良零件的潜能。表 3-4 概括了不同文献报道的 SLM-316L 打印态的拉伸性能（包括屈服强度 σ_y、抗拉强度 σ_{UTS}、均匀延伸率 ε_{UE} 及断后延伸率 ε_f），将这些数据与传统方法（冷轧、锻造等）制备的 316L 材料的力学性能进行对比，可以发现 SLM-316L 打印态的 σ_y 值、σ_{UTS} 值、ε_f 值分别在 409 ~ 680 MPa、509 ~ 773 MPa、12% ~87%，而且 SL 打印态 M-316L 打印态的 σ_y 值均高于锻件水平（327 MPa），绝大部分 σ_{UTS} 值也高于锻件水平（620 MPa），但由于孔隙率、缺陷尺寸及拉伸试样尺寸不同，使 ε_f 值的分散性较大。

表 3-4　SLM-316L 打印态的拉伸性能总结

作者和参考文献	σ_y/MPa	σ_{UTS}/MPa	E_{UE}/%	ε_f/%
Jiang, et al[35]	584 ± 16	773 ± 4	28 ± 1	46 ± 1
Shamsujjoha, et al[36]	584	667	23	49
Bahl, et al[37]	550	675	—	44
Wang, et al (concept)[16]	595 ~ 680	700	34 ± 3	58*
Wang; et al (Fraunhofer)[16]	450 ~ 557	640	59	87*

续表

作者和参考文献	σ_y/MPa	σ_{UTS}/MPa	E_{UE}/%	ε_f/%
Qiu, et al[38]	558	686	—	51
Qiu, et al[38]	541	681	—	51
Qiu, et al[38]	519	663	—	47
Casati, et al[39]	554	685	—	36
Zhong, et al[15]	487	594	—	49
Saeidi , et al[40]	428	654	—	45
Saeidi , et al[40]	456	703	—	46
Liu , et al[41]	552	—	—	83
Sun, et al[29]	567	660★	—	40★
Wang, et al[42]	—	590	21	
Elangeswaran, et al[43]	453	573	—	46
Riemer, et al[44]	462	565	—	54
Suryawanshi, et al[45]	512	622	—	20
Suryawanshi, et al[45]	430	509	—	12
Suryawanshi, et al[45]	536	668	—	25
Suryawanshi, et al[45]	449	528	—	12
Kurzynowski, et al[26]	517	687	—	32
Kurzynowski, et al[26]	463	687	—	25
Kurzynowski, et al[26]	454	750	—	29
Kurzynowski, et al[26]	440	662	—	28
Kurzynowski, et al[26]	409	674	—	26
ASMIH Handbook Committee（热压+退火）[46]	170	480	—	40
ASMIH Handbook Committee（冷轧+退火）[46]	170	480	—	30
ASMIH Handbook Committee（冷轧）[46]	310	620	—	30
Segura, et al（316L 锻件）[47]	327±10	620±4.5	—	53±0.8
注：★表示该数据是从工程应力-应变曲线中估算得到的。				

从图 3-8 可以看出，SLM-316L 高强高韧机理的主要学术观点包括凝固后形成的胞结构、位错网络结构、高位错密度、晶体层片状结构、纳米氧化物颗粒、〈011〉织构诱导的 TWIP 效应及非均匀层级结构。这些研究的共同点是可以通过调控工艺参数获得特定微结构的方式来制备高强高韧 SLM-316L 材料。

众所周知，材料的微观结构决定材料的力学性能。在传统制备方法下，SLM-316L 材料的屈服强度 σ_y 与晶粒尺寸满足霍尔-佩奇关系（Hall-Petch relationship），但是至今对于 SLM-316L 材料的屈服强度，仍有以下不同的看法。

①利用 Hall-Petch 关系式：$\sigma_y=\sigma_0+k/\sqrt{d}$（$\sigma_0$ 和 k 为 Hall-Petch 参数）进行预测，其中 d 用胞结构尺寸代替。

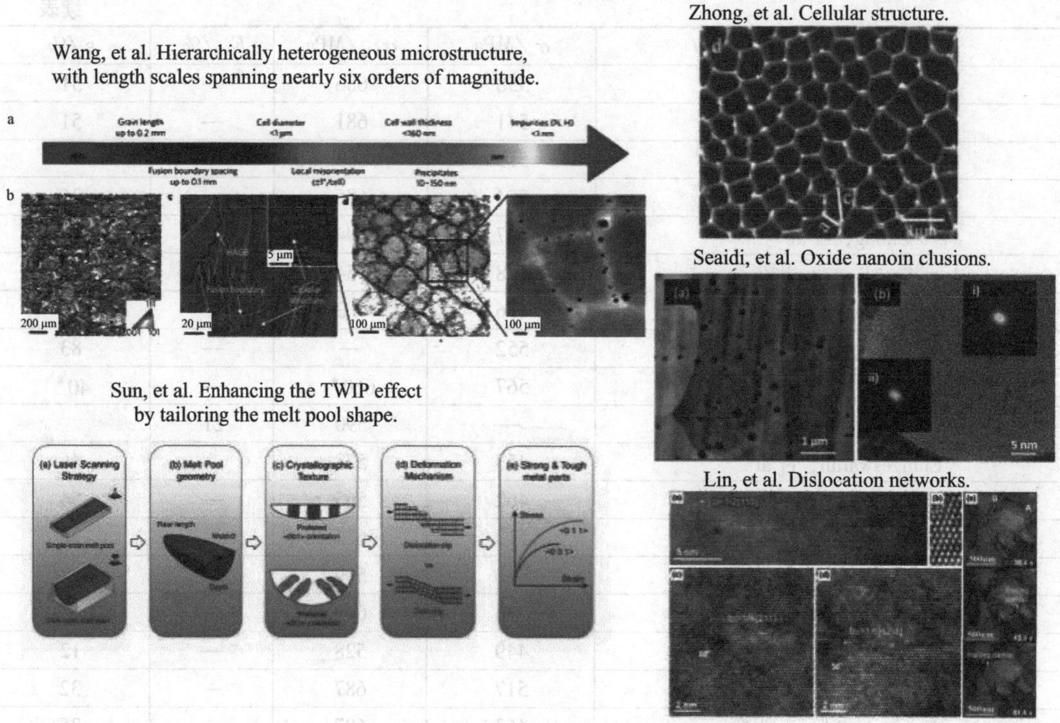

图 3-8　SLM-316L 高强高韧机理的学术观点研究

②在 Hall-Petch 关系式：$\sigma_y=\sigma_0+k/\sqrt{d}$ 中，其中 d 取晶粒尺寸进行估算。

③估算打印态样件的位错密度，然后用修正后的 Hall-Petch 关系（$\sigma_y=\sigma_0+k/\sqrt{d}+Ma\cdot G|b|\sqrt{\rho}$），其中 d 取晶粒尺寸进行估算。

值得注意的是，这些屈服强度的预测方法均基于特定的工艺参数范围，预测所使用的设备有很大差异，且 SLM-316L 材料的微观结构与成形工艺高度相关。在特定的工艺条件下，SLM-316L 材料层级结构中的某一特定微结构（如熔池、胞结构、位错密度等）对拉伸性能的贡献会占据主导作用，这可能是文献中出现多种预测方法的原因之一。

研究人员认为，SLM-316L 不锈钢材料的非均匀层级结构在拉伸变形过程中，作为一个整体对载荷的传递和应变的分配有重要影响，基于非均匀层级结构的角度，开展对 SLM-316L 的微观组织结构在拉伸变形过程中的演变规律的研究。结果发现，与 SLM-316L 打印态的熔池形貌相比，拉伸过程中的熔池宽度沿加载方向被拉长，而熔池深度则沿打印方向减小，如图 3-9（a）、图 3-9（c）所示；胞结构在外力作用下发生严重变形，由原来的准多边形变成长条形，如图 3-9（b）、图 3-9（e）所示；在百微米级尺度上，观察到熔池发生撕裂，如图 3-9（d）所示。熔池发生撕裂是由于相邻熔池边界的非规则缺陷导致，这些缺陷作为应力集中源，在外力的作用下使材料沿熔池边界撕裂，因而可以认为熔池边界是 SLM 成形件的薄弱地方。在几百纳米的尺度上，发现的断裂位点既可以位于胞结构处，也可以位于胞枝晶位置处，如图 3-9（f）所示。这说明胞结构的边界也是 SLM-316L 的薄弱地方。当应变量 ε 从 15% 增大到 46% 时，晶粒变细，其平均晶粒尺寸分别为打印态晶粒尺寸的 24%（$\varepsilon=15\%$）、21%（$\varepsilon=30\%$）、15%（$\varepsilon=46\%$），如图 3-10 所示。这表明 SLM-

316L 在拉伸变形过程中发生了晶粒细化，打印态的粗大柱状晶在外力作用下陆续破碎，使晶粒随着应变量的增加而逐渐减小。对于 SLM－316L 不锈钢材料，晶粒出现这种动态细化行为可能是由于该材料的层错能较低（约为 20 mJ/m^2），使材料在变形过程中形成了形变孪晶。事实上，材料微观组织发生这种动态细化的现象曾在传统非均匀梯度结构的熵合金（CrCoNi）中被报道过，该材料是面心立方（FCC）结构，与 316L 不锈钢的结构一致。

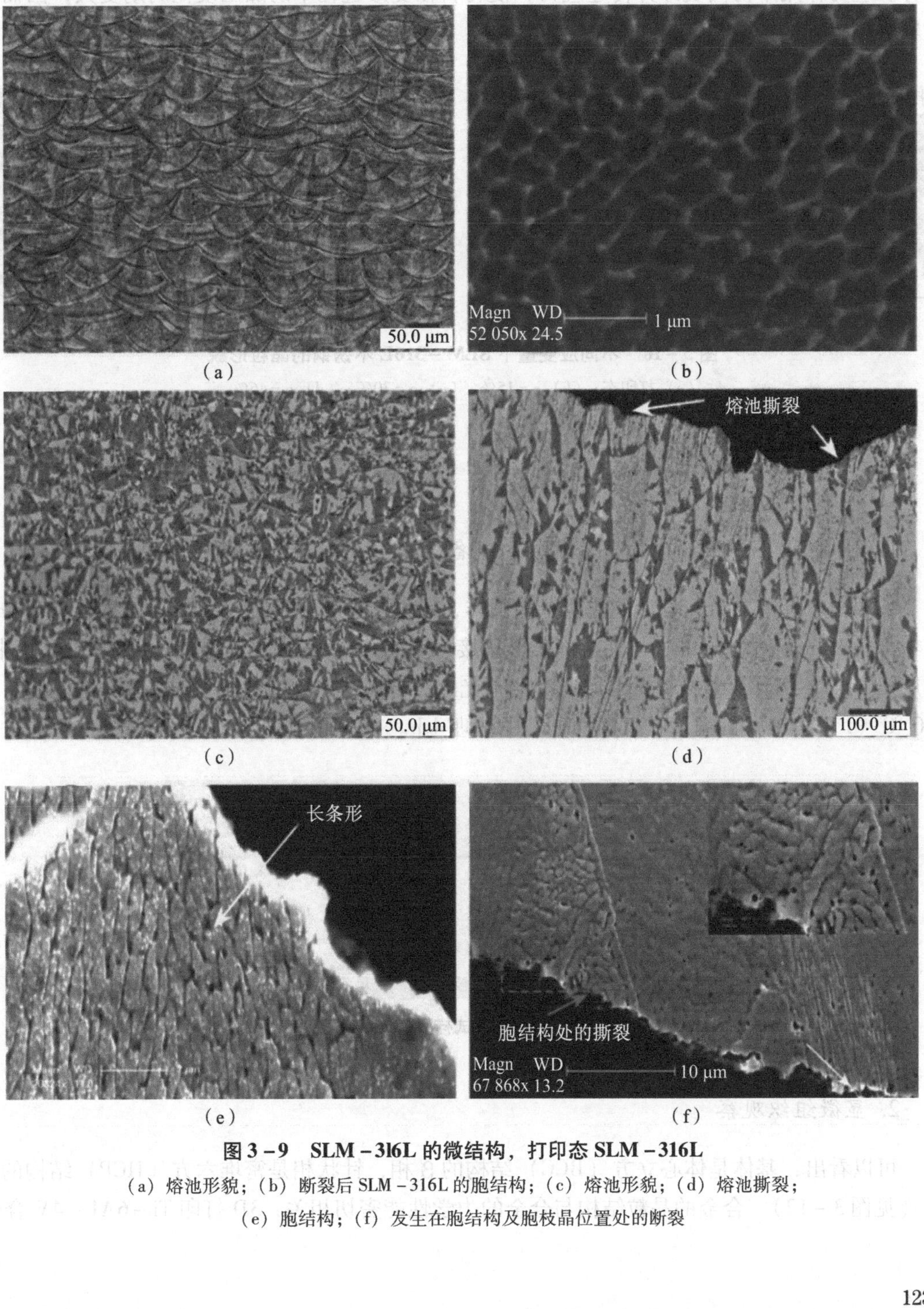

（a）　　（b）

（c）　　（d）

（e）　　（f）

图 3－9　SLM－316L 的微结构，打印态 SLM－316L

（a）熔池形貌；（b）断裂后 SLM－316L 的胞结构；（c）熔池形貌；（d）熔池撕裂；
（e）胞结构；（f）发生在胞结构及胞枝晶位置处的断裂

Yang 等[33]曾指出，对于低层错能的 FCC 结构材料，其在变形过程中更容易形成纳米孪晶和层错，并能够动态地提高材料组织的非均匀性，使材料的应变硬化率一直保持在较高的水平，使材料强度提升的同时韧性也较高。通过对熔池、晶粒、胞结构等研究发现，在进行拉伸变形的过程中，这些非均匀层级结构随着应变的增加，晶粒逐渐细化（见图 3-9），且组织结构变得不均匀，一直在变形直至破坏（见图 3-10）。这表明非均匀层级结构的每一部分在应力作用下协同变形并传递应力，使材料在变形过程中的加工硬化周期变大，因而在材料强度提升的同时塑性也在提高。

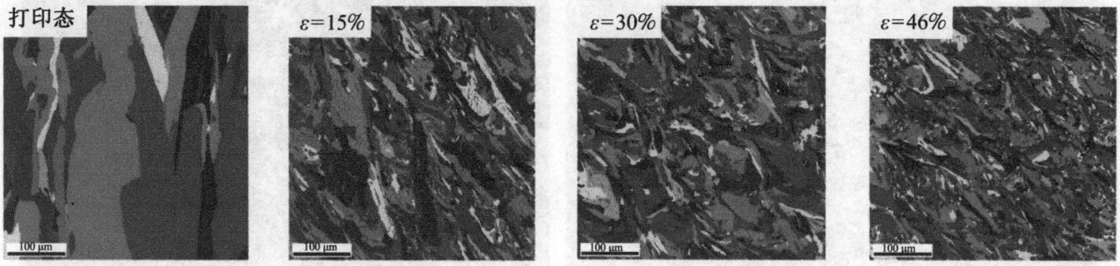

（a）　　（b）　　（c）　　（d）

图 3-10　不同应变量下 SLM-316L 不锈钢的晶粒形貌

（a）打印态；（b）ε=15%；（c）ε=30%；（d）ε=46%

3.3.4.2　Ti-6Al-4V 合金

1. 3D 打印 Ti-6Al-4V 合金试样的制备

按照国家标准要求，设计非比例拉伸试样，该试样总长 51 mm、宽 14 mm、厚 1.5 mm，缩窄部长 10 mm、宽 5 mm，与夹持部弧形相接，生成 3D 模型并将其导入金属 3D 打印机中，使用 Ti-6A1-4V 合金材料粉末和选择性激光熔铸方式成形（见图 3-11）。热处理条件为 800 ℃（1 470 ℉）的温度在氩惰性环境中处理 4 h。

图 3-11　拉伸试样 3D 数字化图

2. 显微组织观察

可以看出，基体是体心立方（BCC）结构的 β 相，针状相是密堆六方（HCP）结构的 α 相（见图 3-12）。合金的晶粒结构与合金的力学性能密切相关，3D 打印 Ti-6A1-4V 合金试样内部组织金相结构显示呈 α + β 相，表明该合金的组织稳定性好，并且具有良好的韧性和塑性。

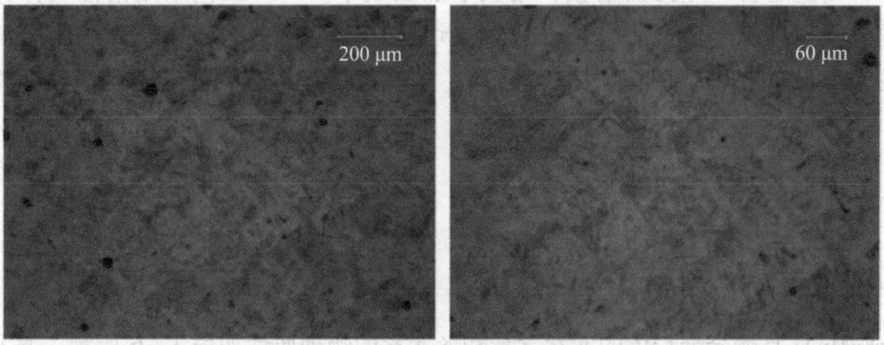

图 3－12 拉伸试样显微结构

3. 断口形貌

通过电镜观察试样断口可以发现，断口呈现韧性断裂特征，在高倍照片下可见韧窝状花样形貌（见图 3－13）。颈缩的大小直接反映材料的塑性性能，颈缩越大，材料的塑性越好，且断口电镜显示为韧性断裂。在高倍镜下可见韧窝结构，表明该材料具有良好的塑性，可满足口腔修复体的要求。

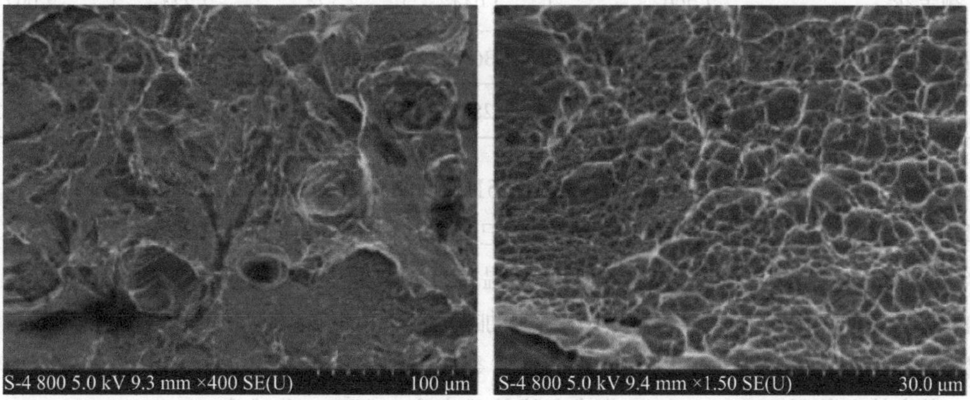

图 3－13 拉伸试样断口扫描电镜图

4. 力学性能结果

3D 打印 Ti－6Al－4V 合金力学性能结果（n＝6）如表 3－5 所示。

表 3－5 3D 打印 Ti－6Al－4V 合金力学性能结果（n＝6）

抗拉强度/MPa	屈服强度/MPa	延伸率/%
1 388. 62 ±41. 16	1 387. 66 ±41. 06	15. 93 ±1. 03

钛熔点高、化学性质不稳定、密度小、铸流率低，故其铸造较为困难。随着 CAD/CAM 技术的发展，修复体制造已经步入数字化阶段，但其切削加工方式会造成原材料的大量浪费，而且还会产生刀具磨损，增大了加工成本。SLM 工艺采用惰性气体保护，利用铺粉的方式，逐层熔覆金属，可有效解决切削加工过程中的废料及环境污染问题，成形金属的密度可达100%，且尺寸精度较高，可规避传统铸造工艺的不足，确保材料的力学性能。

3.3.4.3 钴-铬合金

1. 试样的制备

CoCrFeMnNi 高熵合金粉体的元素含量和各元素的物理属性如表3-6所示，氧和氮的含量分别是626×10^{-6}、113×10^{-6}。

表3-6 CoCrFeMnNi 高熵合金粉体的元素含量和各元素的物理属性

元素	Co	Cr	Fe	Mn	Ni
质量分数/%	20.12	18.85	19.45	19.71	20.05
摩尔分数/%	19.48	20.69	19.97	20.47	19.49
熔点/K	1 768	2 180	1 811	1 519	1 728
沸点/K	3 200	2 944	3 134	2 334	3 003
晶体结构	HCP	BCC	BCC	BCC	FCC
晶格常数/pm	$a=250.31$、$c=406.05$	$a=288.39$	$a=286.39$	$a=267.2$	$a=352.38$

采用配有400 WIPG 光纤激光器的SLM125HL 打印机（SLM SolutionsGmbH，德国）分批次打印10 mm×10 mm×5 mm 的块体试样（记为B）。确定最佳的打印参数后，对常温和低温力学拉伸试样（常温拉伸试样记为R，低温拉伸试样记为C）进行打印。B、R、C 三个批次的打印均使用纯氩气保护，在316L 基板加热到200 ℃的温度下进行。其中，基板加热可以降低打印产生的热应力，以避免打印件开裂，类似采用低温退火处理以减少残余应力的作用。激光体积能量密度（*VED*）公式和线能量密度（*LED*）公式为

$$VED=\frac{P}{vht} \tag{3-1}$$

$$LED=\frac{P}{v} \tag{3-2}$$

式中，P 为激光功率，W；v 为扫描速率，mm/s；h 为熔道间隔（hatching space），mm；t 为打印层厚，mm。

本实验中，激光功率范围为160~320 W，状态点之间间隔为40 W，扫描速率范围为600~800 mm/s，间隔为50 mm/s，扫描间距固定为0.12 mm，层厚固定为0.03 mm，激光扫描策略是棋盘式扫描。

2. CoCrFeMnNi 高熵合金的粉末表征

用 SEM 观察 CoCrFeMnNi 高熵合金预合金化粉末的形貌和粒径分布，如图 3－14 所示。可以看到粉末主要呈球形，伴有少量的卫星粉，粉末粒径分析显示：$Dv(10)=22.8\ \mu m$，$Dv(50)=36.0\ \mu m$，$Dv(90)=65.3\ \mu m$，对应的标准目数为 230～400 目。该粉体的形貌及粒径分布适合用于激光选区熔化。

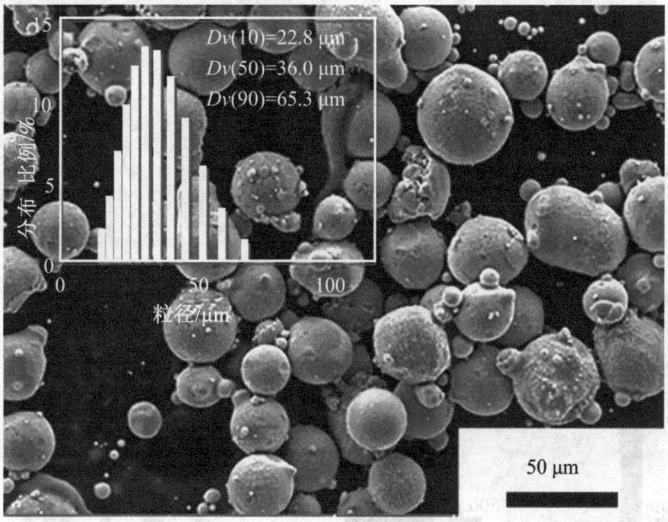

图 3－14 CoCrFeMnNi 高熵合金预合金化粉末的形态和粒径分布

3. 打印参数优化

图 3－15（a）为打印态块体试样 B 的相对致密度，它的最大致密度为 99.3%，对应的打印参数为激光功率 200 W 和扫描速率 700 mm/s，记为块体试样（B200/700），其余试样的表达形式一致；其次的致密度是 99.1%，对应的打印参数为激光功率 160 W 和扫描速率 650 mm/s，对应的体积能量密度分别是 79.37 J/mm^3 和 68.38 J/mm^3。致密度随体积能量密度的上升而增加，这可从熔池黏度与体积能量密度关系的角度解释。在 SLM 过程中，体积能量密度增加使温度升高，进而导致液相张力降低，熔池的流动性提高，从而促进了各层之间的结合，提高了致密度。然而，随着体积能量密度的不断增高，合金的孔隙率却逐渐增大，致密度降低，这是由于熔池中形成钥孔并造成熔体挥发。

CoCrFeMnNi 高熵合金中的 Mn 元素是一种极易挥发、易烧损的元素（见表 3－6）。图 3－15（b）为最大致密度时试样在光学显微镜下的表面形貌，可以看出，试样表面只存在少量的孔隙和微裂纹。采用 Mico－CT 对孔隙和微裂纹的分布情况和形貌进行研究，如图 3－15（c）所示，同样显示所制备的 CoCrFeMnNi 高熵合金仅存有少量的内部缺陷。

图 3－15（d）为块体试样（B200/600－800）和块体试样（B160－320/700）的显微维氏硬度。试样最高硬度为 344.11 HV（对应 200 W，650 mm/s），最低硬度为 286.16 HV（对应 320 W，700 mm/s）。相比较而言，改变打印参数对 CoCrFeMnNi 高熵合金的影响不大。

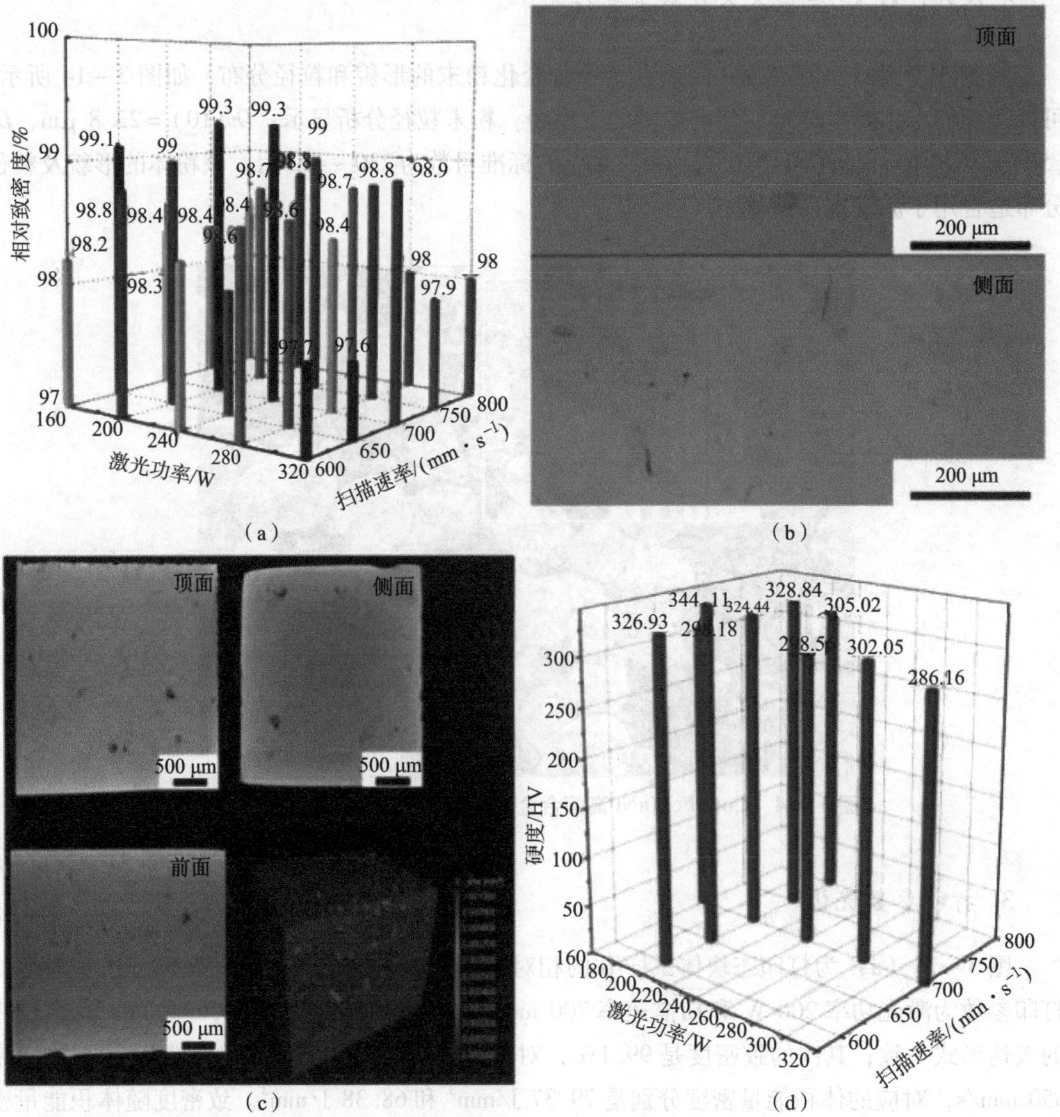

图 3－15　打印态块体试样 B 的打印参数优化

(a) 块体试样 B 在所有打印参数下的相对致密度；(b) 块体试样 (B200/700) 最大致密度下的表面形貌；
(c) 最大致密度下块体试样 (B200/700) 部分的 X－CT 图像；(d) 固定激光功率 200 W 和扫描速率 700 mm/s 时块体试样的显微维氏硬度

4. CoCrFeMnNi 高熵合金的 XRD 分析

图 3－16 所示为打印前 CoCrFeMnNi 高熵合金的粉末和打印后块体试样 B 的 XRD 图，包含 PDF 标准卡中 [Fe，Ni] 的峰位示意图。从图 3－16 可以看出，经过 SLM 加工后的试样与原始粉末的 XRD 基本一致，均为单一的面心立方 (FCC) 晶体结构。由 XRD 测定，所得粉末的晶格常数是 359.75 pm，与常温下 Ni 元素的晶体结构和晶格常数 (352 pm) 相近 (见表 3－6)，与粉末的峰位相比，打印态的峰位整体略微向右偏移。利用布拉格衍射公式

进行分析，结果表明，打印后的晶面间距和晶格常数均减小，这主要是因为晶体中固溶了晶格常数较小的合金元素，即 Co、Fe 和 Mn（见表 3－6）。

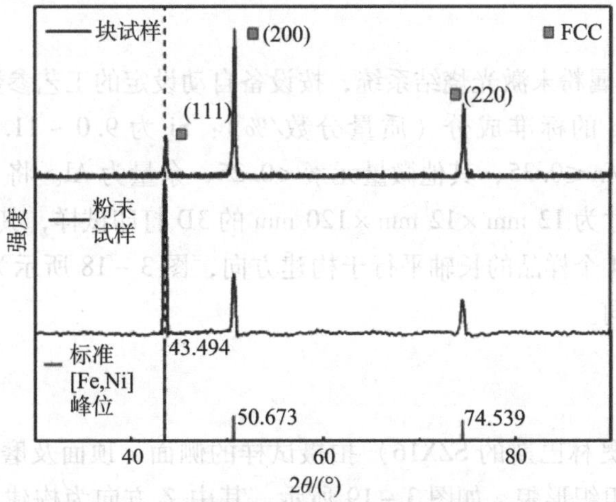

图 3－16　打印前 CoCrFeMnNi 高熵合金粉末和打印后块体试样 B 的 XRD 图

5. CoCrFeMnNi 高熵合金的微观组织分析

图 3－17（a）所示为打印态块体中熔池边界的 SEM 图，可以看出，在熔池的边界处存在微裂纹和孔隙。图 3－17（b）是图 3－17（a）中熔池边界的放大图。图 3－17（c）所示为打印态块体的 EDS 图谱，五种组成元素整体上均匀分布，Mn 元素有轻微的烧损现象，显示出较低的衬度。由表 3－6 可知，Mn 元素的气化温度为 2 334 K，相对较低，易烧损。通常，熔池从等轴晶结构到枝晶柱状结构会沿温度梯度的方向生长转变，高温场则为晶粒生长提供热源，同时熔池内部 Mn 含量比熔池边界的 Mn 含量低，而 Co 元素聚集在熔池边界处，使熔池之间结合较差，在快速冷却的作用下，内应力聚集，从而导致微裂纹和孔隙的产生。

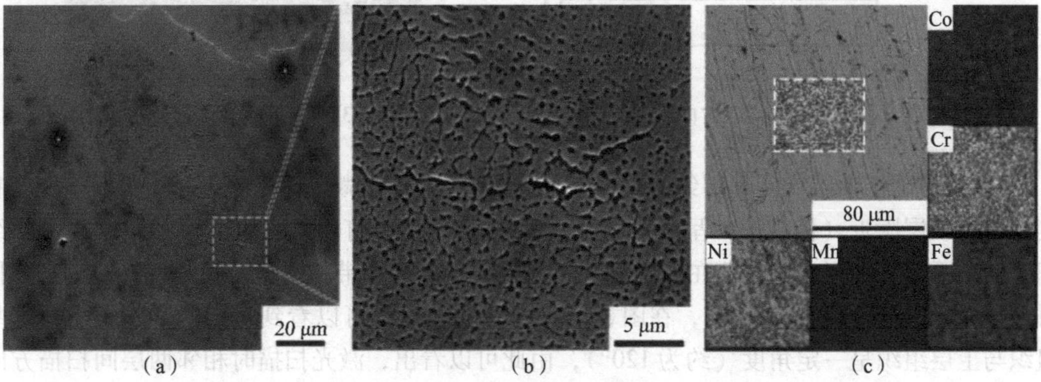

图 3－17　打印态块体中熔池边界的 SEM 图

（a）熔池边界的 SEM 图；（b）图（a）中白色框的放大 SEM 图；（c）EDS 图谱

3.3.4.4 AlSi10Mg 合金

1. 试样的制备

利用 EOSM280 金属粉末激光烧结系统，按设备自动设定的工艺参数进行 AlSi10Mg 材料的 3D 打印，AlSi10Mg 的标准成分（质量分数/%）：Si 为 9.0 ~ 11.0，Mg 为 0.4 ~ 0.6，Fe≤2.0，Cu≤0.6，Mn≤0.35，其他微量元素<0.25，余量为 Al。将 AlSi10Mg 粉材沿不同零件方向制成 8 个尺寸为 12 mm×12 mm×120 mm 的 3D 打印试样，其中 4 个样品的长轴垂直于构建方向，另外 4 个样品的长轴平行于构建方向，图 3 – 18 所示为试样构建方向示意，为长轴垂直于构建方向。

2. 显微观察

用体视显微镜（奥林巴斯的 SZX16）拍摄试样的侧面、顶面及磨光腐蚀后的正面，并将其拼接成三维宏观组织形貌，如图 3 – 19 所示，其中 *Z* 方向为构建方向，垂直于 *Z* 方向的顶面为构建面（或扫描面）。由图 3 – 19 可以看到，3D 打印试样的顶面和侧面的形貌有显著的差异，顶面由一道道平行的条纹构成，各条纹与焊缝上表面形貌相似；侧面则比较粗糙，有大量的孔洞沟壑和未熔的金属粉末；正面截面的典型组织呈“鱼鳞状”，实际是激光扫描熔池凝固后形成的，在样品横截面顶部可以看到由最后一层扫描所形成的、较为完整的 U 形组织。

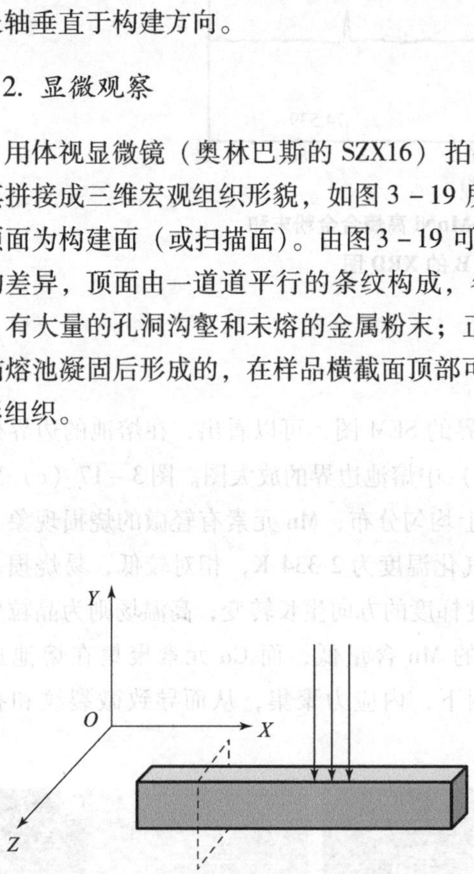

图 3 – 18　试样构建方向示意

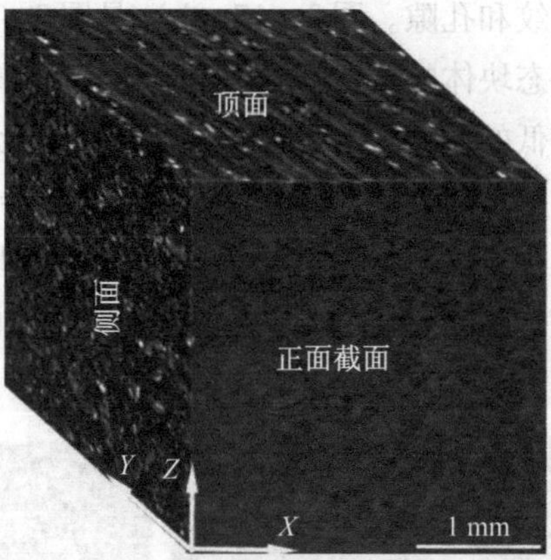

图 3 – 19　3D 打印试样的三维宏观组织

3D 打印试样顶层（距顶层约 100 μm）磨光后的金相显微组织如图 3 – 20 所示，可以看到，试样顶层附近（俯视图）呈平行的“带状”，结合 3D 打印技术特点可知，这些带状组织是激光平行扫描形成的熔池在凝固后的俯视组织。从这些带状组织的间距可知，激光扫描时两束激光的间距约为 210 μm，在图 3 – 20 的局部区域还可以看到下层的带状组织，这些组织与上层组织呈一定角度（约为 120°），由此可以看出，激光扫描时相邻两层间扫描方向的夹角约为 120°。

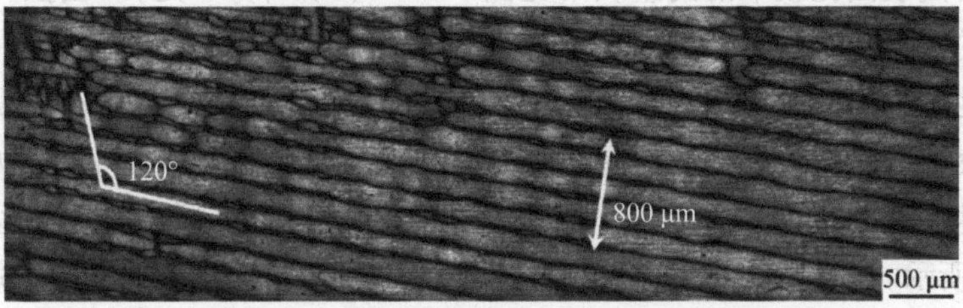

图 3－20 试样顶层磨光后的金相显微组织

图 3－21（a）为 3D 打印试样横截面磨光后的金相显微组织，可以看出，在 3D 打印样品顶面皮下层存在较为完整 U 形组织，且 U 形组织边界清晰，在水平方向相互叠加。经测量熔池上部的宽度约为 290 μm，高度约为 180 μm，两熔池底部间距约为 210 μm。激光扫描形成的凝固熔池层层叠加形成了鱼鳞状组织，凝固的 U 形组织内部为典型的柱状晶，晶粒的生长方向垂直于熔池底部。顶面典型组织（俯视图）的局部放大图如图 3－21（b）所示，可以看到平行的带状组织之间的间距约为 210 μm（与熔池底部间距相同）。带状组织内的晶粒呈等轴状（实为柱状晶的横截面），这些晶粒在带状组织内分布不均匀，边部较细小，芯部较粗大。熔池凝固过程中边部和芯部冷却速率的差异是导致这种柱状晶分布不均匀的主要原因。

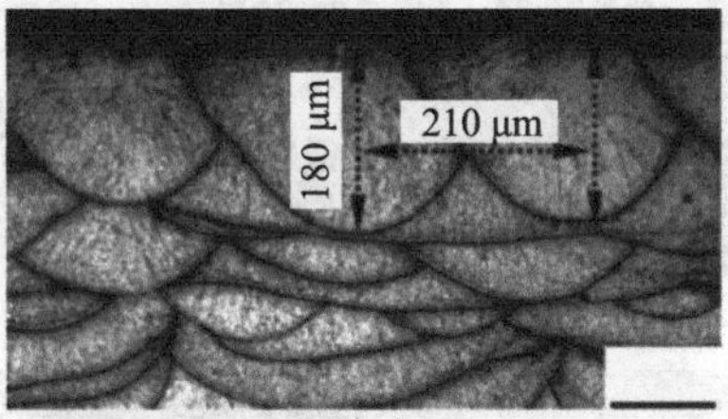

（a）

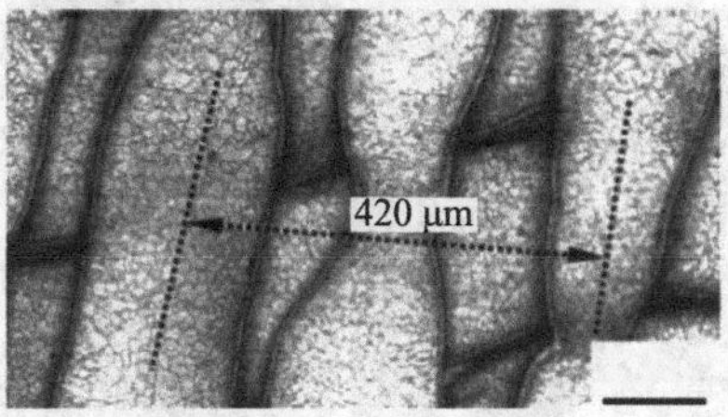

（b）

图 3－21 3D 打印试样不同方向的金相显微组织

（a）横截面；（b）顶面

3D 打印试样深腐蚀后的形貌如图 3－22 所示，可以看出，深腐蚀后试样的典型组织的形貌呈鱼鳞状，凝固熔池底部存在较深的腐蚀坑。对凝固熔池中心部位的典型位置处进行高倍观察（见图 3－22（b）和图 3－22（d）），发现在熔池内部中心区域的典型组织呈管状，管状组织的间距约为 0.5 μm，这些管状结构的内壁并不光滑，多呈颗粒状。能谱分析（见图 3－23（a））显示，这些颗粒状组织中含有大量的 Si 元素，结合 AlSi10Mg 合金的特点，可知这些颗粒状相为共晶 Si 颗粒，图 3－22（d）显示这些 Si 颗粒的尺寸非常细小。在管状组织之间可以看到表面比较平滑的组织（见图 3 - 22（d）中 ×2 处），由图 3 - 23 的能谱分析可知，该处的 Al 含量较高（见图 3 - 23（b）），为 Al 基体。

通过对熔池底部附近的组织观察（见图 3 - 22（c）和图 3 - 22（e）），发现熔池底部出现显著的组织突变区，熔池底部的枝晶间距非常细小，Si 颗粒也非常细小，如图 3 - 22（c）所示。而在熔池底部附近的热影响区，枝晶间距比较粗大，Si 颗粒的尺寸也比较粗大，如图 3 - 22（e）所示。如前所述，激光扫描构建过程所形成的熔池非常小（宽度为 210 μm、深度仅为 180 μm），在熔池凝固过程中可以获得很高的冷却速率，这有利于获得细小的共晶组织和共晶 Si 颗粒，而熔池底部的冷却速率更快，形成的共晶组织和 Si 颗粒更细小。

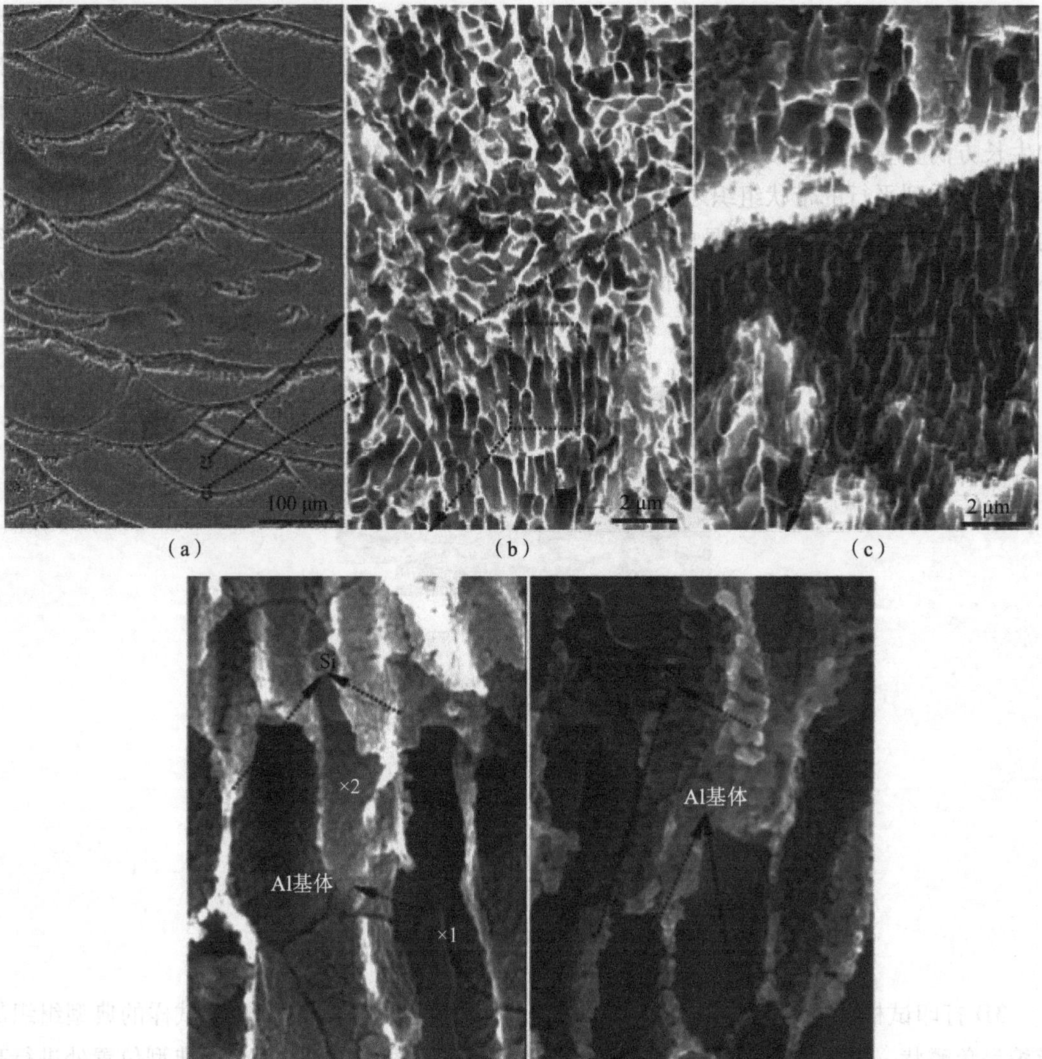

图 3 - 22　3D 打印试样深腐蚀后的形貌

（a）正面低倍形貌；（b），（c）对应图（a）中框图位置的局部放大图；

（d）对应图（b）中框图位置的局部放大图；（e）对应图（c）中框图位置的局部放大图

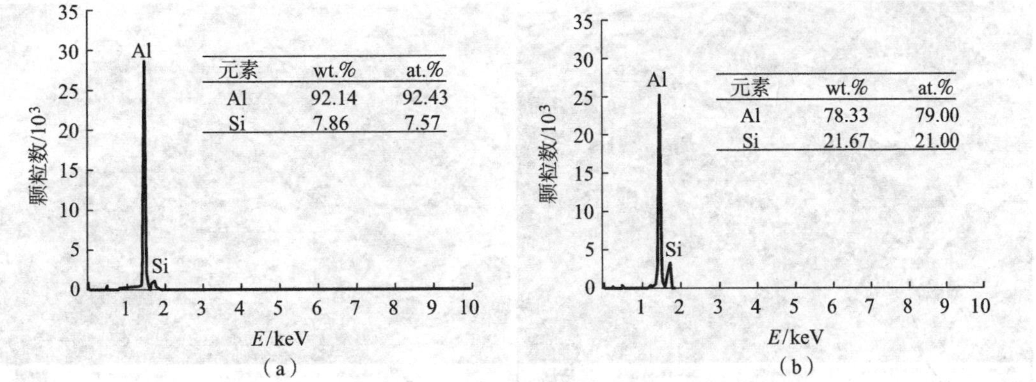

图 3 – 23 针对图 3 – 22（d）部分区域的能谱分析结果

（a）对应图 3 – 22（d）中位置 ×1 处的 EDS 分析；

（b）对应图 3 – 22（d）中位置 ×2 处的 EDS 分析

3D 打印试样不同方向的力学性能如表 3 – 7 所示，可以看到，3D 打印试样 X 向和 Z 向的屈服强度分别为 292. 5 MPa 和 240. 0 MPa，抗拉强度分别为 487. 5 MPa 和 490. 0 MPa，延伸率分别为 9. 0% 和 7. 0%，弹性模量分别为 69. 7 MPa 和 68. 3 MPa，样品在两个方向的力学性能差别不大，且强度及延伸率均比相关资料中该合金的强度和延伸率要高。

表 3 – 7 3D 打印试样不同方向的力学性能

拉伸方向	$R_{0.2}$/MPa	σ_b/MPa	δ/%	E/GPa
X 向	292. 5	487. 5	9. 0	69. 7
Z 向	240. 0	490. 0	7. 0	68. 3
AM AlSi10Mg（CL31）[49]	170 ~ 220	310 ~ 325	2 ~ 3	75

图 3 – 24（a）、图 3 – 24（b）所示分别为长轴平行于构建方向（Z 向）和垂直于构建方向（X 向）的两组拉伸试样的典型断口，可以发现两个方向拉伸试样的断口形貌明显不同。沿 Z 向的拉伸断口表面出现很多“沟壑”，这些“沟壑”的宽度在 100 μm 左右，有些长度甚至可达 1 000 μm。在这些“沟壑”之间还存在一些不规则的孔洞，局部放大结果表明（见图 3 – 24（c）），这些孔洞的内表面非常光滑，应该是凝固过程中熔池底部补缩不足所致。这表明沿 Z 向拉伸时，试样主要沿熔池底部断裂，熔池凝固过程中熔池底部为组织突变区，这个区域的组织突变和形成的孔洞是导致其开裂的主要原因。沿 X 向的拉伸断口表面凹凸不平，没有沿一定方向分布的“沟壑”，在凹凸不平的表面上同样存在大量孔洞，局部放大结果（见图 3 – 24（d））表明，这些孔洞处的断口表面也比较光滑。

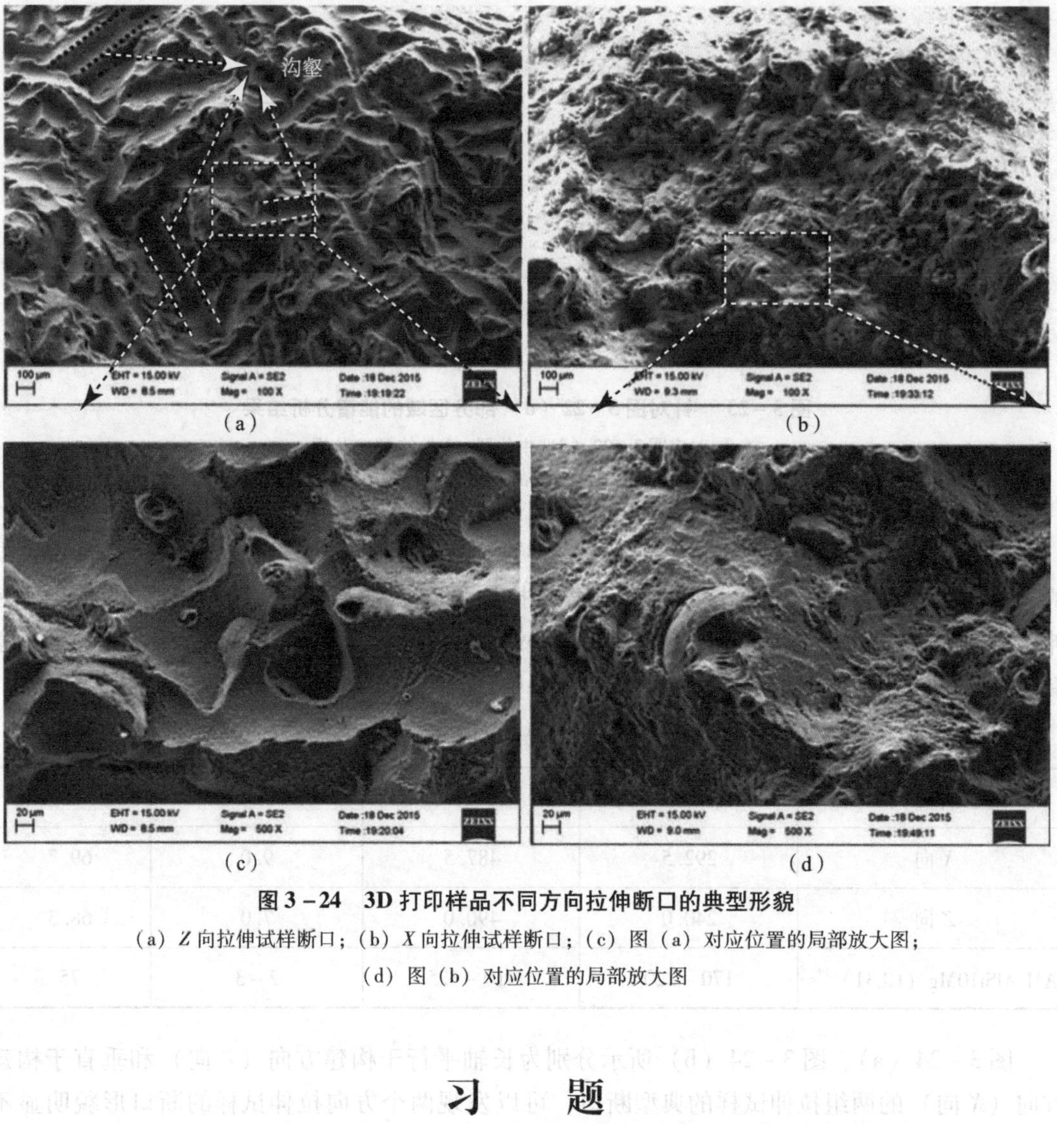

图 3-24　3D 打印样品不同方向拉伸断口的典型形貌

(a) Z 向拉伸试样断口；(b) X 向拉伸试样断口；(c) 图 (a) 对应位置的局部放大图；(d) 图 (b) 对应位置的局部放大图

习　题

1. 应该使用哪种高分子材料制造一个质量轻、强度高的零件？简要说明原因。

2. 使用 3D 打印技术制造一个陶瓷零件，应该选择哪种 3D 打印方法？简要说明原因。

3. 在使用 3D 打印技术制造金属零件时，粉材球形度和氧含量对成形性和最终产品的性能有何影响？请分别简要说明两个因素的影响机制。

4. 在选用 3D 打印金属粉材时，应该考虑哪些性能和组织特征？简要概述这些方面的要求。

5. 陶瓷材料具有哪些独特的特性，使其在特定的应用领域受到青睐？请列举两个以上的应用示例。

6. 常用的增材制造用金属粉材有哪些，它们具有哪些不同的性质和应用范围？请简要描述。

7. 在3D打印金属粉材时，粉末的球形度对成形质量有着重要的影响。请解释球形度与成形质量之间的关系，并说明高球形度对成形质量的优势。

8. 粉末的氧含量对金属粉材的成形性能有一定影响。请解释氧含量对金属粉末成形性能的影响，并讨论低氧含量的优势和挑战。

9. 3D打印金属粉材的性能和组织特征对最终产品的性能有着重要作用。请描述3D打印金属粉材的典型性能特征和组织特征，并说明它们对最终产品的影响。

参考文献

[1] 张振杰，龙芋宏，徐榕蔚，等．增材制造成型机械超材料的研究进展及展望［J］．机床与液压，2022，50（14）：151－158.

[2] 产玉飞，陈长军，张敏．金属增材制造过程的在线监测研究综述［J］．材料导报，2019，33（17）：1－9.

[3] 李培旭，陈萍，刘卫平．先进复合材料增材制造技术最新发展及航空应用趋势［C］//中国硅酸盐学会玻璃分会．全国玻璃钢/复合材料学术年会论文集，2016.

[4] 洪奕，高鹏．增材制造技术在模具制造中的应用研究［J］．模具工业，2015，41（2）：1－4.

[5] 蔡洁荣．一种用于3D打印的ABS材料及其制造工艺：中国，CN201410265980.8［P］．2023.

[6] 彭军．ABS与铝合金搅拌摩擦焊工艺研究［D］．兰州：兰州理工大学，2016.

[7] 方楚．基于聚乳酸生物可再生热塑性弹性体的合成及其结构与性能研究［D］．合肥：中国科学技术大学，2023.

[8] 董欠欠，姚传亮，周云飞．一种聚酰胺纤维和聚酯纤维复合合成革及加工工艺：中国，CN202010365218.2［P］．2020.

[9] 钱钧．高强度陶瓷材料的制造技术［J］．建材工业信息，1985，08（21）：1－12.

[10] 解引花，钦兰云，徐丽丽．快速成形技术——3D打印的应用及发展［C］//中国航空学会．中国航空学会论文集，2016.

[11] 周伟召，李涤尘，陈张伟，等．陶瓷浆料光固化快速成形特性研究及其工程应用［J］．航空制造技术，2010，23（8）：38－42.

[12] 刘威，刘婷婷，廖文和，等．陶瓷材料选择性激光烧结/熔融技术研究与应用现状［J］．硅酸盐通报，2014，33（11）：2881－2890.

[13] 余志勇，汪长安，黄勇，等．LOM技术中Si_3N_4基流延片的研究［C］//中国材料研究学会．2000年材料科学与工程新进展（上）——2000年中国材料研讨会论文集，2000.

[14] AGARWALA. Fabrication of ceramics using inkjet printing technology［J］. Journal of Materials Science，2004，39（15）：12－20.

[15] ZHONG Y，LIU L F，WIKMAN S，et al. Intragranular cellular segregation network structure

strengthening 316L stainless steel prepared by selective laser melting [J]. Journal of Nuclear Materials, 2016, 4 (70): 170-178.

[16] WANG Y M, VOISIN T, MCKEOWN J T, et al. Additively manufactured hierarchical stainless steels with high strength and ductility [J]. Nature Materials, 2018, 17 (1): 63-71.

[17] FANG T H, LI W L, TAO N R, et al. Revealing extraordinary intrinsic tensile plasticity in gradient nano-grained copper [J]. Science, 2011, 331 (6024): 1587-1590.

[18] WU X L, YANG M X, YUAN F P, et al. Heterogeneous lamella structure unites ultrafine-grain strength with coarse-grain ductility [J]. Proceedings of the National Academy of Sciences, 2015, 112 (47): 14501-14505.

[19] WEI Y, LI Y, ZHU L, et al. Evading the strength-ductility trade-off dilemma in steel through gradient hierarchical nanotwins [J]. Nature Communications, 2014, 5 (35): 3580.

[20] 马明明. 两种典型金属零部件激光增材制造技术基础比较研究 [D]. 武汉：华中科技大学，2016.

[21] MA M M, WANG Z M, GAO M, et al. Layer thickness dependence of performance in high-power selective laser melting of 1Cr18Ni9Ti stainless steel [J]. Journal of Materials Processing Technology, 2015, 215: 142-150.

[22] YADROITSEV I, BERTRAND P, et al. Factor analysis of selective laser melting process parameters and geometrical characteristics of synthesized single tracks [J]. Rapid Prototyping Journal, 2012, 18 (3): 201-208.

[23] CASATI R, LEMKE J, VEDANI M. Microstructure and fracture behavior of 316L austenitic stainless steel produced by selective laser melting [J]. Journal of Materials Science and Technology, 2016, 32 (8): 738-744.

[24] ZHAO C, FEZZAA K, CUNNINGHAM R W, et al. Real-time monitoring of laser powder bed fusion process using high-speed X-ray imaging and diffraction [J]. Scientific Reports, 2017, 7 (1): 3602.

[25] MA M M, WANG Z M, ZENG X Y. A comparison on metallurgical behaviors of 316L stainless steel by selective laser melting and laser cladding deposition [J]. Materials Science and Engineering A, 2017, 685: 265-273.

[26] KURZY N T, GRUBER K, STOPYRA W, et al. Correlation between process parameters microstructure and properties of 316L stainless steel processed by selective laser melting [J]. Materials Science and Engineering A, 2018, 718: 64-73.

[27] NIENDORF T, LEUDERS S, RIEMER A, et al. Highly anisotropic steel processed by selective laser melting [J]. Metallurgical and Materials Transactions B, 2013, 44: 794-796.

[28] MONTERO M L, GODINO M, BOSCHMANS K, et al. Microstructure evolution of 316L

produced by HP - SLM (high power selective laser melting) [J]. Additive Manufacturing, 2018, 23: 402 - 410.

[29] SUN Z, TAN X, TOR B, et al. Simultaneously enhanced strength and ductility for 3D - printed stainless steel 316L by selective laser melting [J]. NPG Asia Materials, 2018, 10 (4): 127 - 136.

[30] KRAK H P, FREDRIKS S G, SVENSSON K, et al. Microstructure solidification texture and thermal stability of 316L stainless steel manufactured by laser powder bed fusion [J]. Metals, 2018, 8 (8): 643.

[31] TUCHO W M, LYSNEV H, AUST B H, et al. Investigation effects of process parameters on microstructure and hardness of SLM manufactured SS316L [J]. Journal of Alloys and Compounds, 2018, 740 (23): 910 - 925.

[32] CHERRY J A, DAVIES H M, MEHMOODS, et al. Investigation into the effect of process parameters on microstructural and physical properties of 316L stainless steel parts by selective laser melting [J]. The International Journal of Advanced Manufacturing Technology, 2015, 76: 869 - 879.

[33] YANG M X, YAN D S, YUAN F P, et al. Dynamically reinforced heterogeneous grain structure prolongs ductility in a medium - entropy alloy with gigapascal yield strength [J]. Proceedings of the National Academy of Sciences, 2018, 115 (28): 7224 - 7229.

[34] 李晓丹，朱庆丰，孔淑萍，等. 3D 打印 AlSi10Mg 合金组织性能研究 [J]. 材料科学与工艺，2019，27 (2)：16 - 21.

[35] JIANG H Z, LI Z Y, FENG T, et al. Effect of process parameters on defects melt pool shape microstructure and tensile behavior of 316L stainless steel produced by selective laser melting [J]. Acta Metallurgica Sinica (English Letters), 2021, 34 (4): 495 - 510.

[36] SHAMSUJJOHA, AGNEW S R, FITZ - G, et al. High strength and ductility of additively manufactured 316L stainless steel explained [J]. Metallurgical and Materials Transactions A, 2018, 49: 3011 - 3027.

[37] BAHL S, MISHRA S, YAZAR K U, et al. Non - equilibrium crystallographic texture and morphological microstructure texture synergistically result in unusual mechanical properties of 3D printed 316L stainless steel [J]. Additive Manufacturing, 2019, 28 (23): 65 - 77.

[38] QIU C, KINDI M A, ALADAWI A S, et al. A comprehensive study on microstructure and tensile behaviour of a selectively laser melted stainless steel [J]. Scientific Reports, 2018, 8 (1): 77 - 85.

[39] CASATI R, LEMKE J, VEDANI M. Microstructure and fracture behavior of 316L austenitic stainless steel produced by selective laser melting [J]. Journal of Material: Science and Technology, 2016, 32 (8): 738 - 744.

[40] SAEIDI K, KVETKOVD L, LOFAJ F, et al. Austenitic stainless steel strengthened by the in situ formation of oxide nanoinclusions [J]. RSC Advances, 2015, 5 (27): 20747 -

20750.
[41] LIU L F, DING Q Q, ZHONG Y, et al. Dislocation network in additive manufactured steel breaks strength - ductility trade - off [J]. Materials Today, 2018, 21 (4): 354 - 361.
[42] WANG D, SONG C H, YANG Y Q, et al. Investigation of crystal growth mechanism during selective laser melting and mechanical property characterization of 316L stainless steel parts [J]. Materials and Design, 2016, 100 (23): 291 - 299.
[43] ELANGESWARAN C, CUTOLO A, MURALIDHARAN G K, et al. Effect of post - treatments on the fatigue behaviour of 316L stainless steel manufactured by laser powder bed fusion [J]. International Journal of Fatigue, 2019, 12 (3): 31 - 39.
[44] RIEMER A, LEUDERS S, THONE M, et al. On the fatigue crack growth behavior in 316L stainless steel manufactured by selective laser melting [J]. Engineering Fracture Mechanics, 2014, 1 (20): 15 - 25.
[45] SURYAWANSHI J, PRASHANTH K G, RAMAMURTY U. Mechanical behavior of selective laser melted 316L stainless steel [J]. Materials Science and Engineering A, 2017, 696: 113 - 121.
[46] ASMIH H C. Properties and selection : irons steels and high - performance alloys [M]. Almere: ASM International, 1990.
[47] SEGURA I A, MURR L E, TERRAZAS C A, et al. Grain boundary and microstructure engineering of Incone 690 cladding on stainless - steel 316L using electron - beam powder bed fusion additive manufacturing [J]. Journal of Materials Science and Technology, 2019, 35 (2): 351 - 367.
[48] 李静，林鑫，钱远宏，等. 激光立体成形 TC4 钛合金组织和力学性能研究 [J]. 中国激光，2014，41 (11)：109 - 113.
[49] BOYER H E, GAILT L. Materials handbook desk edition [M]. State of Ohio, USA: American Society for Metals, 1985.

第 4 章

增材制造中的设计问题

3D 打印所具有的特殊加工能力，能够生产出传统工艺不能实现或性价比低的特定形状的产品。CAD 系统是一种在产品生产之前，用于创建数字化实物模型的软件工具，被创建的数字化实物模型有助于规划产品的功能、材料、形状、质量、成本等，这样一个规划包括设计要求的研究与开发、概念设计、初始设计和细节设计。在当今的生产制造中，所有产品首先是利用 CAD 系统进行建模，确定适当的功能、性能以及装配方式。然后根据这些数字化实物模型确定产品的材料和形状，制订产品的生产计划。与传统加工方式不同，3D 打印是一种利用材料逐层累加来制备零件的方式。3D 打印技术在批量生产、外形美观、零件组合、质量轻、功能可定制等方面具有传统制造方法无法比拟的优势。

4.1 增材制造中的设计与加工概述

4.1.1 STL 文件数据存储问题

3D 打印的数据格式分为两大类：一是 3D 模型数据文件格式；二是 2D 层片文件格式。3D 模型数据文件格式充当信息载体，生成的 3D 模型可供打印机读取，它包含标准数据文件格式 STL、数据文件格式 STEP 和新型数据文件格式 PLY（polygon file format）等。2D 层片文件格式用来对 3D 模型经分层切片处理所得到的数据进行存储[1]。

4.1.1.1 模型数据存储格式

1. 单材料模型数据存储格式

1）STL 格式文件解析

STL 格式文件是国际上用于 3D 打印系统数据传输的标准格式。与 ANSYS 分析中的网格划分（Meshing）方法类似，通常用外法矢量和几何顶点来描述被三角化的曲面结构。如图 4－1 所示，以模型中的一个三角面片为例，利用 1 个面片法向矢量 N 和 3 个包含 X、Y、Z 坐标的顶点来描述所构建模型的面片的几何数据。

STL 格式文件数据存储有文本（ASCII）和二进制（binary）两种格式。这两种方法均是采用保存矢量三角形的法矢量和顶点坐标来确保文件数据的适用性的方法，因此两种格式在相互转换时，不存在数据信息丢失的问题。图 4－2 所示为 ASCII 式 STL 文件结构（以命名为 bunny good 的 STL 文件中部分面片为例）。binary 格式的 STL 文件，使用固定字节（byte）数描述三角面片的数据信息，表 4－1 所示简述了该种格式下的数据结构信息。ASCII 式和 binary 格式的 STL 文件对比，如表 4－2 所示。

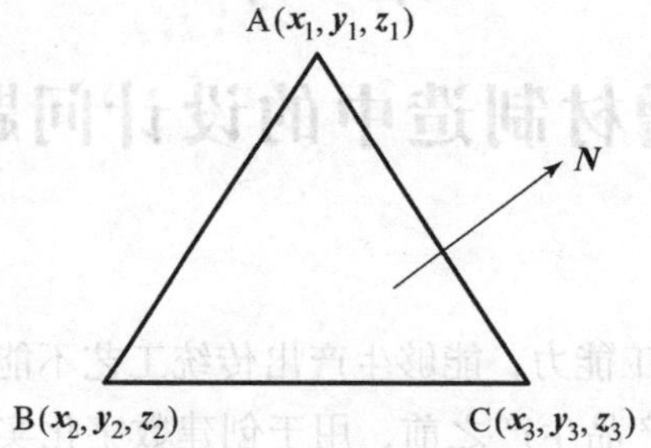

图 4－1　三角面片表示

```
solid“bunny good”          //文件名
 facet normal 0.11287894-0.993578581-0.00808657//三角面片法向矢量x, y, z
  outer loop//随后为面片3个顶点坐标，且3点沿外法矢方向逆序排列
   verterx-18.58877944-5.63986682 39.54338073//第一个顶点坐标
   vertex-18.41371154-6.08512735 39.55964660//第二个顶点坐标
   vertex-18.52236747-6.23043346 39.54611968//第三个顶点坐标
  endloop
 endfacet     //第一个三角面片定义完成
……
endsolid“bunny good” //整个STL文件结果
```

图 4－2　ASCII 式 STL 文件结构

表 4－1　binary 格式 STL 文件数据结构信息

条目	字节数/B	含义
header	80	文件名称
number of triangles	4	零件三角面片数量
normal Vector12	12	三角面片法向矢量
vector12 Vector1/2/3	36	三角面片顶点坐标
facet Attribute	2	三角面片属性信息

表 4－2　ASCII 式与 binary 格式的 STL 文件对比

<table>
<tr><th>格式</th><th>优点</th><th>缺点</th><th>共同点</th></tr>
<tr><td>ASCII</td><td>可读性好且可直接读取</td><td>磁盘占用空间大</td><td rowspan="2">格式简洁明了，易于生成，算法简单且输出精度可通过不断细分 STL 模型进行控制</td></tr>
<tr><td>binary</td><td>磁盘占用空间小</td><td>可读性差</td></tr>
</table>

2）PLY 格式文件解析

PLY 格式以 Polygon 数据结构为基础，采用多边形面片集合运算描述 3D 模型，虽然结构简单，但适用于各种不同的应用场合。该格式存在两种与 STL 文件相同的数据存储形式。以 ASCII 式为例，一个 PLY 文件主要由文件头（header）和数据列表构成，数据列表按照文件头描述的属性顺序依次展开，如图 4－3 所示。

```
ply    //文件起始字符
format ascii 1.0        //数据存储格式 + 遵循版本
// (ASCII 文本/binary_ little_ endian 二进制均为数据存储编码方式)
comment zipper output        //以关键字开头，编写注释行
comment modified by flipply
element vertex 35947   //定义顶点 vertex 数目：35947
property float32x //元素单一属性定义：property < data - type > < property - name >
property float32   y
property float32   z        //定义顶点坐标 X, Y, Z 属性为浮点数
property float32   intensity //定义强度属性也为浮点数
element face 69451   //定义面片 face 数量：69451
property list uint8 int32   vertex_ indices//属性列表定义方式：
property list < mumerical - type - 1 > < mumerical - type - 2 > < property - name >
end_ header -        //头部定义结束
-0.0378297 0.12794   0.00447467 0.850855 0.5  //顶点列表开始
…
-0.0400442   0.15362   -0.00816685 0.734503   0.5//顶点列表结束
3   20399 21215   21216  //面片列表开始
…
3   17345   17346   17277 面片列表结束
```

图 4-3　ASCII 式 PLY 文件结构

2. 多材料模型数据存储格式

单材料模型不仅难以对复杂且高精度的三维体积结构和微观精细的工艺结构进行描述，也不能有效地表达 3D 打印模型的材料信息，故不适用于 3D 打印面向多材料、多色、多工艺的要求。针对这一情况，美国材料与试验协会的 F42 委员会开发设计并提出一种适用于现阶段需求的打印格式 AMF（additive manufacturing file format）[2]。该格式是基于 STL 格式改进的，可实现对模型的材质、颜色等多种数据信息的表示，也可以利用曲边和曲面三角面片对高精度复杂的自由曲面进行几何表达，图 4-4 所示为两种模拟曲面的三角面片表达方式。由于 AMF 需要表达的数据信息较多，现有切片软件（如 Ultimaker Cura 等）对 AMF 格式只提供了普通轮廓切片功能，并没有对 AMF 颜色或材料信息进行技术处理，而且在读取 AMF 格式所表达的模型切片信息时，必须将曲面三角形顶点进行三次 Hermite 插值细分，形成 4 个平面三角形，继续细分才可近似模拟所定义的曲面。AMF 采用细分曲面三角形的方式存在两个缺点：一是容易出现几何误差；二是增加了数据处理难度，使效率降低。因此，使用 AMF 文件数据处理的技术尚不成熟，有待进一步完善和优化。

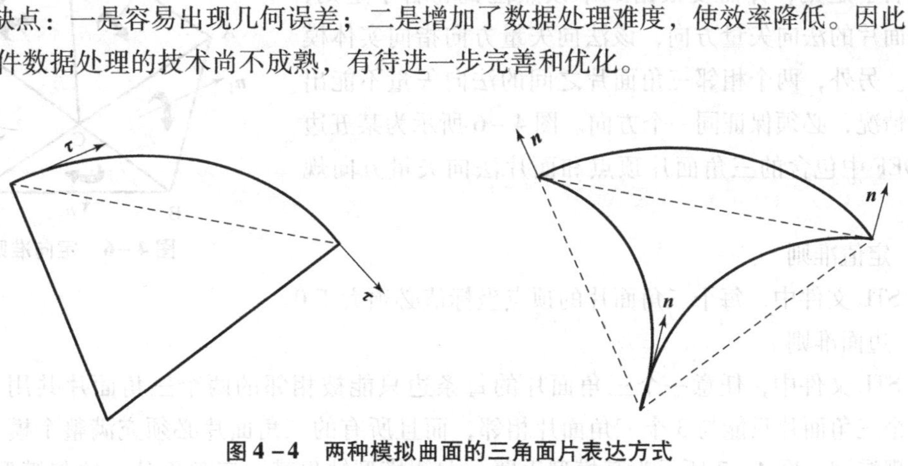

图 4-4　两种模拟曲面的三角面片表达方式

$\boldsymbol{\tau}$—切矢；$\boldsymbol{n}$—法矢

4.1.1.2 STL 文件数据存储问题与改进

1. STL 文件格式规范准则

STL 文件描述了构成模型的多个三角面片的几何信息，其中包括 3 个顶点及由 3 个顶点构成三角面片的法矢量，最终可由所得数据信息确定理论上的结构模型，因此为了确保结构模型的合理性及精确性，在数据存储过程中，应该遵循以下 5 个准则[3]。

1）共点准则

每两个相邻的三角面片有且仅有两个公共顶点，即任何一个三角面片的任意顶点不能落在相邻的三角面片的边上。如图 4－5（a）所示，顶点 C、H、E 落在面片的边上，违反了共点准则。对其进行校正，得到图 4－5（b）所示符合要求的三角面片。

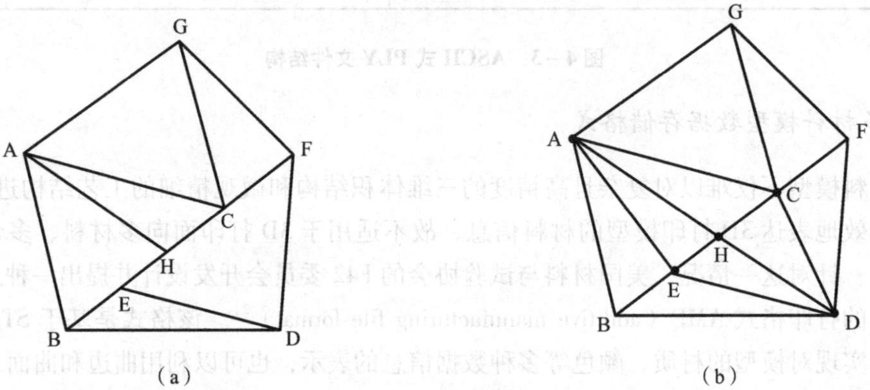

（a）　　（b）

图 4－5　共点准则

（a）校正前；（b）校正后

2）定向准则

STL 文件中的每个三角面片的 3 个顶点的矢量方向必须满足右手定则，并需要根据 3 个顶点位置和右手定则，确定此面片的法向矢量方向，该法向矢量方向指向实体模型外侧。另外，两个相邻三角面片之间的法向矢量不能出现反向情况，必须保证同一个方向。图 4－6 所示为某五边形 ABDEF 中包含的三角面片顶点和面片法向矢量方向规定情况。

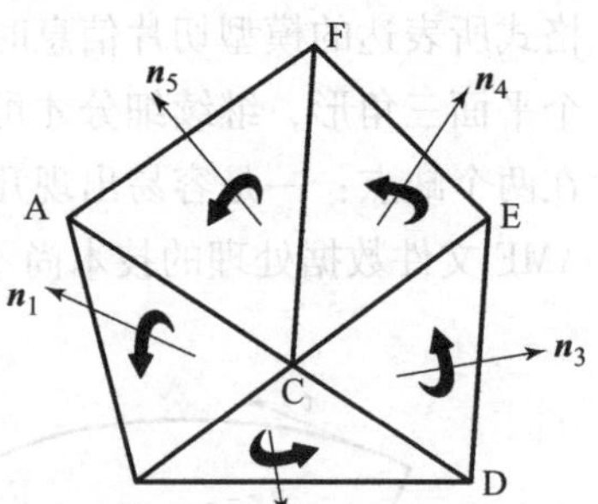

图 4－6　定向准则

3）定值准则

在 STL 文件中，每个三角面片的顶点坐标值必须大于 0。

4）边面准则

在 STL 文件中，任意一个三角面片的每条边只能被相邻的两个三角面片共用。因此，任何一个三角面片只能与 3 个三角面片相邻，而且所有的三角面片必须充满整个模型表面，不能出现漏洞。图 4－7 所示为某模型手臂，左侧模型缺失某一三角面片，这与模型要求不符，右侧是修正后的结果。

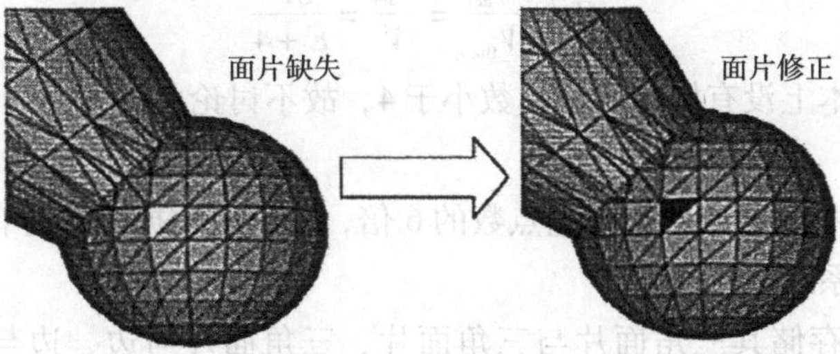

图 4－7　边面准则

5）欧拉准则

STL 文件中顶点（vertex）数、棱边（edge）数、面片（face）数之间必须符合欧拉公式，如

$$V+F-E=2 \tag{4-1}$$

式中，V、F、E 分别表示顶点数、面片数、棱边数。

2. STL 模型存在的问题

1）顶点冗余问题

如图 4－8 所示，在理论上描述长方体模型需要 8 个顶点数，但若要用三角化的 STL 模型表示长方体需要 12 个面片，其中一个面片由 3 个顶点构成，故需要 36 个顶点（每个坐标位置至少出现 3 ~5 个顶点的重合）。

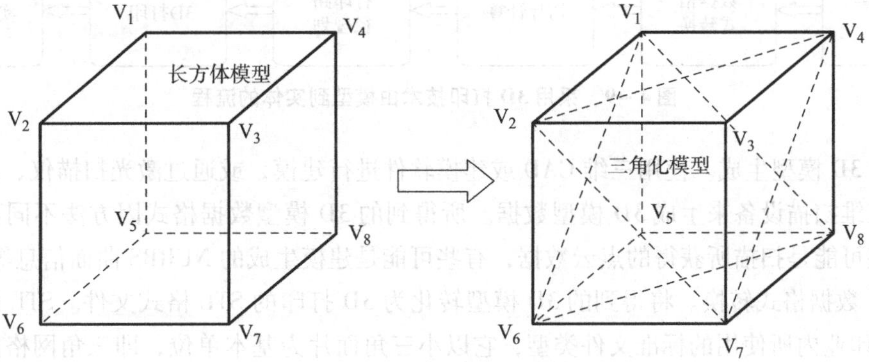

图 4－8　三角化的长方体模型

由于 STL 模型（即多面体）均满足欧拉公式，可以得到如下结论。

（1）如果 STL 模型的面片数为 F，一个面由 3 条边构成，而一条边又被两个面共用，则描述此 STL 模型的半边数 $E_h=3F$，实际棱边数 $E_{ac}=E=3F/2$。

（2）若 STL 模型的实际棱边数为 $3F/2$，一条边由 2 个点构成，那么描述此 STL 模型的实际顶点数 $V_{act}=3F/2\times 2=3F$。设理论上顶点数 $V_{theo}=V=2+E-F=2+F/2$，记为实际点数与理论点数之比 P_V，则

$$P_V=\frac{V_{act}}{V_{theo}}=\frac{V_{act}}{V}=\frac{6F}{F+4} \tag{4-2}$$

当 $F \ll 4$ 时，基本上没有模型的面片数小于4，故不讨论此种情况；当 $F \gg 4$ 时，$P_V=6$，即 $V_{act}=6V$。

因此，STL模型中实际点数是理论点数的6倍，即顶点数据存储时有冗余情况。

2）几何拓扑关系缺失

STL模型本身不存储其三角面片与三角面片、三角面片与边、边与顶点之间的相邻关系。从理论分析可知，一个顶点坐标将需要存储6次，而且每次数据存储时，这个顶点属于不同的三角面片、不同的边，因此两个面片之间彼此独立，互不干涉，没有邻接关系，其几何拓扑关系是缺失的。

4.1.2 增材制造的过程

一般情况下，3D打印需要将三维数字化模型导入3D打印设备中，导入到3D打印设备中的数字化模型通常遵循一定的标准格式，然后3D打印设备对该模型做进一步的处理，获取每一层的信息，为后续的制造奠定基础。简而言之，3D打印的工作原理是通过层层打印、逐层黏合堆积的方式来构建物体。

从广义上说，整个3D打印的流程主要由5个步骤组成，最终实体输出，如图4-9所示。

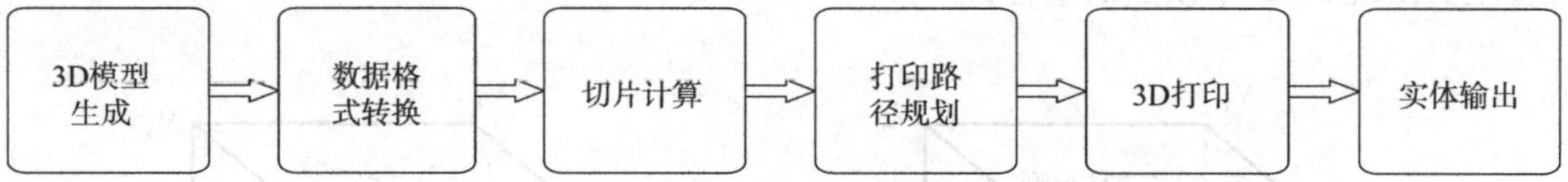

图4-9 采用3D打印技术由模型到实体的流程

（1）3D模型生成。使用三维CAD或建模软件进行建模，或通过激光扫描仪、结构光扫描仪等三维扫描设备来生成3D模型数据。所得到的3D模型数据格式因方法不同而有所差异，有些可能是扫描所获得的点云数据，有些可能是建模生成的NURBS曲面信息等。

（2）数据格式转换。将得到的3D模型转化为3D打印的STL格式文件。STL格式文件是3D打印业内所使用的标准文件类型，它以小三角面片为基本单位，即三角网格离散地近似描述三维实体模型的表面。

（3）切片计算。通过CAD对三角网格格式的3D模型进行数字切片（slice），并将其切为一片片的薄层，每一层对应3D打印的物理薄层。

（4）打印路径规划。切片所得到的每个虚拟薄层反映了最终打印物体的一个横截面。在3D打印中，打印机需要像光栅一样扫描式填满内部轮廓，因此必须设计具体的打印路径，并对其进行适当的优化，从而获得更快、更好的切片打印效果。

（5）3D打印。3D打印机根据切片及打印路径信息来控制打印过程，打印出每一个薄层并层层叠加，直至最后的打印物体成形。

通过以上的3D打印流程可以看出，3D模型是3D打印的基础，3D打印将3D模型由虚变实。然而，已有的三维建模技术往往无法将其直接输出到3D打印机中，因为大多数的设计模型是由建筑师、工程师或设计人员完成的，他们更喜欢使用专业设计软件，如Maya、3dMax和SketchUp等。另外，也有部分三维模型数据是从激光扫描仪、结构光扫描仪等3D扫描设备中获取的。这些模型数据信息由于缺乏对3D打印的具体需求和约束的考虑，若将其直接输入到3D打印机，往往会出现模型尺寸过大、超出打印机所能打印的尺寸限制、没有考虑稳定性导致打印的物体不能正常放置等各种各样的问题。

因此，大部分的设计模型，特别是复杂物体的三维模型，需要用几何方法对其进行修正、调整和优化，以达到3D打印的要求，防止产品出现不能正常工作的现象。这个过程就是上述（1）~（4）步骤的几何计算问题。下面将对3D打印的几何计算问题根据问题特点进行详细介绍。

1. 3D打印中的几何计算简介

3D打印的实质是分层制造，而切片计算是关键。起初，切片计算的分层厚度相等，这样会出现模型精度与打印时间之间的矛盾，即分层厚度小，模型精度有保证，但打印时间长；相反，虽然可以缩短打印时间，但容易导致模型阶梯误差大。因此，自适应厚度方法开始流行。在机械快速成形领域中，国内外很多学者已深入研究切片计算[4]。根据研究成果来看，按照研究对象的不同，分层切片的计算方法可分为以下几种。

（1）网格切片计算。由于STL格式的网格模型是3D打印业内所用的标准文件类型，故很多切片计算对象主要以STL格式的网格类型模型为主[5-11]。

（2）直接切片计算。由于原始3D模型在转化为STL格式模型数据时会产生转换误差，因此也有不少研究者考虑直接在原始的3D模型数据上进行切片计算[12-19]。

切片计算的下一步是打印路径规划，又称扫描路径生成。它的主要工作是对打印机喷头或激光发射器位置的路径规划，使打印材料由点连线，由线组合成截面，由面累积成体，这是3D打印过程中最基础也是最繁重的工作，因此选择合适的打印路径尤为重要。在设计打印路径时，应考虑如何减少空行程，减少扫描路径在不同区域的跳转次数，减小每层截面之间的扫描间隔等。

当前，根据打印路径类型的不同，可以将打印路径生成方法分为5种。

（1）平行扫描[20-21]。这种扫描方式产生的路径大多是相互平行，并且两条平行线间首尾相接，构成一个Z字形状的来回路径，因此又称Z字路径。

（2）轮廓平行扫描[22-23]。这种扫描方式所生成的路径由截面轮廓的一系列等距线构成。

（3）分形扫描[24-25]。该扫描路径是由一些较短的分形折线构成。

（4）星形发散扫描[26]。将切片自中心分为两部分，依次从中心往外填充两个部分，填充线为平行于X、Y轴扫描线的45°斜线。

（5）基于Voronoi图的扫描路径[27-28]。按照切片轮廓的Voronoi图，由一定的偏移量在各边界元素的Voronoi区域内生成该元素的等距线，连接不同元素的等距线，得到一条完整的扫描路径，然后通过改变偏移量得到整个扫描区域的所有规划路径。

将经过处理的切片层及所附带的信息用于创建机器命令，而后传送给 3D 打印设备进行加工。在这个过程中，STL 文件切片和构建支撑结构可能会存在一些问题，具体如下。

2. 切片和分层

数字化模型切片的 STL 文件主要用于创建层。切片的基本方法是利用基于数字化模型方向的两个平行平面，用这两个平行平面截取 STL 文件中的模型，两个平行平面之间的距离就是 3D 打印中零件所需的层厚度。每个截平面与 STL 文件三角形单元的交集会产生一组线或点，这些点和线将用于生产切片的轮廓，该轮廓就是 3D 打印需要完成的切片层。国内外学者针对这一领域提出了一系列的算法和问题，主要如下。

(1) 壁厚和细节丢失。设置适当的壁厚对切片过程十分重要，太薄的壁厚会造成结构脆弱或容易断裂，太厚的壁厚造成材料浪费，且增加打印时间。另外，由于切片软件一般是根据层高和造型精度来确定细节的确切位置和尺寸，所以细微的细节可能会在切片过程中被忽略或丢失。

(2) 支撑结构生成和去除。很多 3D 打印作业需要生成支撑结构来支撑悬空部分或斜角。但是，自动生成的支撑结构不太完美，需要手动调整并清除。不恰当的支撑结构不仅会影响打印质量和表面粗糙度，在去除支撑结构时还会造成零件损坏或残留痕迹。

(3) 切片速度和效率。对于大型和复杂的模型，切片过程会花费很长的时间来生成打印路径。另外，有些切片软件在处理特定模型时会运行缓慢或出现错误。因此，切片过程的速度和效率是影响整个 3D 打印生产率的重要因素。

(4) 层面质量和可见层痕迹。3D 打印过程采用的是逐层叠加材料来构建模型的方法，因此层间黏结质量至关重要。若各层间的黏结不良，则会造成零件强度不足或出现明显的分层。在有些情况下，层痕迹可能需要后期处理或表面修整。

(5) 材料收缩和热变形。部分 3D 打印材料在加热和冷却过程中会产生收缩和热变形。这会造成零件尺寸偏差或形状失真。在切片和分层过程中，必须充分考虑材料的热膨胀、收缩等特点，并采取相应的控制措施以减少热变形的影响。

另外，若采用三角形网格对这些切片进行划分，则会产生诸如网格的不连续、开放轮廓等问题。当前，对这些问题的解决主要靠编写选择程序和软件来实现。但是，这种选择程序的适用性有一定的局限。

3. 支撑结构的制造

用切片制造出一层实体后，下一步的工作是基于特定 3D 打印技术（如 FDM）的支撑结构的制作。为了生成支撑结构，必须事先计算材料性能（通常是强度和质量）和下一层的尺寸。若在层中存在悬臂件，则需要根据质量和强度来判断是否需要支撑结构。

一般来说，制造支撑结构的主要问题如下。

(1) 材料选择。选用合适的材料是制造支撑结构的首要环节，结构的承载力、耐久性、质量和成本等需要加以考虑。

(2) 制造工艺。为保证结构的强度和可靠性，支撑结构制造需要进行焊接、铆接、机加工等适当的工艺。

(3) 质量控制。支撑结构制造过程中需要对质量进行严格的把控，以保证所生产出的产品满足规格及要求。

(4) 检测和测试。在生产完成后，要对支撑结构进行检测和测试，确定其满足设计规格和要求，并能经受设计负荷条件。

4.1.3　增材制造中的结构优化

基于近年来的研究成果，通过归纳分类，从节省材料、强度、稳定性、支撑结构 4 个角度对结构优化进行了详细的阐述。

1. 面向节省材料的结构优化

由于 3D 打印技术的迅速发展，3D 打印的成本正在逐步降低，但即便如此，与传统制造业的产品相比，3D 打印产品的成本依然偏高。它的成本通常是以单位体积所消耗材料的费用（元/cm^3）来表示。从这一点可以看出，3D 打印的成本与材料用量成正比，因此若要降低打印成本，在不影响物体表面质量的前提下，可以通过优化模型来减少模型实体体积。在机械和 CAD 领域，已经有很多学者进行了相关的研究。Schroeder 等[29] 指出，动物组织、骨骼等对象具有既轻便又结实的结构特性，因此需要有新的模型表示方法。在随机几何的基础上，使用随机函数来表示这种多孔性结构，如图 4－10 所示。

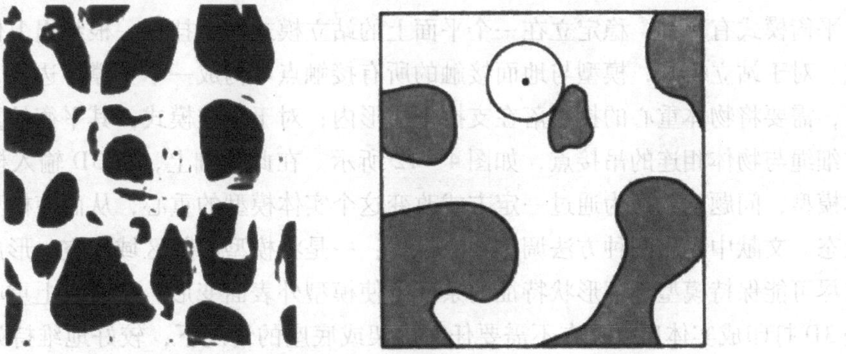

图 4－10　面向节省材料的结构优化

2. 面向强度的结构优化

3D 打印技术的出现，极大地推动了个性化产品定制的普及和推广，让任何人能够进行 3D 几何模型的设计。但是如果 3D 打印人员没有一些设计经验和力学知识，会因为结构的原因无法正确地打印出来或打印后存在一些结构强度问题。在打印、运输或日常使用时，如果强度不够，会导致 3D 模型的破坏。这样的问题称为强度分析问题，其核心工作是对 3D 模型中存在的强度或变形问题进行识别，并提出合理的弥补方案[30]。

3. 面向稳定性的结构优化

在日常生活中，所谓物体平衡是指某一个物体受到两个或两个以上的力作用时，各作用力相互抵消，从而形成的一种相对静止的状态。在3D虚拟环境下，3D模型可以自由摆放位置与姿势，甚至可以做出违背重力定律的动作，因为在虚拟世界中，3D模型不需要遵循真实世界的物理规律。当3D模型被打印成实体时，物理规律起到作用，如果在不同受力条件下，实体不能保持稳定状态，那么它不能很好地摆放呈所需姿势。在这种情况下，使用者可能会将物体黏在很重的底座上，或者不断地修正它，才能使模型能够很好地放置呈所需姿势。但这两种方法都比较麻烦，更好的方法是Rrevost等[31]提出的重心优化方法，即通过几何方法来优化模型的重心位置使其在给定姿势下达到平衡状态，如图4－11所示。

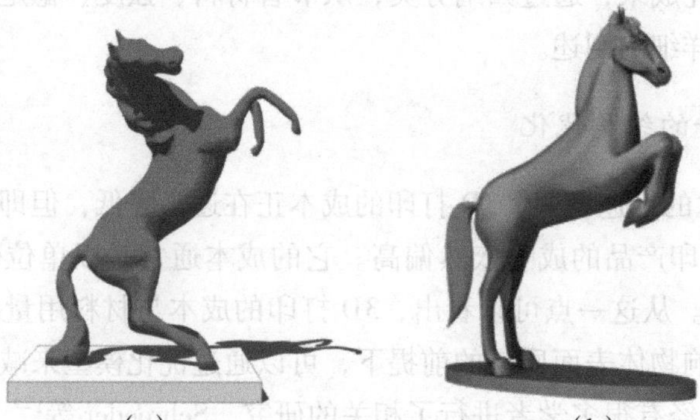

（a）　　（b）

图4－11　重心优化效果

（a）马模型需靠尾巴支撑站立；（b）处理后马模型靠双腿站立

平衡模式有两种：稳定立在一个平面上的站立模式和悬挂在一根细绳上保持平衡的悬挂模式。对于站立模式，模型与地面接触的所有接触点可构成一个支撑多边形，为了保证模型平衡，需要将物体重心的投影落在支撑多边形内；对于悬挂模式，其平衡的重点是将其重心通过细绳与物体相连的吊接点，如图4－12所示。在此基础上，将3D输入模型看作是一个实体模型，问题就转换为通过一定方式改变这个实体模型的重心，从而使模型处于适当的平衡状态。文献中提出两种方法调整重心位置：一是将模型内部区域挖空，形成内部空洞；二是在尽可能保持模型外部形状特征的条件下使模型外表面变形。经过以上重心优化处理，模型经3D打印成实体后，可在不需要任何支架或底座的情况下，较好地维持站立模型，如图4－12所示。

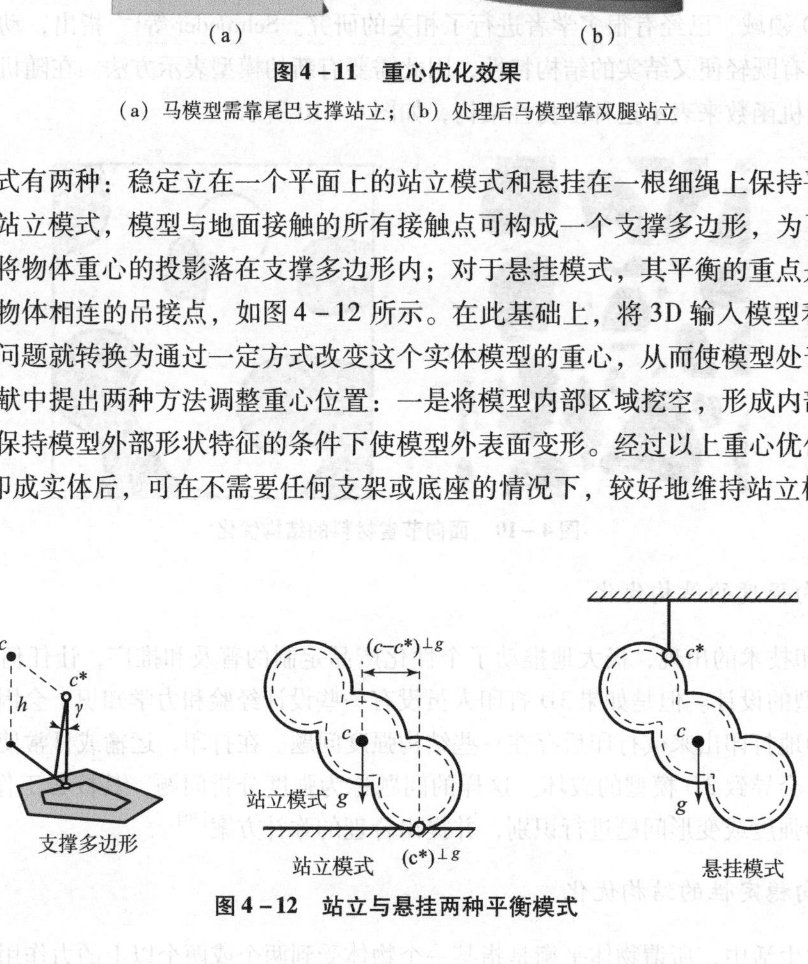

图4－12　站立与悬挂两种平衡模式

4. 支撑结构优化

由于 3D 打印采用截面逐层堆叠方式来构建物体，所以对于模型中的一些悬空部位来说，常见的 FDM、SLA、DLP、SLM 等类型的 3D 打印机需要在这些部位下面增加支撑结构，才能完成正常打印，待打印完成后去除支撑。由于支撑材料在去除后仍可能会在模型上留下一些印记，而且去除的过程非常耗时，因此一般应通过模型修正、分割或优化打印方向等方法，避免支撑结构的使用。

关于支撑生成问题，早已有学者对快速成形领域进行了研究。常见的方法按照处理对象可分为两种方法。一种方法是以 STL 文件为输入，根据 STL 文件中 3D 模型面片的朝向和大小来生成支撑[32]。也就是说先找到 3D 模型中所有悬空的且与水平面呈小角度夹角的面片，然后在这些面片上添加支撑，如图 4－13 所示。

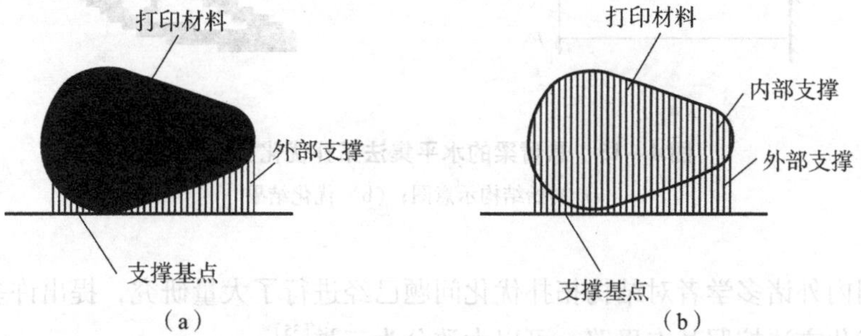

图 4－13　基于 STL 文件的支撑生成

(a) 实体对象的支撑；(b) 空心对象的支撑

这种支撑生成方法是以 STL 文件为基础，因而具有良好的通用性。然而，该方法在生成支撑时，未考虑到各个快速成形系统间的差异，也未考虑所使用材料性能的不同，且所生成的支撑在后期切片时可能增加多余的数据。针对这些问题，另一常见方法是直接将 3D 模型的切片数据输入，通过布尔差分运算得到两个相邻切片层，再根据所得的结果来确定需要添加支撑的点，如图 4－14 所示。

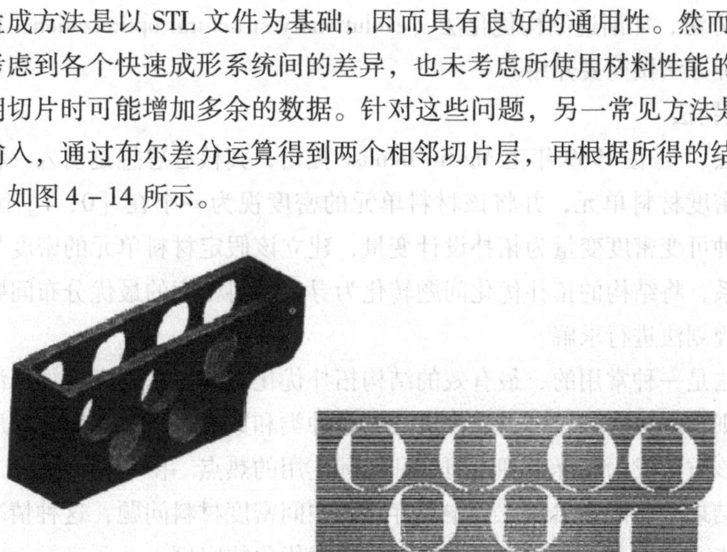

图 4－14　基于切片数据的支撑生成[33]

3D 打印能够制备出一些传统制造技术难以实现的表面和形貌，如格状结构、不同形状和形式的内孔、需要一次成形的装配件和多孔零件。由于3D 打印具备较多的附加能力，因此设计者必须使用合理的工具进行设计优化。常用的一个技术是拓扑优化。

拓扑优化是指在一给定的设计域中，寻求结构的布局、拓扑连接关系、孔洞数量和位置等的最优配置，使结构的某种性能指标达到最优。如图 4-15 所示，以一个悬臂梁为例进行了拓扑优化设计。相对尺寸和形状优化而言，它允许在优化过程中修改结构的拓扑关系，使其拥有更大的自由度。该方法能最大限度优化结构并提高性能指标，但由于拓扑形式很难定量描述，且具有无限种可能性，因而是极具挑战性的研究课题之一。

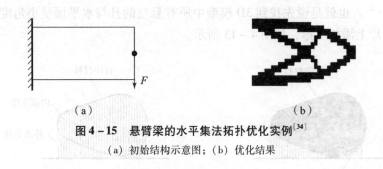

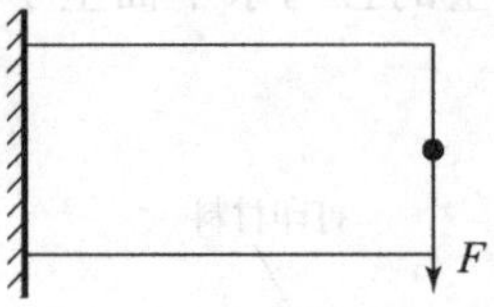

(a)

(b)

图 4-15　悬臂梁的水平集法拓扑优化实例[34]

(a) 初始结构示意图；(b) 优化结果

目前，国内外诸多学者对结构拓扑优化问题已经进行了大量研究，提出许多不同的优化方法。这些优化方法按照基本思路，可以大致分为三类[35]。

（1）变密度方法，如密度惩罚法（solid isotropic material with penalization，SIMP）。

（2）边界演化方法，如水平集方法（level set method，LSM）等。

（3）进化方法，如渐进结构优化法（evolutionary structural optimization，ESO）。

以下对三种方法做简要介绍。

1）密度惩罚法

密度惩罚法[36]是在 1989 年由 Martin Bendse 提出，其核心思想是引入一种不存在于现实世界中的可变密度材料单元，并将该材料单元的密度视为一个在［0，1］区间内的连续变量。进而以这种可变密度变量为拓扑设计变量，建立该假定材料单元的密度与材料物理属性之间的函数关系，将结构的拓扑优化问题转化为寻找材料密度的最优分布问题，并利用优化准则法或数学规划法进行求解。

密度惩罚法是一种常用的、最有效的结构拓扑优化方法。基于密度惩罚法的思想，其所采用的优化准则求解方法不仅可以减少设计变量种类和数量，还可以简化程序，提高求解计算效率，因此该方法成为国际上理论研究和实际应用的热点。由于密度惩罚法使用可变的密度，所以优化结果中可能会出现工程中不存在的中间密度材料问题，这种情况可以通过滤波方法处理。图 4-16 所示为用密度惩罚法对悬臂梁优化的实例。

在密度惩罚法中，应用最广泛的密度插值模型有 SIMP（solid isotropic material with penalization）[37]和 RAMP（rational approximation of material properties）两种。从对密度变量的惩罚效果来看，SIMP 插值模型的惩罚效果优于 RAMP 插值模型。SIMP 插值模型采用密度变

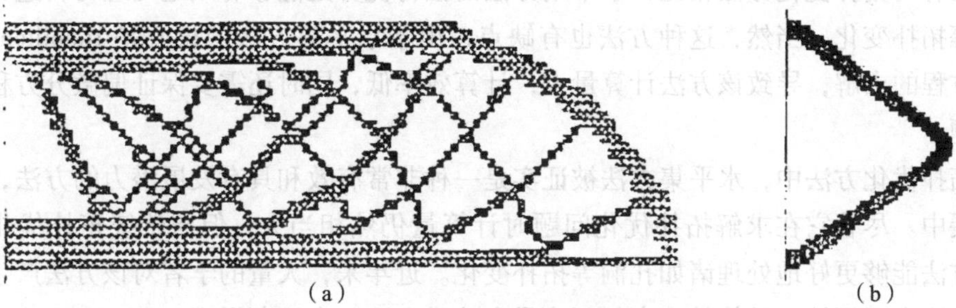

图 4－16　密度惩罚法优化悬臂梁实例

(a) 长悬臂梁；(b) 短悬臂梁

量的幂指数 p 对密度变量进行惩罚，使在优化过程中材料的密度变量取值能尽可能地趋向于两端，即“0”或“1”。这样，可以使采用连续密度为优化变量的拓扑优化模型能够很好地逼近原来密度为 0～1 的离散变量的优化问题。

2）水平集方法

水平集方法在界面追踪问题上有非常好的表现。通常情况下，结构拓扑优化问题也可以看作是一种界面追踪问题，因为拓扑优化的结果取决于结构区域的内外边界。通过对结构区域内外边界的演化的跟踪，即可达到结构拓扑优化的目标。这样，水平集方法中的结构拓扑优化问题可以通过一个嵌入到更高维尺度函数的边界移动与演化来表示。

自 2000 年起，Sethian 和 Wiegmann 首先将水平集方法引入到结构拓扑优化中，将其用于等应力结构的设计，并提出一种高边界分辨率的刚性结构拓扑优化方法。香港中文大学的 Wang 等[39]于 2003 年发展了灵敏度分析技术，以此为基础来获得水平集运动速度场，使水平集方法在拓扑优化领域中有了新进展。图 4－17 所示为二维优化问题的水平集方法示意。

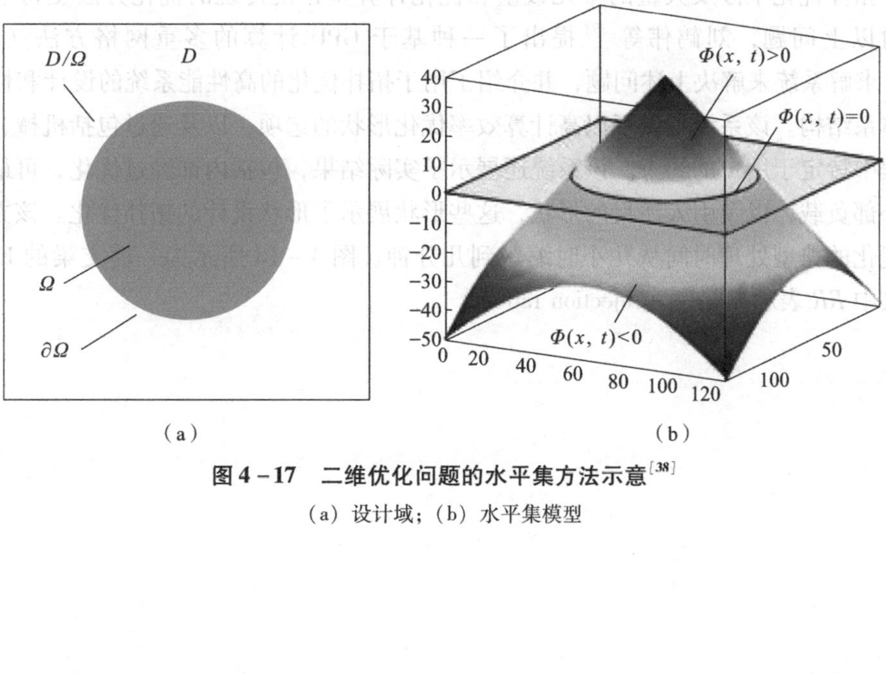

图 4－17　二维优化问题的水平集方法示意[38]

(a) 设计域；(b) 水平集模型

与已有的拓扑优化方法相比，水平集方法的独特优势是能够有效地处理材料边界的分裂和融合等拓扑变化。当然，这种方法也有缺点，由于水平集方法的核心是 Hamilton - Jacobi 偏微分方程的求解，导致该方法计算量大，计算效率低，同时还需要保证偏微分方程求解的收敛问题。

在拓扑优化方法中，水平集方法被证实是一种非常有效和具有发展潜力的方法，尚处于不断发展中。尽管它在求解拓扑优化问题时计算量仍然相当大，但与传统拓扑优化方法相比，该方法能够更好地处理诸如孔洞等拓扑变化。近年来，大量的学者对该方法产生了浓厚的兴趣，许多通用性和计算效率高的新成果和改进方法正在不断涌现。

3）渐进结构优化法

渐进结构优化法[40]是 Xie 和 Steve 在 1993 年联合提出的。其核心思想是将设计区域内贡献小或者低效的材料单元逐步删除，以一种类似生物进化的方式进行结构优化的过程。利用已有的有限元分析软件对其进行力学计算，再采用数值迭代来实现优化算法，使其具有较好的普适性。经过数十年的发展，ESO 方法在理论上得到长足的发展，受到越来越多学者的关注和研究，尤其是自双向渐进结构优化（bi - directional evolutionary structural optimization，BESO）方法问世以来，大量新的成果不断涌现。其优化准则由最初的应力准则拓展到频率约束，并由二维情形推广到三维情形，且收敛准则也出现多样化。

ESO 方法属于一种“硬杀”型（hard - kill method）的拓扑优化技术，随着大量“死”单元被“杀掉”，极大地降低了结构特性参数分析与计算的方程的求解数量，大大提高了优化效率，为大规模结构（如数以万计的三维单元结构模型）优化计算的实现提供保障。但是，该方法的理论基础并不完善，在收敛性方面还有待理论证明。不过，许多实际案例表明，渐进结构优化法能够快速、高效地求解各种实际问题，是一种非常实用有效的优化方法。

由于拓扑优化中涉及大量的单元数量和优化计算量，使传统的优化方法变得越来越困难。针对以上问题，刘鹤伟等[39]提出了一种基于 GPU 计算的多重网格方法（multigrid method）求解系统来解决上述问题，并介绍了用于拓扑优化的高性能系统的设计和性能台式计算机体系结构。该系统提供了以高计算效率优化形状的选项，以及通过包括机械、制造和仿真过程中特定于用户的约束。该系统还展示了实际结果，包括内饰经过优化，可最大程度地抵抗外部负载，以及引人注目的形状，这些形状展示了形状设计的拓扑优化。该方法可以将拓扑优化的典型处理时间从几小时缩短到几分钟。图 4 - 18 所示为一简支梁的 ESO 优化实例，其中 *RR* 表示删除率（rejection ratio）。

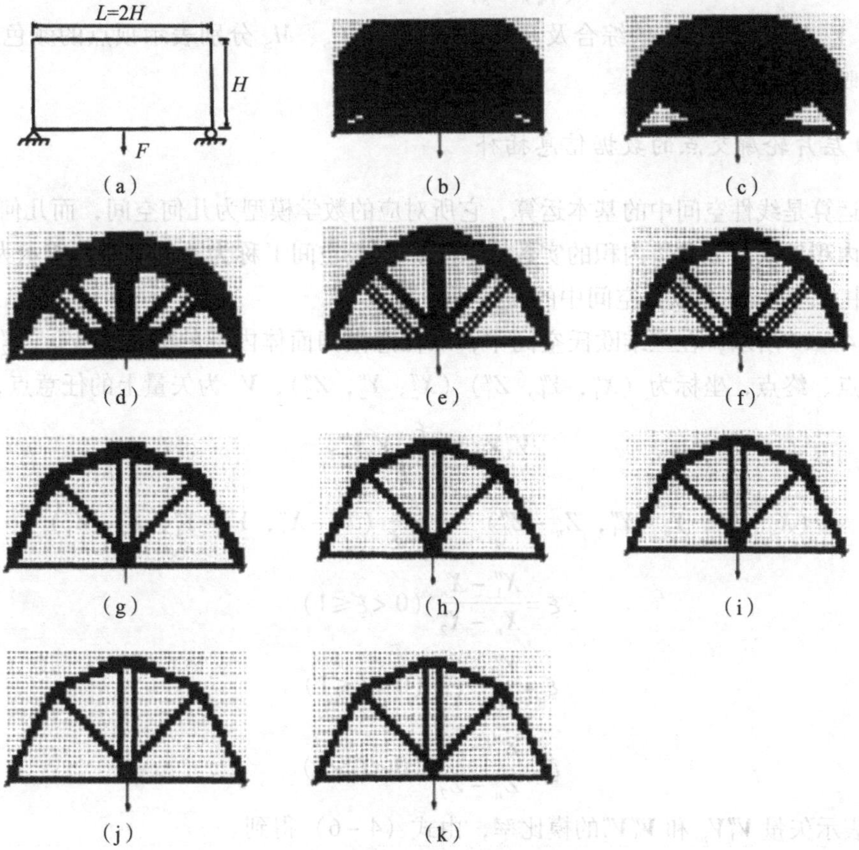

图 4-18　简支梁的 ESO 优化实例

(a) 简支架；(b) $RR=2.5\%$；(c) $RR=5\%$；(d) $RR=7.5\%$；(e) $RR=10\%$；(f) $RR=12.5\%$；(g) $RR=15\%$；(h) $RR=17.5\%$；(i) $RR=20\%$；(j) $RR=22.5\%$；(k) $RR=25\%$

4.2　多材料零件

4.2.1　多材料模型层片数据信息处理

1. 切片信息存储格式

SLC (stereolithography contour format) 用实体模型来描述切片轮廓。SLC 文件由 ASCII 和二进制混合编码而成，头文件字节数必须小于 2 048，结束标识符为 0x0d（回车）、0x0a（换行）、0x1a（撤回）3 个字符。SLC 文件中存储的数据多种多样，如层高、Z 轴高度、轮廓数及组成轮廓的点数。

2. 多材料模型几何结构中点的坐标表示

多材料模型几何结构中的每个点可以用式（4-3）表示

$$V=(V_a,\ C_S)\rightarrow V-(V_a,\ M_S) \tag{4-3}$$

式中，V、V_a 分别表示顶点的综合及几何属性坐标；C_S、M_S 分别表示顶点的颜色属性（标量）及其映射材料。

3. 2D 层片轮廓交点的数据信息插补

线性运算是线性空间中的基本运算，它所对应的数学模型为几何空间，而几何空间的长度只能由内积反映，因此将内积的实数域 R 上的线性空间 V 称为欧氏空间，表示为 $(\alpha,\beta)\in R$，其中 α、β 分别为欧氏空间中的任意两矢量。

如图 4-19 所示，在三维欧氏空间中，取任意微四面体内部的矢量为 $\boldsymbol{V}_1''$、$\boldsymbol{V}_2''$，分别表示矢量起点、终点，坐标为 (X_1'',Y_1'',Z_1'') (X_2'',Y_2'',Z_2'')，$\boldsymbol{V}_n$ 为矢量上的任意点，可得

$$\boldsymbol{V}_1''\boldsymbol{V}_n=\frac{\xi}{1+\xi}\boldsymbol{V}_1''\boldsymbol{V}''_2 \tag{4-4}$$

$$(X_n-X_1'',\ Y_n-Y_1'',\ Z_n-Z_1'')=\frac{\xi}{1+\xi}(X_2''-X_1'',\ Y_2''-Y_1'',\ Z_2''-Z_1'') \tag{4-5}$$

$$\begin{aligned}\xi&=\frac{X_1''-X_n}{X_n-X_2''}\ (0<\xi\leqslant 1)\\ \xi&=\frac{Y_1''-Y_n}{Y_n-Y_2''}\ (0<\xi\leqslant 1)\\ \xi&=\frac{Z_1''-Z_n}{Z_n-Z_2''}\ (0<\xi\leqslant 1)\end{aligned} \tag{4-6}$$

式中，ξ 表示矢量 $\boldsymbol{V}_1''\boldsymbol{V}_n$ 和 $\boldsymbol{V}_1''\boldsymbol{V}_2''$ 的模比率，由式（4-6）得到。

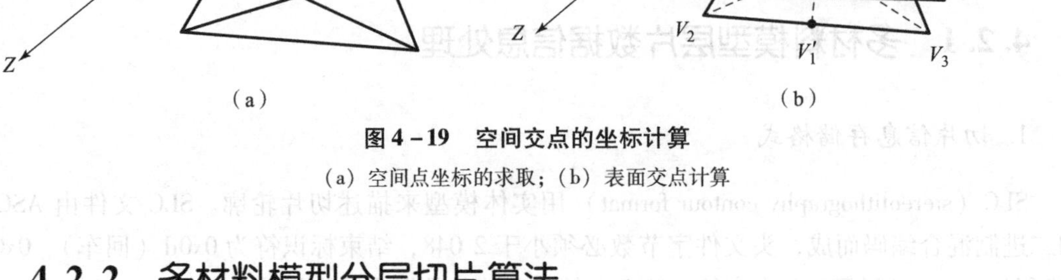

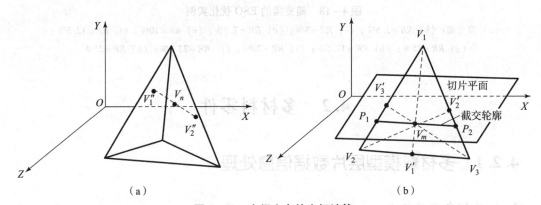

图 4-19　空间交点的坐标计算

（a）空间点坐标的求取；（b）表面交点计算

4.2.2　多材料模型分层切片算法

1. 影响模型表面质量的因素

在 3D 打印成形过程中，表面质量受喷头直径、模型切片参数等诸多因素的影响，而模

型切片参数的设计对模型表面质量的影响较大。此外，分层切片厚度、分层方向等[42]也会对分层算法产生影响。

不同的切片厚度和分层方向的选取，不仅会影响软件分层效率，还会影响分层后轮廓曲线的完整性和模型精度。如图 4－20 所示，切片厚度越小，因分层制造产生的阶梯效应越不明显，但产生的模型分层数目会增大，从而增加了软件分层时间和制造加工时间，但增大切片厚度，阶梯效应也会增大。

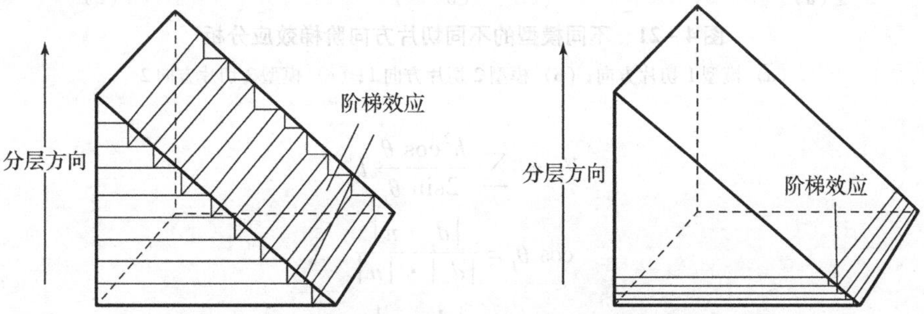

图 4－20　同一分层方向不同切片厚度的阶梯效应效果对比

如果选取的分层方向与三角面片垂直或平行时，则分层表面与原始模型相同；而当分层方向与三角面片既不平行也不垂直时，那么分层表面会因锯齿状阶梯产生体积误差。因此，合适的分层厚度和最优的分层方向是分层算法的前提。

2. 模型主要切片参数分析

1）分层切片方向确定

单材料模型确定分层切片方向，仅需要考虑模型零件的成形精度和打印效率等影响因素，而多材料模型还需要考虑自身的材料分布性质。因此，从以下两个角度分析确定分层切片的方向。

（1）基于模型成形精度、打印效率及支撑量确定切片方向。

在 3D 打印过程中，模型切片方向是非常重要的，合适的切片方向可以有效地提高零件的成形精度，缩短零件的成形时间，同时也可以最大限度地减少在打印过程中模型所需的支撑量。

模型 1 的切片方向如图 4－21（a）所示，该方向为最佳切片方向，因为没有出现阶梯效应，但是随着模型打印层数的增加，打印时间也增加。图 4－21（b）所示为模型 2 的切片方向 1，在此方向上成形，会出现阶梯效应，但是模型打印层数减少，打印时间也随之减少。图 4－21（c）所示为模型 2 的切片方向 2，在此方向打印模型，需要建立图 4－21（c）所示的支撑结构。因此，在确定切片方向（模型打印方向）时，必须考虑以下三个因素。

①打印体积误差分析。

打印模型的最终体积误差是模型打印时每一层误差累积的结果[43]。

图 4－22（a）所示为零件与模型表面阶梯效应（误差），可表示为

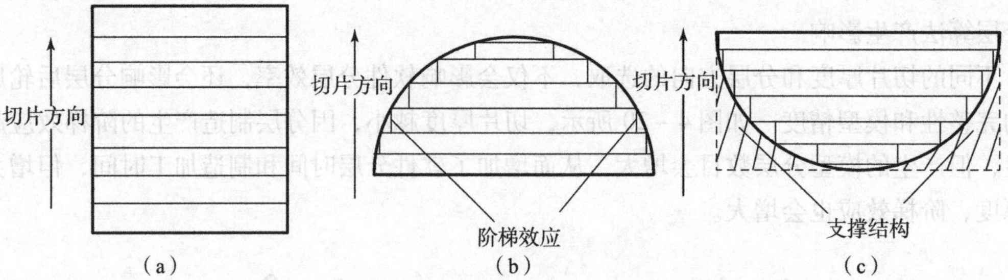

图 4-21　不同模型的不同切片方向阶梯效应分析

(a) 模型 1 切片方向；(b) 模型 2 切片方向 1；(c) 模型 2 切片方向 2

$$V_i = \sum_j \frac{h^2 \cos \theta_j}{2\sin \theta_j} l_{ij} \tag{4-7}$$

$$\cos \theta_j = \frac{|d_s \cdot n|}{|d_s| \cdot |n|}$$

$$\sin \theta_j = \frac{|d_s \times n|}{|d_s| \cdot |n|} \tag{4-8}$$

式中，V_i、h、d_s分别表示成形总体积误差、分层厚度及模型切片方向或零件成形方向；n、θ_j分别表示面片单位法矢量及三角面片 j 模型表面与切片（成形方向）夹角；l_{ij}表示图 4-22（b）所示第 i 层切片与三角面片 j 的相交线长度。

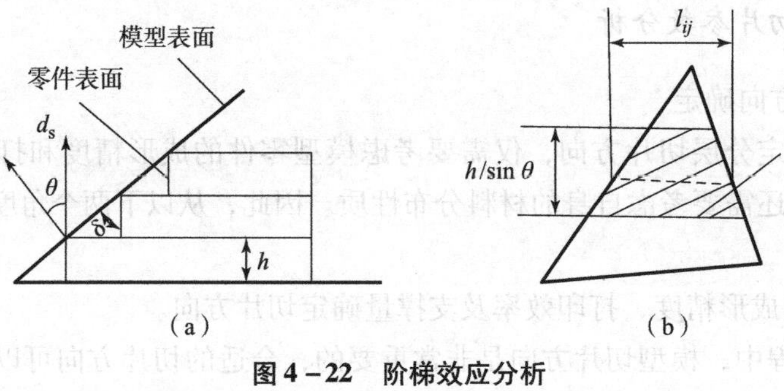

图 4-22　阶梯效应分析

(a) 模型与零件表面的阶梯效应；(b) 单一面片的阶梯效果

将式（4-7）代入式（4-8），可得

$$V_i = \sum_j V_j = \sum_i \sum_j \frac{h^2 \cdot |d_s \cdot n|}{2|d_s \times n|} l_{ij} \tag{4-9}$$

$$d_A = l_{ij} \cdot h/\sin\theta = l_{ij}/|d_s \times n| \tag{4-10}$$

$$V_j = \sum_i \frac{h^2 \cdot |d_s \cdot n_j|}{2} = \frac{h^2 \cdot |d_s \cdot n_j| \cdot A_j}{2} \tag{4-11}$$

式中，A_j表示三角面片 j 的面积。

$$V = \sum_j \frac{h^2 \cdot |d_s \cdot n_j| \cdot A_j}{2} \tag{4-12}$$

②模型支撑数量分析。

打印模型过程中，支撑使用量不但会影响打印时间和成本，而且会对零件表面粗糙度产生影响。模型支撑量由支撑体积和支撑面积两部分组成，其中支撑体积影响打印过程，其计算原理十分复杂，支撑面积虽然相对简单，但对零件成形精度的影响要比支撑体积大得多，因此在切片方向的选择上主要考虑支撑面积。支撑面积计算式为

$$A_s = \sum_j A_j \cdot |d_s \cdot n_j| \cdot \delta \tag{4-13}$$

式中，A_s 表示支撑面积；δ 表示阈值函数，当 $d_s \cdot n_j > 0$ 时，$\sigma = 0$；当 $d_s \cdot n_j < 0$ 时，$\delta = 1$。

③零件成形时间分析。

零件成形时间包含扫描时间和准备时间，而扫描时间包含固体扫描时间 T_f、轮廓扫描时间 T_c、支撑扫描时间 T_s、其计算式为

$$T_f = \frac{V}{h \cdot h_s \cdot v_f} \tag{4-14}$$

$$T_c = \frac{s}{\Delta h v_c} \tag{4-15}$$

$$T_s(i) = \sum_{i=0}^{n} \frac{A_s(i)\, d_s}{L_{sp} v_s} \tag{4-16}$$

式中，h、S、L_{sp}分别表示切片厚度、对象模型的总表面面积及支撑扫描的行间距；v_f、v_c、v_s分别表示固体扫描速度、轮廓扫描速度及支撑扫描速度；$A_s(i)$ 表示第 i 层的支撑面积。

由式（4-14）~式（4-16）可知，零件的分层切片方向（成形方向）与 T_f 及 T_c无关，而 T_s与支撑体积有关。准备时间是由模型切片后的总层数决定的，而层数是由模型成形方向的高度决定的，因此合理减小零件成形方向的高度可减少零件成形时间。

综上，切片方向的确定应遵循以下三个原则：尽量减小体积误差；尽量减少模型支撑，即切片方向选择最终支撑量较少的方向；尽量减少切片层数，减少成形时间。

（2）基于模型的材料分布属性确定切片方向。

如图 4-23 所示，针对梯度方向垂直梯度源的一维梯度材料模型，若切片方向是梯度方向，那么在每层切片中均包含两种及以上的材料。切片时需要考虑材料的变化，而如果沿垂直梯度方向切片，则当前层切片上的材料属性保持不变，相邻层切片材料属性发生变化，这样在当前层切片时就不需要考虑材料的变化，降低了切片难度，提高了切片效率。

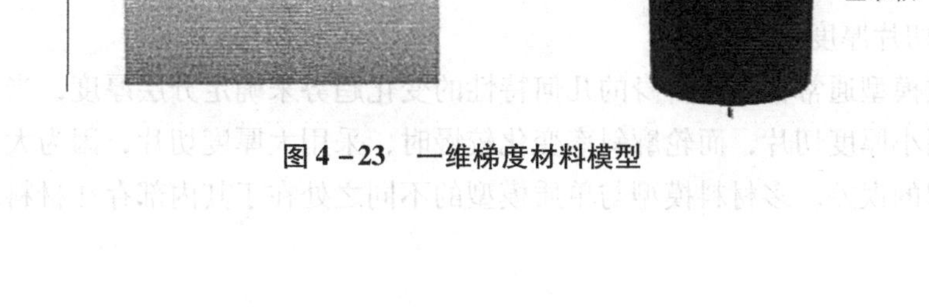

图 4-23　一维梯度材料模型

如图4－24所示，展示了多材料模型在不同角度及切片方向上的支撑量。如图4－24（a）所示，该模型由两种材料通过控制组分变化形成，不同颜色表示不同材料，从左至右组分变化如下。

$$(100\%B+0\%Y)\rightarrow(50\%B+50\%Y)\rightarrow(0\%B+100\%Y)$$

当沿图4－24（b）所示水平放置模型时，支撑结构量为0，但是各层中均有三种材料变化；当模型与水平面成一定角度放置，沿图4－24（c）所示方向切片时，虽然每层中材料变化减小，但支撑量却随之增加；当模型与水平面呈90°放置，即垂直于水平面且沿图4－24（d）所示方向切片时，每层的切片信息除了没有材料发生变化外，支撑量还有所减小。

综上所述，对于多材料模型选择切片方向，应优先考虑垂直于多材料模型梯度源的方向，即梯度方向，这样得到的层片信息中不但材料组分变化少，而且零件打印成形所需的支撑量减少。

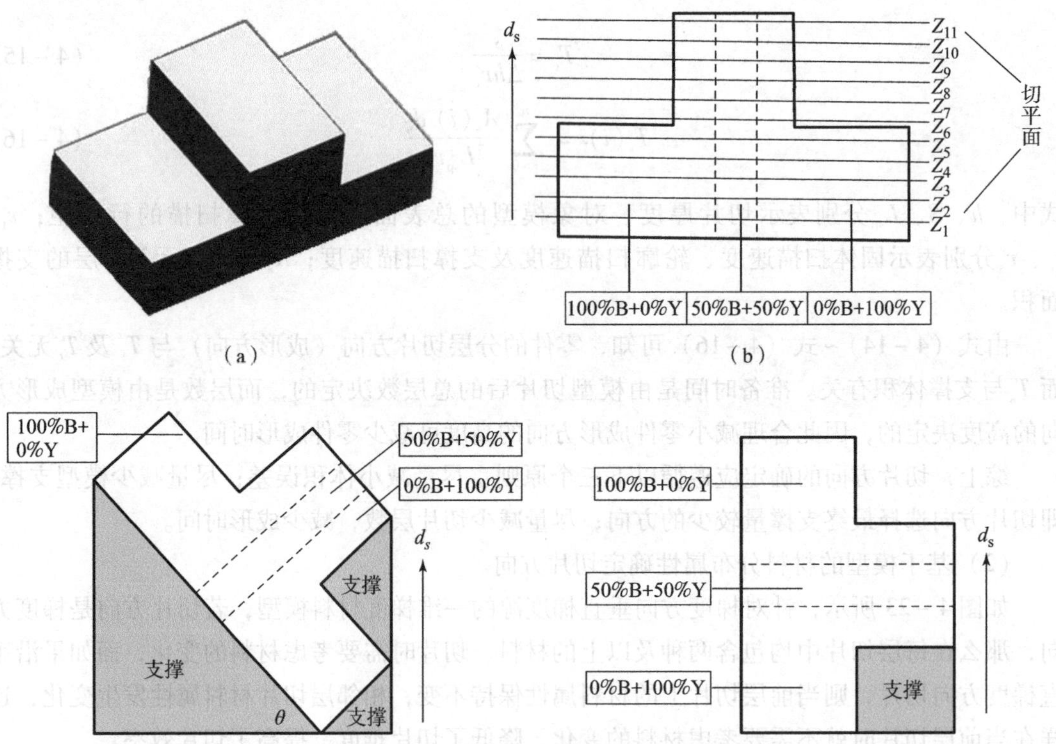

图4－24　切片方向与支撑量的关系

（a）多材料模型；（b）水平放置的模型；（c）成角度放置的模型；（d）垂直放置的模型

2）分层切片厚度确定

单一均质模型通常根据其自身的几何特性的变化趋势来确定分层厚度，当轮廓斜率变化较快时，采用小厚度切片，而轮廓斜率变化较慢时，采用大厚度切片，因为大厚度可减少由阶梯效应引起的误差。多材料模型与单质模型的不同之处在于其内部存在材料属性变化，因此多材料模型的切片厚度必须考虑以下三个因素。

(1) 基于加工工艺的允许层厚计算。

切片厚度是根据材料和喷头直径共同确定的。在生产过程中，材料周围的环境温度每时每刻都在发生变化，粒料在料筒中受热后，热能增加，从而使晶格振动加剧，发生体积膨胀。研究材料此性能的一个重要指标是热膨胀系数。

①材料的热膨胀系数。

线性热膨胀指在一定的温度变化范围内，试验对象所发生的单位长度的变化。这种材料的线平均膨胀系数和面平均膨胀系数，一般由下式测定。

$$\alpha_{\mathrm{m}} = \frac{L_2 - L_1}{L_0(t_2 - t_1)} = \frac{\Delta L}{\Delta t \cdot L_0} \ (t_2 > t_1) \tag{4-17}$$

$$\beta_{\mathrm{m}} = \frac{S_2 - S_1}{S_0(t_2 - t_1)} = \frac{\Delta S}{\Delta t \cdot S_0} \ (t_2 > t_1) \tag{4-18}$$

式中，α_{m}、β_{m} 分别表示线平均膨胀系数和面平均膨胀系数；L_2、L_1、L_0 分别表示温度为 t_2、t_1、t_0 时刻下的试验对象的长度，mm；S_2、S_1、S_0 分别表示温度为 t_2、t_1、t_0 时刻下的试验对象的面积，mm^2。

设试验材料截面形状为圆形，当料筒温度从 T_1 到 T_2 变化时，截面半径从 R_1 到 R_2 变化，那么该材料的线、面膨胀系数对应的平均膨胀系数可表示为

$$\alpha = \alpha_{\mathrm{m}} = \frac{R_2 - R_1}{R_1 \Delta t} \tag{4-19}$$

$$\beta = \beta_{\mathrm{m}} = \frac{\pi(R_2^2 - R_1^2)}{\pi R_1^2 \cdot \Delta t} = \frac{(R_1 + \alpha_n \cdot \Delta t \cdot R_1)^2 - R_1^2}{R_1^2 \cdot \Delta t} = \alpha_{\mathrm{m}}^2 \cdot \Delta t + 2\alpha_{\mathrm{m}} \rightarrow 2\alpha_{\mathrm{m}} \tag{4-20}$$

②允许层厚的范围计算。

在熔融沉积式 3D 打印中，试验粒料通过料筒传送至螺杆，由螺杆加热段将其加热熔融，最终由喷头挤出，在这个过程中，粒料表面会受到一定的压力，设粒料在微观状态下截面变化形状顺序为圆形—椭圆形—矩形，而在实际宏观状态下，粒料截面面积的变化非常小，甚至可以忽略不计，由此推测截面高度 h 即切片厚度，可通过下式进行计算。

$$\pi(d/2)^2 \cdot (1 + \beta \cdot \Delta t) = \pi \cdot a \cdot b = l \cdot h \tag{4-21}$$

式中，d 表示挤出喷头直径；a、b 分别表示中间变化截面，椭圆的长轴和短轴；l、h 分别表示最终变化截面，矩形的长和高。

以 FDM 式 3D 打印机常用材料 PLA 为例，通过查阅相关资料可知，PLA 的线膨胀系数 $\alpha = 1.23\mathrm{e}^{-4}(1/℃)$，那么当打印喷头温度为 210 ℃时，线膨胀系数为 $\alpha = 258.3\mathrm{e}^{-6}$，且最终变化截面矩形的长高比值取值范围为 $3.5 \leqslant l/h \leqslant 6$，则可求得 h 的取值范围为

$$\frac{(1 + 2\alpha \cdot \Delta t) \cdot \pi \cdot d^2}{4 \times 6} \leqslant l^2 \leqslant \frac{(1 + 2\alpha \cdot \Delta t) \cdot \pi \cdot d^2}{4 \times 3.5} \tag{4-22}$$

由式 (4-22) 可知，在 FDM 制造工艺下，若使用 PLA 材料，则理论允许的最佳切片厚度 $ST_{\mathrm{c}} \in [0.145d, 0.249d]$。

(2) 基于几何特征的切片厚度计算。

通过相应曲面沿 Z 方向的曲率计算任意点 P 的切片层厚度。如图 4-25 所示，用平面上

的曲率圆局部模拟近似曲面，该圆包含曲面在该点 P 和垂直方向上的法向矢量 $\boldsymbol{N}$，该方向垂直于水平方向，且对应于 Z 方向在点 P 处的投影。

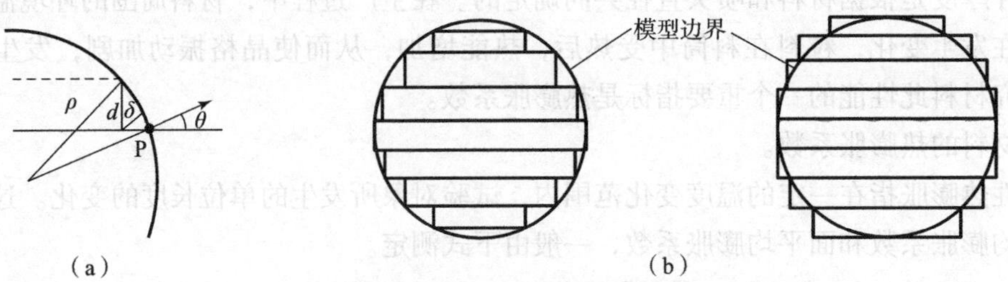

图 4-25　切片厚度与材料公差的确定方法

（a）圆近似确定厚度；（b）材料公差的确定

基于几何特征的切片厚度可表示为

$$ST_{\mathrm{g}} = -P_{\mathrm{p}}\rho\sin\theta + P_{\mathrm{p}}\sqrt{\rho^2\sin^2\theta + 2P_{\mathrm{p}}\rho\delta - P_{\mathrm{p}}M_{\mathrm{t}}N_{\mathrm{c}}\delta^2} \tag{4-23}$$

式中，P_{p} 表示点 P 在圆上的位置，若 $P_{\mathrm{p}}=1$，表示在上圆，若 $P_{\mathrm{p}}=-1$，表示在下圆；M_{t} 表示材料误差，若 $M_{\mathrm{t}}=1$，表示正误差，若 $M_{\mathrm{t}}=-1$，表示负误差；N_{c} 表示曲率，若 $N_{\mathrm{c}}=1$，表示正曲率，若 $N_{\mathrm{c}}=-1$，表示负曲率。

（3）基于材料特征的切片厚度计算。

基于材料特征的切片厚度（slice thickness，ST），需要综合考虑两个因素：一是材料分辨率，这是由工艺的材料分辨率和用户指定的材料分辨率共同决定；二是材料变化，这是由材料分布函数确定。

①材料分辨率。

基于工艺的材料分辨率是该工艺过程中不同材料组分体积分数变化的最小值（ΔV_1）；用户指定的材料分辨率是相邻两层间每种材料的体积分数所允许的最大变化值（ΔV_2）；而最终的材料分辨率为 $\Delta V_i=\max(\Delta V_1,\ \Delta V_2)$。在计算切片厚度时，需要先计算出沿切片方向材料分布函数的体积变化率的最大值 V_i'，见式（4-24），然后通过比较 i 种材料的变化率，选择 V_i' 中最大的材料变化率，见式（4-25），最后通过材料分辨率 ΔV_i 及材料最大变化率来构建切片厚度求解，见式（4-26）。

$$V_i' = \max\left(\left|\frac{\partial}{\partial z}f_i(x)\right|\right) \tag{4-24}$$

$$V_i' = \max(V_i'),\ \forall i \tag{4-25}$$

$$V_i' = \max(\Delta V_i) \tag{4-26}$$

式中，V_i'、$f_i(x)$ 分别表示某一特定材料在模型中的体积分布函数及该材料分布函数。

②材料变化。

多材料模型材料分布参考特征大多为自由曲面或物体外表面边界，这使材料沿切片方向的变化率难以计算，故采用抽样方法计算材料变化。在当前和下层切片中依次选取样点对，并将该样点对表示为 $V_{\mathrm{P}_i}=(x,\ y,\ z)$、$V_{\mathrm{P}_j}=(x,\ y,\ z+d)$，对各点材料值进行比较，那么在取样点中材料变化最大值和切片厚度可以表示为

$$\Delta V_i = \max(V_{P_i}, V_{P_j}) \tag{4-27}$$

$$ST_m = \frac{\Delta V_i}{V'} \tag{4-28}$$

式中，ST_m 表示当前切片层的层片厚度。

③综合确定模型的切片厚度。

综合考虑上述因素，将模型 ST 的确定分为以下步骤。

步骤 1：比较基于几何和材料的 ST，选择两者中的最小值为待定的切片厚度，表示为 $ST_p = \min(ST_g, ST_m)$。

步骤 2：将步骤 1 中得到的最小切片厚度 ST_p 与基于工艺得到的切片厚度范围 $[ST_{cmin}, ST_{cmax}]$ 进行对比，若 $ST_p < ST_{cmin}$，则 $ST = ST_{cmin}$；若 $ST_p > ST_{cmax}$，则 $ST = ST_{cmax}$，即可得到所需的切片厚度，将其归纳为

$$ST = \begin{cases} ST_{cmin}, & ST_p \leqslant ST_{cmin} \\ ST_p, & ST_{cmin} < ST_p < ST_{cmax} \\ ST_{cmax}, & ST_{cmax} \leqslant ST_p \end{cases} \tag{4-29}$$

3D 打印技术已被证实可用于多材料零件的制造，商用塑料 3D 打印机也已问世。这些类型的多材料零件可以在单体零件的不同位置采用不同的材料。这些零件既不是合金的，也不是焊接在一起，甚至不是复合材料。

麻省理工的研究者已经证明，可以利用 3D 打印成形多材料零件，可以预测材料的变形路径和表面纹理。在文献[44]中，作者介绍了一种用于创建基本的多材料零件所用的简单而强大的设计工具。然而，目前尚无便捷性的工具来设计在不同位置具有不同材料的复杂零件。为了推动 3D 打印技术在实际工程中的创新和应用，开发出这样的设计工具具有重要的意义。

4.3　增材制造的质量规范和检验方法

在传统的制造业中，每个零件的质量对于整个产品的正常工作是非常重要的。由于 3D 打印具有制造复杂形状和内部结构的能力，因而需要对目前的质量规范和检验方法进行修正，以使它们能够适用于 3D 打印技术。零件的质量包括多个方面，如材料、尺寸、形状及表面状态。首先是由设计者确定质量规范，然后需要在制造过程中保证零件质量，最后由质量工程师进行检验。材料质量可通过 ASTM 标准第 1 类进行检验，尺寸、形状和表面质量的确定和检验可使用 ASME 标准和 ISO 标准。这些标准最初是为传统制造方法生产的零件而制定，由于 3D 打印可以生产传统方法无法实现的形状、材料及结构，因而需要制定新的质量规范和检验方法。此外，还需要建立 3D 打印过程中的质量保证技术体系，可使制造商生产的零件时刻处于规定的质量范围内。

3D 打印产品的质量规范和检验一般是针对特定的行业和应用需求而建立的。下面是几种常见的质量规范和检验方法。

（1）尺寸规范。3D 打印产品的尺寸精度是衡量质量的一项重要指标。可依据产品的设

计要求，使用数字测量工具对打印件的尺寸进行测量，并将其与设计文件进行比对。

（2）表面质量。对于表面质量要求高的零件，如外观模型或功能性零件，可采用目视检查和触摸检测的方式，判定其表面的平整度、光滑度和表面缺陷等。

（3）功能性测试。可对功能性零件的装配、强度、耐磨等功能进行一系列测试，以确定打印件是否满足使用条件。

（4）材料检验。3D 打印使用的材料也需要进行检验。例如，通过化学分析、密度测试、拉伸测试等方法，对材料的质量和力学性能进行检验。

（5）其他特定行业和应用的质量规范和检验。不同行业和应用领域可能有特定的质量规范和检验要求。例如，在医疗领域，3D 打印的医疗器械可能有特定的认证要求；在航空航天领域，则会对 3D 打印件的材料和结构强度提出更高的要求。

因此，质量规范和检验方法的选择应基于具体的使用需求，并按照相关行业标准和指南进行操作。

4.4 结　语

经过数十年的发展，3D 打印技术已经成为一种可应用于多种材料的技术，并且已经在一些中小型企业得到使用。由于 3D 打印技术具备传统方法所不具备的加工能力，因此它可生产出传统制造方法难以加工出的形状和零件。为了推动 3D 打印业的发展，需要开发适用于 3D 打印技术的设计方法，尤其是还需要开发一些设计准则和工具用于以下情况。

（1）采用拓扑优化直接进行零件设计。

（2）在零件设计中使用网格和多孔结构。

（3）在零件设计中使用多种材料和不同的材料分布。

由于现有的产品质量规定和检验方法并不适用于 3D 打印方法，所以亟须改进和完善。

习　题

1. 请简要介绍 STL 文件的数据存储问题，并讨论其对 3D 打印的影响。
2. 什么是 3D 打印中的结构优化？请列举一些常用的结构优化方法。
3. 请解释多材料模型层片数据信息处理在 3D 打印中的作用，并讨论多材料模型分层切片算法的原理。
4. 什么是 3D 打印的质量规范和检验方法？请列举一些常用的质量检验方法。
5. 根据你了解的知识，讨论 3D 打印技术在工业生产中的应用前景和挑战。

参考文献

[1] 雷聪蕊. 多材料 3D 打印切片算法研究及软件开发 [D]. 西安：陕西科技大学，2022.

[2] HILLER J D，LIPSON H. STL 2.0：a proposal for a universal multi - material additive

manufacturing file format [J]. Annual International Solid Freeform Fabrication Symposium, 2009.
[3] KETTNER L. Using generic programming for designing a data structure for polyhedral surfaces [J]. Computational Geometry, 1999, 13 (1): 65 -90.
[4] PANDEY P M, REDDY N V, DHANDE S G. Slicing procedures in layered manufacturing: a review [J]. Rapid Prototyping Journal, 2003, 9 (5): 274-288.
[5] DOLENC A, MäKELä I. Slicing procedures for layered manufacturing techniques [J]. Computer - Aided Design, 1994, 26 (2): 119 -126.
[6] SABOURIN E, HOUSER S A, HELGE B J. Adaptive slicing using stepwise uniform refinement [J]. Rapid Prototyping Journal, 1996, 2 (4): 20 -26.
[7] TYBERG J, HELGE B J. Local adaptive slicing [J]. Rapid Prototyping Journal, 1998, 4 (3): 118 -127.
[8] SABOURIN E, HOUSER S A, HELGE B J. Accurate exterior, fast interior layered manufacturing [J]. Rapid Prototyping Journal, 1997, 3 (2): 44 -52.
[9] TATA K, FADEL G, BAGCHI A, et al. Efficient slicing for layered manufacturing [J]. Rapid Prototyping Journal, 1998, 4 (4): 151 -167.
[10] CORMIER D, UNNANON K, SANII E. Specifying non - uniform cusp heights as a potential aid for adaptive slicing [J]. Rapid Prototyping Journal, 2000, 6 (3): 204 -212.
[11] PANDEY P M, REDDY N V, DHANDE S G. Real time adaptive slicing for fused deposition modelling [J]. International Journal of Machine Tools and Manufacture, 2003, 43 (1): 61 -71.
[12] HOPE R, JACOBS P, ROTH R. Rapid prototyping with sloping surfaces [J]. Rapid Prototyping Journal, 1997, 3 (1): 12 -19.
[13] HOPE R, ROTH R N, JACOBS P A. Adaptive slicing with sloping layer surfaces [J]. Rapid Prototyping Journal, 1997, 3 (3): 89 -98.
[14] JAMIESON R, HACKER H. Direct slicing of CAD models for rapid prototyping [J]. Rapid Prototyping Journal, 1995, 1 (2): 4 -12.
[15] KULKARNI P, DUTTA D. An accurate slicing procedure for layered manufacturing [J]. Computer - Aided Design, 1996, 28 (9): 683 -697.
[16] LEE K H, CHOI K. Generating optimal slice data for layered manufacturing [J]. The International Journal of Advanced Manufacturing Technology, 2000, 16 (4): 277 -284.
[17] MA W, HE P. An adaptive slicing and selective hatching strategy for layered manufacturing [J]. Journal of Materials Processing Technology, 1999, 89 (90): 191 -197.
[18] MANI K, KULKARNI P, DUTTA D. Region - based adaptive slicing [J]. Computer - Aided Design, 1999, 31 (5): 317 -333.
[19] ZHAO Z, LAPERRIERE L. Adaptive direct slicing of the solid model for rapid prototyping [J]. International Journal of Production Research, 2000, 38 (1): 69 -83.

[20] RAJAN V T, SRINIVASAN V, TARABANIS K A. The optimal zigzag direction for filling a two－dimensional region [J]. Rapid Prototyping Journal, 2001, 7 (5): 231－241.
[21] ASIABANPOUR B, KHOSHNEVIS B. Machine path generation for the SIS process [J]. Robotics and Computer－Integrated Manufacturing, 2004, 20 (3): 167－175.
[22] YANG Y, LOH H, FUH J Y H, et al. Equidistant path generation for improving scanning efficiency in layered manufacturing [J]. Rapid Prototyping Journal, 2002, 8 (1): 30－37.
[23] TARABANIS K A. Path planning in the proteus rapid prototyping system [J]. Rapid Prototyping Journal, 2001, 7 (5): 241－252.
[24] YANG J, BIN H, ZHANG X, et al. Fractal scanning path generation and control system for selective laser sintering (SLS) [J]. International Journal of Machine Tools and Manufacture, 2003, 43 (3): 293－300.
[25] CHIU W K, YEUNG Y C, YU K M. Toolpath generation for layer manufacturing of fractal objects [J]. Rapid Prototyping Jounal, 2006, 12 (4): 214－221.
[26] ONUS S O, HON K K B. Application of the taguchi method and new hatch styles for quality improvement in STereoLithography [J]. Proceedings of the Institution of Mechanical Engineers, 1998, 212 (6): 461－472.
[27] 陈剑虹，马鹏举，田杰谟，等．基于Voronoi图的快速成型扫描路径生成算法研究[J]. 机械科学与技术，2003，22（5）：728－731.
[28] KIM D S. Polygon offsetting using a Voronoi diagram and two stacks [J]. Computer－Aided Design, 1998, 30 (14): 1069－1076.
[29] SCHROEDER C, REGLI W C, SHOKOUFANDEH A, et al. Computer－aided design of porous artifacts [J]. Computer－Aided Design, 2005, 37 (3): 339－353.
[30] TELEA A, JALBA A. Voxel－based assessment of printability of 3D shapes: Mathematical morphology and its applications to image and signal processing [C]. Italy: 10th International Symposium on Mathematical Morphology, 2011.
[31] PREVOST R, WHITING E, LEFEBVRE S, et al. Make it stand: balancing shapes for 3D fabrication [J]. ACM Transactions on Graphics, 2013, 32 (4): 1－10.
[32] STRANO G, HAO L, EVERSON R M, et al. A new approach to the design and optimisation of support structures in additive manufacturing [J]. The International Journal of Advanced Manufacturing Technology, 2013, 66 (9): 1247－1254.
[33] 苗龙涛．基于体素模型的3D打印支撑算法研究[D]. 焦作：河南理工大学，2018.
[34] 薛莲．二维梁结构最小柔度问题的拓扑优化方法研究[D]. 银川：宁夏大学，2021.
[35] DEATON J D, GRANDHI R V. A survey of structural and multidisciplinary continuum topology optimization: post 2000 [J]. Structural and Multidisciplinary Optimization, 2014, 49 (1): 1－38.
[36] BENDSOE M P. Optimal shape design as a material distribution problem [J]. Structural

Optimization, 1989, 1 (4): 193 - 202.

[37] RIETZ A. Sufficiency of a finite exponent in SIMP (power law) methods [J]. Structural and Multidisciplinary Optimization, 2001, 21 (2): 159 - 163.

[38] XIE Y M, STEVEN G P. Evolutionary structural optimization for dynamic problems [J]. Computers and Structures, 1996, 58 (6): 1067 - 1073.

[39] 刘鹤伟. 高性能三维热沉的拓扑优化设计 [D]. 南京: 南京邮电大学, 2022.

[40] LUO J, LUO Z, CHEN L, et al. A semi - implicit level set method for structural shape and topology optimization [J]. Journal of Computational Physics, 2008, 227 (11): 5561 - 5581.

[41] WU J, DICK C, WESTERMANN R. A system for high - resolution topology optimization [J]. IEEE Transactions on Visualization and Computer Graphics, 2015, 22 (3): 1195 - 1208.

[42] 童和平, 李达人, 丘永亮. 基于熔融沉积成型3D打印模型表面质量的研究 [J]. 机电工程技术, 2019, 48 (12): 112 - 114.

[43] 龚运息, 陈晨, 夏名祥, 等. FDM 3D 打印模型表面阶梯效应的分析 [J]. 制造技术与机床, 2016 (4): 27 - 30.

[44] CHEN D, LEVIN D I W, DIDYK P, et al. Spec2Fab: a reducer - tuner model for translating specifications to 3D prints [J]. ACM Transactions on Graphics, 2013, 32 (4) 135: 1 - 135: 10.

第 5 章

增材制造的发展方向

与传统的等材、减材等生产方式相比，增材制造是一种新型的、具有变革性的制造方法，可以极大地缩短产品研发周期，降低研发费用，减少能源和资源的消耗，并已成为推动新一轮科技革命与产业变革的重要驱动力。促进增材制造技术的创新发展，已经成为各国的共识。目前，我国经济正从高速增长转向高质量发展阶段，正处在转变发展方式，优化经济结构，转变增长动力的攻关期，将继续以供给侧结构性改革为主线，加快培育包括增材制造技术在内的新兴产业的发展[1-5]，这对促进我国增材制造业的发展，助力制造强国建设具有重要意义。

5.1 新工艺

5.1.1 水下激光增材制造技术

东南大学孙桂芳教授团队将陆上的激光金属沉积技术（定向能量沉积技术之一）拓展至水下环境，成功实现 0 ~ 35 m 水深（0.01 ~ 0.35 MPa）处受损海工装备的原位修复。通过对比水下和陆上定向能量沉积的结果，揭示了水下再制造工艺对组织、硬度和电化学腐蚀特性的影响机理。研究结果表明了以下三点。

（1）水冷淬火提高了水下熔池的冷却速率，同时降低了水下沉积过程的热积累，形成了具有较高密度位错的针状马氏体组织。

（2）水下定向能量沉积组织中固溶的大量 Al 和 V 元素、细小的针状马氏体以及高密度位错在较大程度上提高了水下定向能量沉积试样的硬度。

（3）水下定向能量沉积试样的耐蚀性比陆上定向能量沉积试样的更好，水下沉积试样的耐蚀性主要是由晶粒度、合金元素分布以及表面组织状态三个因素决定。

5.1.2 多光束集成丝光同轴激光定向能量沉积技术

为打破多光束集成丝光同轴技术被国外企业垄断和封锁的格局，2022 年末由南京理工大学智能焊接与电弧增材技术团队牵头，与国内定向能量沉积增材领域领军企业南京英尼格玛工业自动化技术有限公司强强联合，开始布局多光束集成丝光同轴激光定向能量沉积技术的装备研发。历时 1 年完成整套装置的原型开发、制造、调试，正式进入实测和迭代优化阶段。

该套设备包括机器人、激光同轴装置、水冷装置和电控柜，通过电控柜上的控制装置和路径切片软件 IungoPNT，来实现模型的增材成形。其中，核心的激光同轴装置采用多光束集成丝光同轴技术，实现近似环形光斑拼接，同时通过更简洁的镜组设计，可以大幅降低硬件造价和维护成本；实现直立式结构形式，相较于分环形光束常见的 L 形和 Z 形结构，更利于机器人集成，在复杂结构增材场景中具有更高的灵活性；同时，实现光束独立控制功率、波形，为工艺控制提供更多灵活性。使用该设备进行不锈钢增材测试，路径选择窄道薄层的弓字形，表面较为光洁，纹路无明显宏观缺陷。通过 Tardis IGNIS 熔池相机观察并记录，过程稳定，无飞溅。在优化的工艺参数下，其增材件的表面纹路较为细腻，外壁表面粗糙度 Ra 可达 6.3 ~ 12.5，如图 5 - 1 所示[6-8]。目前，该套设备能满足长时间连续稳定增材，包括稳定的激光出光和操作界面各种参数的实时、准确调节。

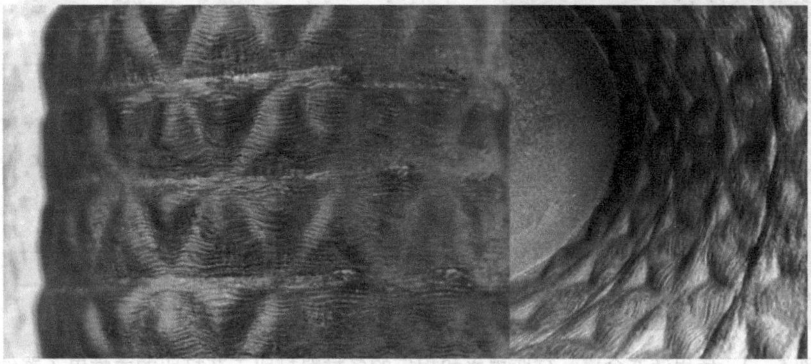

图 5 - 1　增材件表面

5.1.3　液态金属 - 硅胶墨水

随着 3D 打印技术的不断革新，液态金属 - 硅胶墨水已成功实现柔性电子器件的全打印生产工艺。柔性电子器件因其优异的变形能力和对环境的适应能力，在软体机器人、人机接口等方面表现出广阔的应用前景。在各类柔性导电材料中，液体金属因具有较高的导电性和本征可拉伸性从而得到了广泛应用[9]。

浙江大学机械工程学院的贺永[10]团队，在硅胶和液态金属的可打印性方面进行了一系列的研究，提出了液态金属 - 柔性材料的共生打印，利用外喷头的高黏度硅胶与内喷头中的液体金属时刻接触，抑制液态金属在挤出时的成球作用，最终实现液态金属的 3D 打印。他们开发了适用于多材料硅胶的打印方法，并首次实现了可打印成形 2 000% 以上拉伸率的高弹性硅胶。

然而，由于受到液体金属表面张力大、黏度小等因素的限制，以前难以实现高效率、高精度地制备液态金属。同时，由于液态金属的高流动性，一旦局部出现破坏，很容易发生泄漏，从而造成柔性电子器件的失效，这些问题严重制约了其在柔性电子器件中的应用。为解决以上问题，研究人员采用液态金属 - 硅胶墨水及多材料 3D 打印技术，用来实现全打印液态金属基柔性电子器件的制备。液态金属液滴与硅胶混合而成的液态金属 - 硅胶墨水，其具有特殊的电学性质：初始时无导电性，经外力作用（压力或冻结）后可产生导电性。激活后的液态金属－硅胶墨水兼具液态金属优异的导电性能、拉伸性能以及对变形敏感的电气响应能力，是一种理想的柔性导电材料。另外，该墨水具有优良的打印性能，可以在简易的挤出打印装置下，对柔性电路进行高速、高精度的打印。此外，由于与常用的柔性材料－硅胶具有相同的部分，液态金属－硅胶墨水可以与硅胶基体牢固结合，解决了因局部破损导致导电物质泄漏的问题，提高了柔性电子器件的可靠性[11]。该技术的优势在于实现高效率、高精度、可靠的液态金属基柔性电子器件的制备。为实现高速、高精度打印的目标，探索打印参数对打印精度的影响，在相应的模型指导下，使用市售的点胶针头就能够以超过 30 mm/s 的速度打印线径小于100 μm 的柔性电路，如图 5－2 所示。

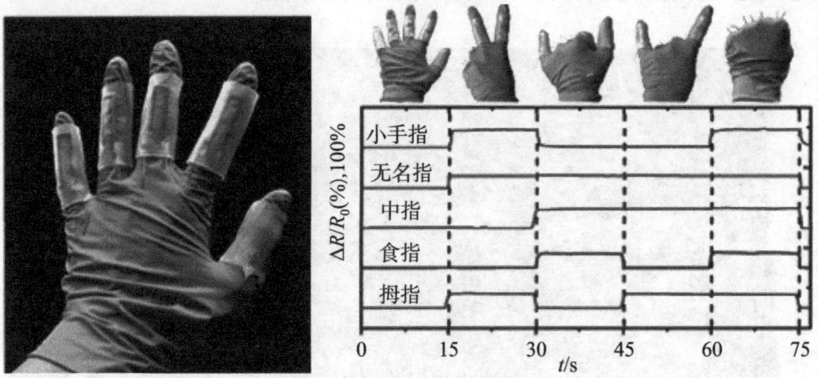

图 5－2　使用液态金属－硅胶墨水和相应的多材料打印工艺打印的柔性电子器件

5.2　新材料

3D 打印自从出现以来，已经得到了广泛应用。然而，在使用传统材料进行 3D 打印时，通常会受到一些局限性，如材料的强度、耐久性、导电性等方面的限制。因此，研究开发能够实现 3D 打印的新材料，已经成为一个非常重要的研究方向[12]。

新型 3D 打印材料的研发，通常基于聚合物、金属及陶瓷等材料的混合和改进，以期开发出具有更高性能的材料。在新材料的研发中，科学家们需要考虑材料的物理和化学性质、流变学特性、可加工性、力学性能、生物兼容性等多方面因素，以确保打印出来的物品能够满足特定的要求。以下对这些材料进行简单介绍。

5.2.1　生物打印材料

生物打印作为增材制造技术的重要研究方向之一，在生物材料、细胞等生物组织中进行三维结构的创建，为组织工程和再生医学在生物医药中的应用开辟了新途径。在生物打印领域中，对生物打印材料进行不断的研发与优化是其研究的重点。生物打印材料的发展趋势如下。

1. 生物相容性和生物活性

生物打印材料必须具备良好的生物相容性，并且能与人体组织发生相互作用而不引起不良反应。同时，良好的生物活性为细胞黏附、增殖和分化等生命活动提供所需的生物、化学和物理环境。

2. 可降解性和可重用性

生物打印材料具有可降解性，能在适宜的时间内被有机体吸收并进行代谢，避免了对人体健康的长远危害。另外，具有可重用性的打印材料还能实现对失败打印样品的再利用，减少资源的浪费。

3. 多材料和多功能性

生物打印材料可以由多种材料组合而成，能够模拟复杂的生物组织结构。例如，生物陶瓷、生物聚合物、生物复合材料等材料可结合在一起，以获得不同组织的特性和功能。在此基础上，进一步将生长因子、药物、细菌等其他功能因素引入到打印材料中，实现多功能的生物打印。

4. 高精度和高分辨率

生物打印材料需要具备高精度和高分辨率的特性，对细胞和组织的精准定位与结构构筑具有重要意义。这就要求打印工艺和材质的不断改善，以提升生物打印的精度和分辨率。

5. 可获取性和可商业化

实现生物打印材料的商业化是促进其广泛应用的关键。在发展新型生物打印材料的过程中，必须充分考虑原材料的来源、成本等因素，保证其品质和稳定性。

聚醚醚酮（PEEK）是一种具有优异性能的半结晶高分子聚合物材料，是被公认为最有可能代替钛合金材料的新一代医用材料。PEEK具有与金属材料相近的密度和弹性模量，能够降低手术后的不适，同时还能有效地缓解应力遮蔽效应，对X射线透视呈半透明、无磁性。此外，PEEK材料具有良好的力学性能和化学稳定性，能够承受超过200 ℃的高温环境，可重复进行消毒。

高丽花[13]等人提出了一种适用于骨骼创伤修复的3D打印方法——PEEK仿生人工骨。首先，以STL格式文件的3D模型，对其进行切片处理，将复杂三维模型转换为平面轮廓。然后，通过求交计算、截面轮廓形成、层片路径规划等步骤，获得3D打印结果，并利用随机算法对墨滴增加随机抖动，以达到最优打印效果。最后，采用有限元分析法，以PEEK材料性能及状态变化作为研究对象，运用温度场构建3D打印模型，揭示喷头温度、成形室温度、打印速度3个因素对样品的影响。模拟实验表明，温度对PEEK样品存在一定程度影响。

与目前广泛应用的ABS、PLA等热塑性材料相比，PEEK材料作为一种高熔点、高性能的半结晶热塑性高分子材料，其高熔点引起的冷却收缩、结晶收缩会使材料在制造过程中极易发生翘曲变形，进而造成 3D 打印的失败。第一代 PEEK 材料 3D 打印技术，主要利用 80 ~ 140 ℃的微热环境，来减少 PEEK 材料在打印时的冷却收缩。但是，该技术在减小材料冷却收缩方面的作用十分有限，很难实现 100 mm × 100 mm × 100 mm 尺寸以上制件的制造。直到第三代 PEEK 材料 3D 打印技术建立在控性冷沉积技术之上，基于 PEEK 材料高分子链聚集态可控机理克服了收缩翘曲的难题，成形尺寸可达 300 mm × 300 mm以上，并通过一定的后处理工艺，实现对 PEEK 材料制品性能的调控，使其成为具有高韧度、高塑性、高强度、高硬度的多功能制品，如图 5 – 3 所示。

图 5 – 3　高韧度的 3D 打印 PEEK 肋骨假体

5.2.2　功能分级材料

功能分级材料是将不同功能和性能的材料在微观尺度上有序组合而成的一种材料，能够实现在不同区域或部位具备不同的力学、电学、热学等性能。功能分级材料是 3D 打印技术中的一个重要研究方向，以下对功能分级材料的发展方向进行简单的介绍。

1. 结构与力学性能分级

结构与力学性能分级是功能分级材料中最基本和最常用的一种形式。通过对材料内部结构、不同材料组合和不同工艺参数的控制，实现在不同部位材料的力学性能差异。例如，在 3D 打印金属材料中，可以通过改变打印工艺参数、材料配比或者加入其他材料，实现对材料硬度、强度、韧性等方面的性能分级。

2. 电学性能分级

电学性能分级的材料适用于各种电气特性的要求。通过调控导电材料的分布和含量，使其在不同区域具有不同的电学性质，如电阻、电容、导电性等。该技术在柔性电子、传感器和电力设备中具有广泛应用前景。

3. 光学性能分级

光学性能分级是指在不同区域内，使材料具备不同的光学性能，具体如下。

（1）光学透明度。材料的透明度是在使用光学器件或光学模型时的一项重要性能指标。

因此，光学材料的透明度是材料成为光学性能分级的关键因素之一。

（2）表面粗糙度。用于光学应用的3D打印材料，其表面粗糙度是重要的考量因素，因为光学元件的表面质量对于光的传播、反射和折射均有重要影响。

（3）折射率。对于某些特定光学性能的应用中，材料的折射率是其分级的重要参数。由于不同的光学元件对折射率的要求不一样，所以材料的折射率需要按照使用需求进行分级。

（4）光学色散性能。针对某些具有特定色散特性的光学器件，需要综合考虑材料的色散性能，使其符合特定的光学设计要求。

（5）光学吸收特性。在要求特定波长范围内维持高透射率的场合，材料的光学吸收特性是分级的重要考量因素。

通过对材料的组成、形貌和结构的调控，可获得不同光学性质的分级，为其在光学器件、光学传感器和光学通信等方面的应用提供理论依据。

4. 热学性能分级

热学性能分级是指对材料进行不同热学性质的分级。通过对材料的导热性能、热膨胀系数等参数的调控，可以在不同区域获得不同的热传导和热膨胀性能，对热管理、热障涂层和热能转换等领域的应用具有重要意义。

5. 生物相容性分级

生物相容性分级材料是一种用于生物医学领域的功能分级材料。通过对材料的表面性质、化学成分和微观结构等的调控，使其在不同部位具备不同的生物相容性。该技术在人工器官、组织工程和药物传递等方面具有广泛应用前景。

功能分级材料是实现多材料3D打印的重要手段。在目前的3D打印技术中，虽然可以实现一次多材料的打印，但还存在多材料的开发问题，如复合材料（纤维增强聚合物以及复合材料的梯度功能材料等）。其中，梯度功能材料是一种新型的复合材料，不同于传统的复合材料，在梯度功能材料中，两种材料通过渐变界面相连，从而消除两种散装材料之间明显的界限。

梯度功能材料因具有抗失效性能，在高温、化学或力学应力的极端环境中具有广泛应用前景。梯度功能材料零件的一个例子是金属对陶瓷板，其中两种材料相互抵消彼此的弱点，并提高彼此的优势。陶瓷本身是坚硬、耐化学和耐热的，但是也很脆，冲击韧性较低，金属虽然具有较高的冲击韧性，但是在强酸、碱环境中极易受到浸蚀，在受热过程中力学性能下降，将这两种材料结合起来，零件就会变得坚不可摧。

日本航空航天科技实验室的研究者们最早利用金属陶瓷梯度功能材料，试图为可重复使用的太空飞行器制造有效的耐用热障。他们发现在镍基高温合金表面形成一种由镍基超合金和稳定氧化锆成分梯度层组成的板，可以承受1 000 ℃以上的热梯度而不发生开裂。为了获得热疲劳性能，在同样的工艺条件下，100%的镍基高温合金表面镀上100%的氧化锆和铬合金作为松弛层。金属材料在功能分级材料上的应用也很广泛。例如，钢－铜功能分级合金将钢的低成本、高强度性能与铜的高导热性和高导电性结合在一起。

5.2.3 超材料

超材料是一种工程材料，具有独特的属性和先进的功能，这是其微结构组成带来的直接结果。虽然最初超材料的特性和功能仅限于光学与电磁学，但21世纪以来出现了许多新型超材料，它们在许多不同的研究和实践领域均有应用，包括声学、力学、生物材料和热工等。以下对超材料的发展方向进行简单的介绍。

1. 光学超材料

光学超材料是通过微结构的自由度，开发出的一种具有特殊光学性质的材料，可以实现折射率逆转、负折射率、各向同性或各向异性反射等。在今后的研究中，光学超材料将具有更宽的波长范围、更低的损耗和更高的效率。

2. 电磁超材料

电磁超材料是指在电磁波段内表现出非传统电磁波特性的材料。通过对材料结构的控制，实现对电磁波的折射、吸收、反射及透明度的精确调控。电磁超材料在天线设计、光学通信、雷达技术等方面具有重要的应用价值。

3. 声学超材料

声学超材料是一种人为控制声波传播的材料，通过对材料微结构和声学器件的合理设计，可以实现声波的干扰、抑制以及声子晶体等现象。声学超材料在声波隔离、声学透镜、声波传感器等方面具有重要的应用价值。

4. 热学超材料

热学超材料是指通过对材料的精确设计与结构优化来实现对热量的传导、辐射和传感等性能的有效调控。热学超材料在热管理、热障涂层、热能转换等方面具有潜在的应用前景，对提高热能利用效率、改善热管理的效果具有重要意义。

5. 梯度材料

梯度材料是由两种或两种以上材料复合成组分、结构呈连续梯度变化的新型复合材料。它要求功能、性能随着内部位置的改变而发生改变，从而达到功能梯度。在组合方式上，可分为金属－金属、金属－陶瓷、金属－非金属、陶瓷－陶瓷、陶瓷－非金属、非金属－塑料6类。就加工技术而言，针对不同材质的结合，已有多种加工方法，3D打印只是其中一种。

3D打印梯度材料是一种可以在单一零件内实现材料性能及成分改变的加工方法。通过对打印工艺参数的控制，或采用不同材质，可以实现零件的性质和组成在空间上的渐变。也就是说在一个零件中，可以逐步地将一种材质转换为另外一种材质，或者可以改变材料的化学成分，以实现所需的性能。

RAMPT 是美国航空航天局在 2017 年启动的一项基于 3D 打印技术的火箭发动机零件设计与制造的项目，旨在降低零件数量和质量、提高可靠性，同时保障供应链的稳定。在该项目中，NASA 采用激光能量沉积技术（LP - DED）成功制备出直径 1.5 m、长度 1.8 m 的镍基高温合金（NASA HR - 1）整体通道火箭喷头，并将零件数量从 1 100 多个减少到 10 个以内，制造时间也仅仅为 90 天。这种近乎完整的原型设计和制造能力使研究团队可以快速地生产大型火箭演示器件，如 SLS 火箭的 RS - 25 发动机喷头，它的尺寸相当于之前打印喷头尺寸的 1.5 倍，如图 5 -4 所示，研究人员最终验证了 3D 打印的整体冷却通道和薄壁结构，并有效控制了打印变形。

图 5 -4　采用激光能量沉积技术制造的镍基高温合金整体通道火箭喷头

6. 轻质高强金属力学超材料

力学超材料是由相互连接的杆、板组成的单胞在三维空间阵列所得的一种多孔材料，又称点阵材料，是新一代先进轻质高强材料。

上海交通大学的顾剑锋教授和澳大利亚皇家墨尔本理工大学的杰出教授马前组成的研究团队对 Cubic 点阵材料进行修正，减小不受力的水平杆的质量，同时增大受承载力的竖直杆的质量，以在相对密度保持不变的情况下有效减小竖直杆的长径比。基于 Wolff 定律，该研究制备的 Ti64 超材料，在密度为 1.63 g/cm^3 的情况下，其屈服强度达到 308.6 MPa，强度或比强度也超过典型的镁合金 WE54（密度为 1.85 g/cm^3，屈服强度为 165 ~ 175 MPa），以及人体皮质骨（密度为 1.8 g/cm^3，屈服强度≤250 MPa）。

5.2.4 石墨烯材料

石墨烯是一种具有独特结构和性能的材料，具有高导热、高导电、高强度、高韧性等优异特性，成为当今材料领域的研究热点。以下对石墨烯材料的开发进行介绍。

1. 高强度材料

石墨烯作为一种具有超高力学强度的材料，被认为是最强材料之一。通过对石墨烯进行精细结构的设计和调控材料的组成，实现多种复杂形状、高精度的三维结构的制造。这种结构具有高强度、高韧性、高导电性等特点，在高端力学零件、航空航天、医疗器械等方面具有重要研究价值。

2. 高导电材料

石墨烯因其具有极高的电导率和载流子迁移率，是一种理想的导电材料。石墨烯和增材制造技术的结合，可实现高导电性、高导热性的三维结构材料的制备，并将其应用于制造电子器件、电路板、超级电容器等领域。

3. 高导热材料

石墨烯还具有很好的热导率，其热导率是钻石的数倍。利用其优异的导热性能，可制成高效率的散热装置、热交换器、太阳能电池板等产品。

4. 生物医学材料

石墨烯因其优异的生物相容性和生物亲和力，可应用于人工骨骼、人工心脏瓣膜、细胞培养层、药物控释等领域。可以看出，石墨烯材料在医疗方面具有巨大的应用前景，但仍有待深入研究。

5. 纳米技术

在纳米尺度下，石墨烯表现出许多新奇的物理和化学性质，如量子霍尔效应、量子点自旋、单电子转移等。利用增材制造技术制备出一系列具有复杂形状、精细尺寸的纳米结构，是研究该领域有趣的物理现象和开发新型纳米器件的不竭动力。

瑞士科研人员在 2018 年完成了对石墨烯 3D 打印材料技术的突破。石墨烯质量轻，是人们所知道的最薄和最强的材料。它的强度是钢铁的 200 倍，它的质量仅比全球第二轻的材料轻 12%，如图 5－5 所示。另外，石墨烯材料还具有良好的加热、电力性能，将其加入纳米复合材料中，有望提高 3D 打印材料的性能。

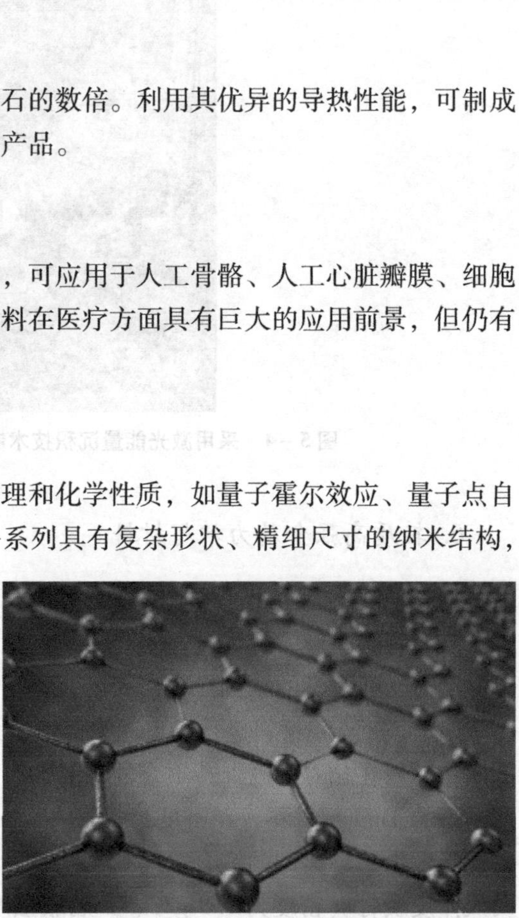

图 5－5　3D 打印石墨烯材料

但这类材料很难量产，并且难以在工业中大规模使用。

5.2.5　纤维材料

1. 碳纤维增强材料

碳纤维增强材料以其优异的强度和质量比（是铝的 2 倍）著称。向不同的基体如 PLA、PETG、尼龙、ABS、聚碳酸酯中加入碳纤维，均能得到强度更高、质量更轻的产品。这种纤维不但能和热塑性材料相容，而且能和陶瓷结合，产生新的用途，在航空航天、汽车、建筑等领域已经得到了广泛应用。

2. 玻璃纤维增强复合材料

玻璃纤维材料可用作多种热塑性聚合物的增强材料。当它与适当的基材结合，可以制造出比 ABS 强度高十倍的零件。它具有出色的力学性能，可作为有效的电绝缘体，并具有低导热性。玻璃纤维材料有多种颜色可供选择，并且具有低收缩率，可最大限度地减少翘曲风险。与碳纤维复合材料相比，玻璃纤维复合材料具有较低的刚性和脆性。这些特性以及成本效益使玻璃纤维复合材料备受青睐。与碳纤维类似，玻璃纤维增强长丝具有磨损性，因此需要使用适合这种材料的喷头。

荷兰 MX3D 公司使用这种材料 3D 打印了一座桥梁零件原型，如图 5－6 所示。研究结果表明，玻璃纤维增强的 3D 打印长丝，对于需要强大的力学性能和热弹性的工程原型具有重要意义。从建筑到海洋和体育领域的应用，这种复合材料已经得到了广泛认可。

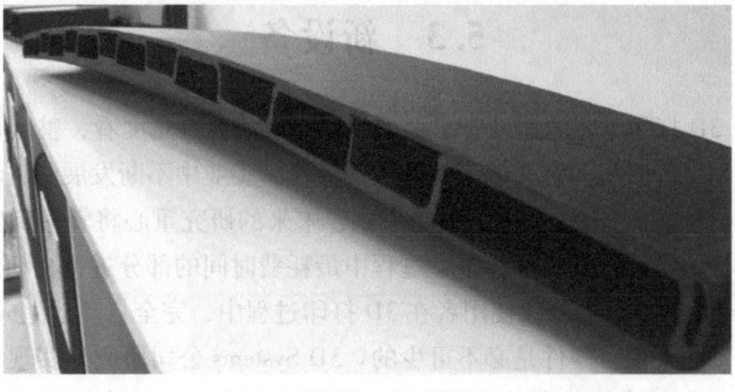

图 5－6　使用玻璃纤维 3D 打印的桥梁零件原型

3. 凯夫拉增强材料

凯夫拉增强材料是通过聚合反应获得的。与其他纤维类似，凯夫拉纤维具有优异的拉伸强度和疲劳强度，可应用于生产承受强烈振动和对耐磨性能有要求的零件。此外，该材料的强度质量比是钢的 5 倍，耐热性高达 400 ℃，图 5－7 所示为凯夫拉复合材料的 3D 打印。

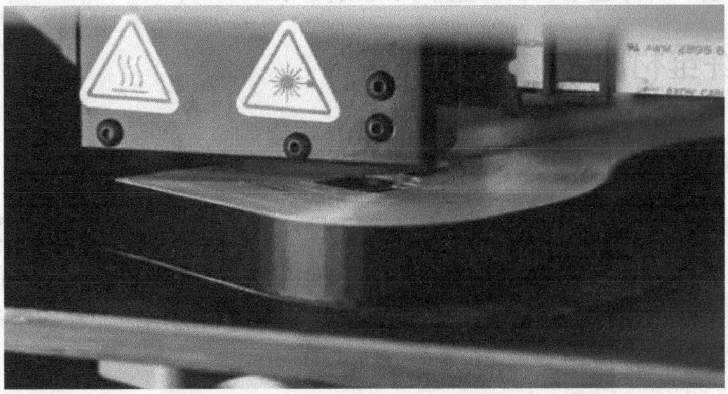

图 5-7　凯夫拉复合材料的 3D 打印

凯夫拉复合材料的 3D 打印方法是通过将凯夫拉纤维预先制成纺织品或纤维束，然后将其嵌入到热塑性材料基质中进行打印。该方法将凯夫拉纤维的增强效果引入到 3D 打印工艺中，从而改善了打印零件的力学性能和耐磨性能。

另外，使用多材料 3D 打印技术，在打印过程中同时使用凯夫拉复合材料和其他塑料材料，可以在特定的位置或层次上打印凯夫拉纤维，将其与其他材料结合起来以实现复合效果。

随着 3D 打印技术的进一步发展和研究，可以预见，在未来可能会出现更多针对凯夫拉纤维的 3D 打印技术和材料组合。这将为广泛使用凯夫拉增强材料的领域提供更多的选择，包括防弹装备、汽车零件、航空航天领域和其他高强度、轻质材料需要的应用领域。

5.3　新设备

在 2018 年，3D 打印工艺的速度有了全面的提高。从硬件角度看，整个行业的打印速度得到提升，原型和生产时间为企业创造新的经济效益，工业中不断发展的自动化技术也是提高生产率的关键。随着 3D 打印技术的日趋成熟，未来的研究重心将转移到生产流程的优化上，实现这个目标的最简便方式是将整个过程中最耗费时间的部分进行自动化。如已发布的金属化 Materialise e-Stage，可以让使用者在 3D 打印过程中，完全自动地生成金属支撑结构。

对于实现自动化来说，硬件是必不可少的。3D Systems 公司研究出实现自动化连续 DLP 技术，例如一种工业机器人臂系统，如图 5-8 所示。3D Systems 公司把工业机器人臂当作第一阶段的 3D 打印机，并将机械臂的末端作为打印平台。在打印过程中机械臂自动地从各个工位移动零件，从打印工作台上取出已加工好的零件，再放入 UV 固化平台做进一步加固，最终放到清洗平台，这样零件可以在最终资格站被自动检查。

在增材制造业中，某些新设备的发展趋势如下。

(1) 大型 3D 打印机。随着增材制造技术的日趋成熟，市场对大型 3D 打印机的需求量越来越大。这种大型打印机可以打印较大尺寸的零件，以适应航空航天、汽车制造和建筑等不同行业的需求。

图 5-8　3D 打印工业机器人臂系统

（2）多材料打印机。当前，大部分 3D 打印机是使用一种材料打印。为了满足更多的应用要求，多材料打印机的需求在不断增加。这种设备采用多个喷头或交替喷头，可在同一时间或交替使用不同材料打印，从而达到多材料的混合。

（3）金属 3D 打印机。金属 3D 打印是增材制造领域的一个重要研究方向，它能够使用金属材料进行打印，制造金属零件。由于对金属零件需求的不断增加，金属 3D 打印机的发展显得尤为重要。新一代的金属 3D 打印机在打印速度、控制系统、打印用金属材料等方面都有了长足的进步。

（4）多尺度 3D 打印机。多尺度 3D 打印机正在逐步发展，以满足不同尺度的打印需求。这些设备可调整打印精度及打印速度，能够精确地完成微观和宏观尺度上的打印。这种灵活性可以让多尺度 3D 打印机更好地适应各种行业与应用的需求。

（5）高效率 3D 打印机。提升打印速度和生产效率是增材制造技术发展的重点。为达到更高效的打印效率，新设备采用更快的定位系统、快速固化技术、增强的喷头设计等，以提高打印速度和产能。

（6）智能化 3D 打印机。在人工智能、自动化技术等领域，智能化的 3D 打印机层出不穷。这些设备可通过感知、分析和自动化控制等技术实现自主作业与智能优化。智能化的 3D 打印技术可以提高生产效率、降低人为失误，给使用者提供更便捷的操作体验。

从以上几点可以看出，未来 3D 打印技术的应用与管理，不只是一个 3D 打印平台，也不只是说有了机器、模型、好的材料就能够生产出好的产品，3D 打印行业与传统制造业相同，都需要工艺流程来进行管理操作，机器只是其中一个环节。

2018 年，东京理科大学 Fusaomi Nagata[14] 等的工作取得了突破性进展。据悉，他们对工业机器人的管理操作流程进行了优化升级，目的是为其提供一种类似 3D 打印机接口的新型数据接口。该研究开发出一款新型振动控制器，可应用于发泡聚苯乙烯工业机器人，以减少生产过程中产生的毛刺。此外，他们还着重探讨了在不借助商用 CAD/CAM 软件的情况下，如何从 STL 数据中直接生成有效的加工路径。实现此项操作离不开研究人员开发的机器人预处理器，该处理器能够将 STL 数据直接转换为加工刀位源数据，即 CL（cutter location）或 CLS（cutter location source）文件，避免了传统的 CAM 加工工序。

5.4 我国的增材制造产业发展方向

随着我国增材制造行业规模不断壮大，增材制造经历了由研发创新向产业规模化发展的蜕变，产业规模从 2012 年的 10 亿元左右增长到 2022 年的 320 亿元，实现了年均复合增长率超过 40%。增材制造产业链的企业超过了一千余家，以增材制造为主营业务的规上企业数量从 2016 年的 20 余家增长到 2022 年的近 200 家。其中营收过亿的企业数量从 2012 年的 3 家增长到 2022 年的 42 家。增材制造装备竞争力增强，金属增材制造装备从过去以进口为主，发展到现在以自主生产为主。高精度的桌面级光固化增材制造装备、桌面级熔融沉积增材制造装备的销量领跑国内行业，并畅销国外。我国增材制造产业整体的竞争力比较强，国产纳米级多激光器选区熔融装备、多电子枪电子束熔融装备、大幅面砂型增材制造装备、自主开发的装备关键指标已经达到了国际先进水平。根据统计，2022 年我国增材制造的专用材料、零件、装备和服务各环节的营业收入分别占 12.4%、5.9%、53.2% 和 26%。装备收入占比超过了 50%，其他的材料、服务加起来大概是 50%。2022 年增材制造装备的出口量达到了 228.7 万台，与 2019 年相比增长了 59.7%，出口金额达到了 36.6 亿元，标志着我国增材制造装备在国际上的认可度和知名度在不断提高[15]。

从具体的趋势来看，主要体现在 4 个方面。

（1）增材制造有望成为未来三大主流制造工艺之一，这是我国对于增材制造最初发展的基本判断，增材制造作为一种新型的制造工艺，与数字技术融合为产品的个性化定制、复杂结构件的制造提供了重要手段，它与等材制造、减材制造结合可以发挥更大的作用[16]。

（2）未来五年增材制造的产业规模有望突破千亿，从目前的测算来看，如果按年均增长率 25% 估算，到 2027 年大概能达千亿。

（3）整体的供给能力将会得到全面的提升，我国在制造工艺、装备、材料的供给方面在全球具有竞争力。但是目前高质量的激光器、电子枪、扫描振镜等关键零件，在可靠性、稳定性方面还存在一些差距，甚至还有空白的地方。尽管如此，国产装备正在向大而精的两极方向发展，生物医药、医疗器械制造、大型高性能复杂结构件的增材制造、空间增材制造，这些前沿技术装备还会持续地创新[17]。

（4）增材制造技术装备向低成本、高可靠性、高性能、智能化的方向发展，会跟新技术一起重塑制造业的整体面貌。

期望我国增材制造的企业品牌和产品能够引领全球产业发展，涌现出一批骨干企业、上市企业、专精特新企业，能够带动整体产业链共同发展，成为我国的一个硬实力。

总体来讲，展望未来增材制造作为推动制造业智能化、绿色化发展的一个主旋律，契合国家加快推进新型工业化的方向[18]，对改变传统制造的理念和模式，助力制造业转型升级，提升产业链、供应链的韧性和安全水平，加快推动我国从制造大国向制造强国迈进发挥更多、更重要的作用。

习 题

1. 请列举并描述增材制造的新工艺。
2. 介绍金属 3D 打印材料的种类和应用。
3. 解释生物打印材料在增材制造中的作用和应用。
4. 什么是功能分级材料？请举例说明。
5. 请简要介绍超材料和石墨烯材料在增材制造中的特点和应用。
6. 讨论增材制造中的新设备的发展趋势和创新点。
7. 列举并描述增材制造带来的新产品，包括齿产品、玻璃和建筑领域的应用。
8. 分析增材制造技术在齿科领域中的应用和优势。
9. 讨论增材制造技术的新应用领域，并解释其潜在价值和影响。
10. 你认为增材制造对未来的科技发展和生活有何影响？请阐述你的观点。

参 考 文 献

[1] 杨文宇，周英杰，梁清如．增材制造技术发展趋势及其应用前景［J］．现代制造工程，2019，8（4）：1－10.

[2] 罗世雄，周勇，李少峰，等．增材制造技术的现状与前景［J］．机械工程与自动化，2020，49（2）：1－6.

[3] 刘宇，张佳睿，张宇彤，等．增材制造技术及应用前景［J］．机械工程与自动化，2021，50（2）：8－13.

[4] 范国良，郑宏杰，郭浩源，等．增材制造技术及其应用进展［J］．现代制造工程，2021，10（1）：1－6.

[5] HUANG S H，LIU P，MOKASDAR A，et al. Additive manufacturing and its societal impact：a literature review［J］．International Journal of Advanced Manufacturing Technology，2013，67（5－8）：1191－1203.

[6] 朱雪颖，高翔．3D 打印技术在聚合物加工中的应用进展［J］．高分子通报，2019，27（08）：163－170.

[7] 张静，张迎新，朱再明，等．基于光固化技术的 3D 打印和增材制造研究进展［J］．高聚物通报，2021，09（02）：9－16.

[8] SUN J，PENG Z，ZHOU W，et al. A review on 3D printing for customized food fabrication［J］．Procedia Manufacturing，2015，1：308－309.

[9] CAMPBELL A T，IVANOVA S O. 3D printing of multifunctional nanocomposites［J］．Nano Today，2013，8（2）：119－120.

[10] 贺永，周璐瑜，傅建中．一种液态金属－高分子可打印墨水及其制备和打印方法：中国，CN201910946958.2［P］．2019.

[11] 杨燕,白洁，韩立芳，等. 建筑3D打印机器人设备：中国，CN202030600464.2 [P]. 2021.
[12] 赵亮，刘鹏，郑敬超，等. 金属3D打印技术工艺探索及应用 [J]. 汽车工艺与材料，2023，12（2）：1-8.
[13] 高丽花. 温度波动下骨骼创伤修复中的聚醚醚酮（PEEK）仿生人工骨3D打印技术 [J]. 科技通报，2017，33（2）：125-128.
[14] NAGATA F，WATANABE K，HABIB M K. Machining robot with vibrational motion and 3D printer-like data interface [J]. International Journal of Automation and Computing，2018，15（1）：12-20.
[15] 晏昱凌. 3D打印：不可忽视的时尚变革力量 [J]. 中国眼镜科技杂志，2024，34（5）：88-93.
[16] 黄志琨. 3D打印技术在模具制造中的创新应用 [J]. 装备维修技术，2024，12（2）：64-69.
[17] 王永宽，刘芳，王军歌，等. 光固化3D打印技术在铸造领域的研究现状 [J]. 丝网印刷，2023，23（19）：99-102.
[18] 李方正，李博，郭丹. 中国增材制造产业发展现状与趋势展望 [J]. 工业技术创新，2023，10（3）：1-8.

第6章
增材制造的应用

6.1　汽车领域

过去，由于受传统制造业的制约，汽车设计师在设计产品时，往往会因为生产因素而牺牲产品性能，而增材制造技术能够使产品自由造型，为零件设计带来了更大的发挥空间。此外，它还可以制造出很多传统工艺无法实现的点阵结构、一体化结构、异形拓扑优化结构等复杂结构零件，这些复杂结构在提高零件的质量的同时，还能发挥其他功能性的作用[1-2]。

6.1.1　增材制造在汽车功能性零件的应用

美国加利福尼亚州的FIT公司通过SLM技术，制造出充满点阵结构的仿生发动机气缸盖（见图6-1），将缸盖表面积从823 cm^2增大到6 052 cm^2，使气缸盖质量减轻66%，有效提升了气缸盖的冷却性能，进而改善了赛车的发动机性能。

法拉利赛车采用了增材制造的钢合金活塞，该活塞内部添加了复杂的点阵结构（见图6-2），在减少材料用量、降低零件质量的同时，还能够确保高冲击区域的强度，从而使发动机达到更充分的燃烧效果。

国内主机厂尝试通过增材制造技术生产汽车功能零件，图6-3所示为采用SLM技术制造的铝合金汽车轮毂，中间是1.5 mm×6 mm晶胞点阵结构，与同尺寸的传统铸铝轮毂相比，质量减轻13%。

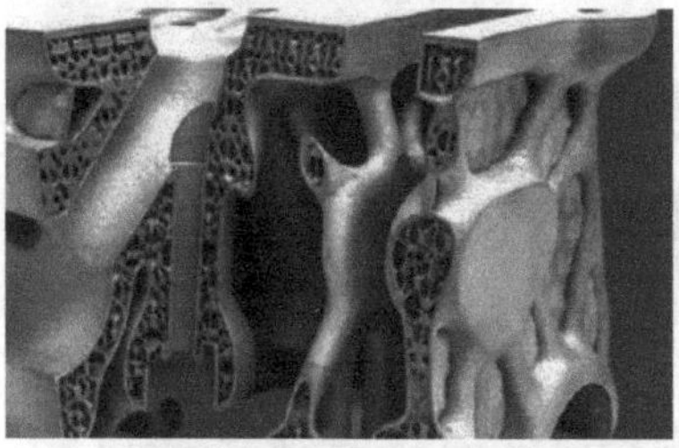

图6-1　增材制造仿生发动机气缸盖

图6-2　增材制造钢合金活塞

图6-3　增材制造铝合金汽车轮毂

利用增材制造技术不仅可以进行汽车零件的功能性测试，还可以小批量生产，乃至批量生产。宝马DTM赛车动力系统安装的高精度铝合金水泵轮采用增材制造技术（见图6-4），解决了水泵轮几何槽形难加工的问题，并且在恶劣的工况下进行了性能测试，验证了零件卓越的性能。

宝马公司量产的 i8 Roadster 敞篷跑车配备了增材制造的车顶支架，如图 6 - 5 所示，该装置的质量比常规工艺生产的车顶支架的质量轻 44%，同时也提高了刚度，使软顶能够快速升降，并以锯齿形配置折叠和展开的功能。成本是决定增材制造能否用于量产的一个主要因素。宝马公司通过对制备过程进行优化，使产量接近 60 000 件，因采用增材制造生产车顶支架，成本大幅降低。

图 6 - 4　增材制造铝合金水泵轮

图 6 - 5　增材制造车顶支架

6.1.2　增材制造在汽车内、外饰的应用

汽车的外观及内部装饰设计与消费者的购买行为密切相关，而增材制造技术的应用能使车辆具有更加舒适、个性化的外观设计。

法国标致汽车公司曾经推出过一款 Fractal 纯电动概念车，其内饰表面具有凹凸不平的结构，这些结构是将白色尼龙粉末通过 SLS 技术制成（见图 6 - 6）。这种内饰既能降低声波和噪声水平，又能将声波从一个表面反射到另一个表面，达到调节声音环境的目的。

宝马 MINI 将增材制造技术应用于汽车内饰的定制上，客户可以在侧舷窗和内饰板两个零件上进行自由创造，即将彰显个性的签名、图案、颜色融入零件的设计中，通过增材制造实现，如图 6 - 7 所示。

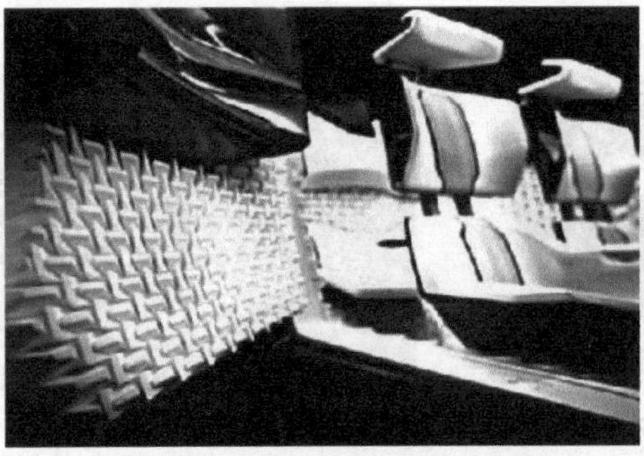

图 6 - 6　增材制造汽车内饰

图 6 - 7　增材制造个性化内饰零件

丰田汽车公司 Copen 敞篷车也为客户提供了 15 种“外观皮肤”供顾客选择的定制服务，采用增材制造技术实现，可以贴在汽车前、后保险杠上，如图 6 - 8 所示。顾客还可以

根据自己的喜好改变设计，创造出独特的车身皮肤。

为了提高车辆档次，不少高端车都配有金属音响扬声器罩，图6－9所示为某车企采用增材制造技术制造的音响扬声器罩，选用了超级轻质的镍合金材料，既能凸显金属质感，又能改变网孔和添加个性化元素。

图6－8　增材制造车身皮肤

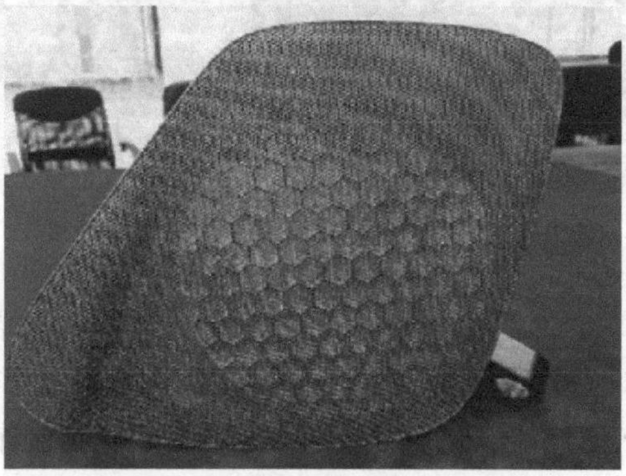

图6－9　增材制造音响扬声器罩

6.1.3　增材制造在整车制造的应用

增材制造技术已被广泛应用于整车制造领域，以下是几个实例。

（1）原型制作。在整车制造过程中，生产商可以使用增材制造方法，对汽车的外观模型、内部零件和系统零件的原型进行3D打印。

（2）制造定制零件。增材制造技术能够按照用户要求和个性化需求定制零件。通过对汽车特定部位进行扫描，就能生产出适配的零件，如定制化的内饰、车身贴花和车载配件。

（3）快速零件制造。利用增材制造技术可实现快速的零件加工，降低了对模具、刀具等的依赖，缩短生产周期，减少生产成本。该工艺特别适用于生产小批量或特殊定制的零件。

（4）轻量化设计。通过增材制造技术可达到车辆轻量化的目的，提升燃油效率和整车性能。增材制造技术可以根据设计要求制备出内部空腔、蜂窝状的结构，并优化复杂形状的结构，从而获得质量轻、强度高的零件。

（5）智能感知系统。增材制造技术结合传感器和电子元件，可生产出具备智能感知功能的汽车零件。例如，利用增材制造技术制造的传感器外壳和集成线路板，可以实现对汽车的智能化监测和控制。

增材制造不但可以直接制造汽车零件，甚至可以颠覆传统的整车设计理念和制造方式，用于整车制造。

Blade跑车是一款颠覆传统设计的全新跑车，它的底盘和支撑结构是通过增材制造铝合金节点与碳纤维管材连接而成，如图6－10所示。该汽车底盘大约包括70个增材制造铝节点，如图6－11所示，这种结构不但减轻了底盘90%的质量，而且能够承受高速行驶时的冲击。

图 6-10　增材制造铝节点与碳纤维管搭接

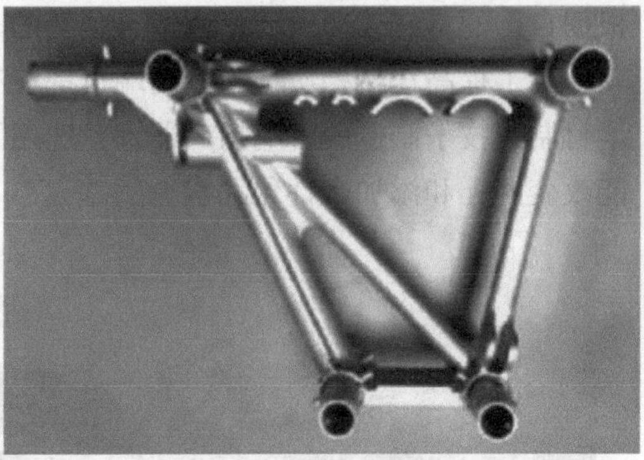

图 6-11　增材制造铝节点

LSEV 是一台增材制造电动汽车，除了底盘、轮胎、座椅、方向盘和玻璃以外，其余的车身和内、外饰均采用增材制造技术制成。整台车的零件总数由传统汽车的 2 000 个以上减少至 57 个，还可以按照实际使用场景定制车身和内、外饰，例如为意大利邮政设计的车辆，为了有更多的空间存放包裹，将车身加高，取消副驾驶的座位，并且在副仪表台上留出放置票据等物品的空间，如图 6-12 所示。

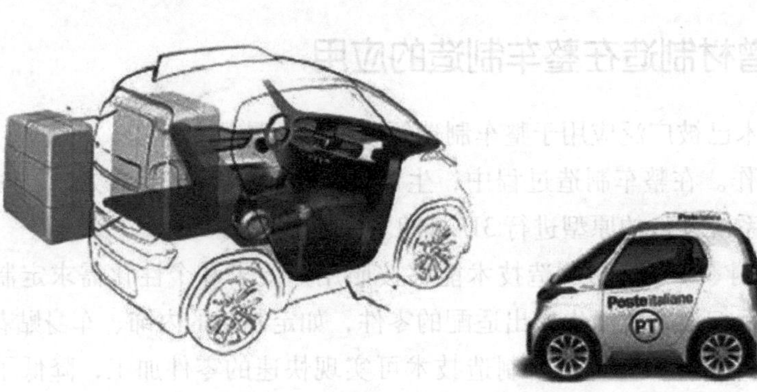

图 6-12　3D 打印邮政车辆

6.2　航空航天领域

增材制造技术是提升航天飞行器设计与制造水平的重要手段，其应用领域在不断扩大[3-4]。目前，国际上已有多家企业和科研院所通过增材制造技术不仅打印出了飞机、导弹、卫星的零件，还打印出了发动机、无人机整机等，在成本、周期、质量上均有明显的优势，展现了增材制造技术在不同领域的广阔应用前景。

6.2.1　增材制造在航空航天领域的应用

1. SLM 技术在航空航天领域中的应用

SLM 技术为整体化航空航天复杂零件、个性化生物医疗器件以及复杂内流道的模具镶块制造提供理论基础和技术支撑。

美国 GE 公司长期致力于航空发动机零件的 SLM 技术研发，在 SLM 成形的燃料喷头方面取得了重大突破，已在 LAEPX 发动机上完成了首飞，如图 6 - 13 所示。相对于传统的锻造、加工、焊接工艺，采用 SLM 技术制造的燃油喷头可简化多个零件的焊接和装配工序，并可实现更为复杂的内部结构，提升零件的性能。

美国普·惠公司借助 MTU 航空发动机公司开展 SLM 技术，直接制造静洁动力 PW1100G 航空发动机的镍基合金管道镜内窥镜套筒，如图 6 - 14 所示，既可以降低生产成本，又可以增加设计和制造过程的灵活性。

图 6 - 13　GE 公司 SLM 打印的燃料喷头

图 6 - 14　普·惠公司 SLM 打印的管道镜内窥镜套筒

德国 EOS 公司利用 SLM 设备成功打印了航空航天用喷头，成功实现一体化制造，该喷头由 120 多个喷油头组成，降低成本的同时减轻了 25% 的质量，如图 6 - 15 所示。

中国航天科工研究院采用 SLM 技术成功研制出航空发动机的燃烧室，如图 6 - 16 所示。他们将 SLM 技术与复杂结构梯度过渡技术两者相结合，有效解决传统铸造连接整体强度低、连接口易断裂等问题。SLM 成形的燃烧室在高温、抗疲劳和高强度等方面表现出优异的性能。SLM 技术因成形件质量大、力学性能优异而被广泛应用于航空航天领域。

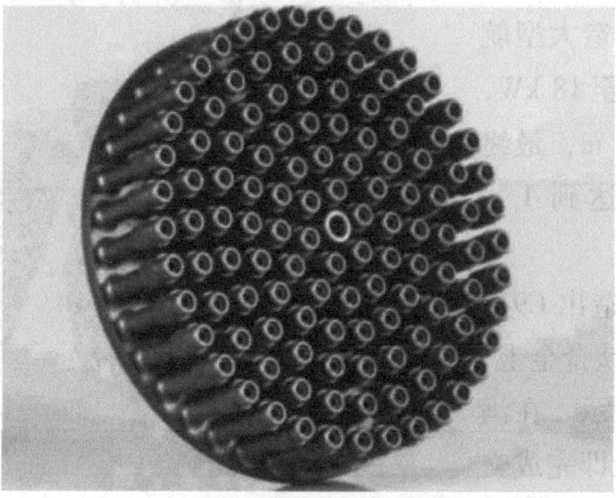

图 6 - 15　EOS 公司 SLM 打印的喷头

图 6 - 16　中国航天科工研究院 SLM 打印的航空发动机燃烧室

2. 电子束熔化技术在航空航天领域中的应用

EBM 技术的工作原理类似于 SLM，是一种基于粉末床熔化的增材制造工艺，可成形任意形状的复杂零件。与 SLM 技术相比，EBM 工艺具有更高的工作温度，在成形过程中更容易产生较低的残余应力，然而电子束很难像激光束一样聚焦出细小的光斑，使成形件难以达到较高的尺寸精度。

意大利 Avio 公司对 GEnx 发动机的 TiAl 低压涡轮叶片进行成形，如图 6－17 所示。相比于激光快速成形，由于电子束的能量更为集中，以及成形控制系统更加灵敏，可以有效地提高成形效率和能量利用率。另外，GE 公司也尝试利用 EBM 工艺成形 TiAl 合金低压涡轮叶片，利用钛铝材料刚度高、高温稳定性、质量比传统合金钢轻 50% 的特点，解决了传统铸造后难以实现精加工的难题，并可在 72 h 内生产 7 片，大幅地提高了生产效率。

图 6－17　Avio 公司 EBM 打印的涡轮叶片

美国的研究单位针对钛合金、铝合金进行了广泛研究，最高成形速率可达 3 500 cm^3/h，相比其他金属快速成形技术，成形效率提高了数十倍。利用该项技术完成了 f－22 上钛合金支座的直接制造，对该零件进行两个周期的最大载荷全谱疲劳测试，发现其具有超强的抵抗永久变形的能力。

3. 激光近净成形技术在航空航天领域中的应用

LENS 尤其适用于钛合金等高强度、大尺寸金属件的加工，不需要或仅需少量机加工即可使用，然而在成形过程中积累了较大热应力，导致成形零件易产生裂纹、尺寸精度差等现象。

美国 AeroMet 公司为了提高沉积效率并制造大型航空航天用钛合金零件，将 CO_2 激光器功率提升至 18 kW，并把加工舱室尺寸扩大到 3.0 m × 3.0 m × 1.2 m，最终使 LENS 成形 Ti－6Al－4V 合金的沉积速率达到 1 ~ 2 kg/h。

西安铂力特激光成形技术有限公司成功制造出 C919 大型客机翼身组合体大部段中的关键零件——钛合金上、下翼缘条的 LENS 技术成形件，如图 6－18 所示。在满足使用要求的前提下，该大型翼缘条仅用 25 天即完成交付，降低了航空关键零件的研发周期，更重要的是突破了航空核心制造技术，具有十分重要的意义。

图 6－18　铂力特公司 LNES 打印的钛合金上、下翼缘条

北京航空航天大学王华明等利用LENS技术完成了飞机上大型复杂钛合金零件整体成形，解决了传统生产采用“锻造+机加工”方法工序烦琐、工艺复杂及加工周期长的问题。

虽然LENS技术在大型结构件一体化制造方面具有显著的优势，但是很难成形复杂且性能优异的结构件，因此限制了其在航空航天领域的应用。

6.2.2　在航空航天领域的应用——由零件到整机

美国一家公司采用增材制造零件生产的宽体飞机（Trent XWB－97）发动机顺利完成飞行试验，如图6－19所示，该发动机前轴承座的48个尺寸为1.5 m × 0.5 m钛合金翼型可能是在现役飞机中使用的最大的增材制造零件，通过增材制造技术可以使该翼型的生产效率提高1/3，交货周期缩短30%。

欧洲航天局（ESA）和瑞士SWISSto12公司联合研发了世界上第一个专门为未来空间卫星设计的增材制造双反射面天线原型，如图6－20所示，采用增材制造技术可以大幅提升天线精度，同时也可减少生产成本，提高射频设计的灵活性，最重要的是能实现轻量化。

图6－19　采用增材制造零件的Trent XWB－97发动机

图6－20　增材制造卫星双反射面天线

法国泰勒斯·阿莱尼亚航天公司将欧洲最大的增材制造零件（遥测和指挥天线支撑结构），尺寸约为45 cm × 40 cm × 21 cm，用于Koreasat 5A和Koreasat 7远程通信卫星，如图6－21所示，通过增材制造技术使其质量减轻22%、节省成本30%、缩短1～2个月的生产周期。

美国海军在三叉戟Ⅱ D5潜射弹道导弹试射中，成功测试了首个使用增材制造的导弹零件，可以用来保护导弹电缆接头的连接器后盖，如图6－22所示，增材制造技术的使用使该零件的设计和制造时间减少了一半。

在整机级，美国太空探索技术公司（SpaceX）发明了一台用于低成本太空旅行的世界首款增材制造电动火箭发动机——Rutherford电动发射系统，该系统提供了更为经济、可承受的火箭发射方式，一般使用传统的燃料方式进行火箭发射预计费用高达1亿美元，而使用该电动运载火箭进行发射，成本则只需490万美元。

在国家政策的支持和多团队的协调合作下，金属增材制造技术迎来了前所未有的发展机遇。各个相关领域的专家学者、工程师和技术人员齐心协力，在材料科学、工艺工程、智能制造等领域开展深入研究和探索，不断推动这一领域的突破与创新。

图 6－21　增材制造卫星遥测和指挥天线支撑结构

图 6－22　增材制造三叉戟Ⅱ D5 潜射弹道导弹连接器后盖

随着金属增材制造技术的不断成熟和完善，航空航天制造领域的轻量化、低成本、快速制造目标正逐渐变为现实。通过金属增材制造技术，航空航天行业可以实现更为复杂结构件的制造，极大地提高了零件的性能和可靠性。其高效的制造流程和灵活的生产模式也为航空航天制造领域带来了巨大的变革，大幅缩短了产品的研发周期，提高了制造效率。

未来，随着金属增材制造技术的进一步提升，航空航天领域将迎来更多创新应用。例如，通过金属增材制造技术，可以实现更轻量化的航空发动机零件制造，从而提高燃油效率、降低碳排放。同时，还可以针对航空器的定制化需求，开发出更具个性化的舱内设备和结构件，为乘客提供更加舒适和安全的飞行体验。

6.3　铸造领域

增材制造技术在铸造领域的应用是一个值得关注的话题。在铸造领域，增材制造的应用主要集中在以下几个方面。

（1）模具制造。增材制造可以用于快速制造模具，并可以根据需要定制形状和尺寸。这对于小批量生产和快速制造原型非常有用。

（2）复杂结构的铸件制造。传统的铸造工艺存在一些限制，无法制造复杂的内部结构。增材制造可以通过逐层构建的方式制造出复杂结构的零件，在航空航天和汽车行业中很有潜力。

（3）材料改性和优化。增材制造可以通过优化设计来改善铸造件的性能。例如，可以通过定制结构和形状来提高零件的强度和耐磨性，或者利用渐变材料的概念来改善热传导性能。

传统的模具设计和制造过程主要基于 CAD 软件，按照所设计的各个零件（标准件和非标准件）进行组装和调试，过程费时、费力且成本高，一旦设计出现问题，将给企业带来巨大的经济损失。增材制造技术的日趋成熟，以逆向工程的思路改变传统模具的加工方式，充分发挥其在复杂结构模型中的优势，可有效解决模具加工过程中复杂母模加工困难的问题。增材制造技术减少了模具制造过程中的设计步骤，缩短了产品更新换代的时间，增材制造模具产品如图 6 – 23 所示[5]。

图 6 – 23 增材制造模具产品

6.3.1 增材制造技术在模具制造领域的发展现状

1. 国外

目前，国外增材制造技术的研究热点包括：大型增材制造软件设计[6]、增材制造扫描技术、基于熔融材料和黏结材料的成形技术、基于气泡技术的三维打印机喷头等。不难发现，国外的研究重点集中在完善增材制造打印技术，在增材制造应用方面，多是用增材制造技术制造具有生物活性的器官，而对制造模具的研究却很少。Dalgarno 等以 P20 和 316 不锈钢两种金属粉末为研究对象，基于 SLS 的注塑模具制造，进行了 SLS 技术的总体成形精度、表面质量、微小结构的成形性和无支撑结构成形等方面的研究。实验结果表明，316 不锈钢粉末的成形质量更好，工艺也相对简单。此外，Dalgarno 等还研究了随形冷却水道的成形。他们发现，要使粉尘顺利排出，冷却水道的直径不能小于 5 mm，最优的直径为 8 mm；相邻两水道间、水道与型腔壁间最小距离为水道直径，否则容易造成应力集中。

Ilyas 等对 3 个工业产品的模具进行了重新设计，并将 SLS 技术与传统机加工方法相结合制作了模具，研究了模具的耐久性和随形冷却的生产效率和能耗，提出一种 cut – off volume 清粉方式，将成形坯从难于清粉之处分割开来，分别经过 SLS 技术成形，清粉后装配在一起，再进行烧结、渗铜等后处理，如图 6 – 24 所示。

德国舒勒公司采用 3D 打印技术，制造出一种使通道符合近净成形的原型热冲压模具。该随形冷却的通道确保组件的所有部位能以同等速度快速冷却，提高了零件性能。舒勒公司以粉末形态的工具钢为打印原料，利用激光熔焊方法将粉末以叠加式制造工艺焊接起来，从而得到良好成形模具的原型。尽管增材制造技术可以在较短时间内完成传统制造方法几个月

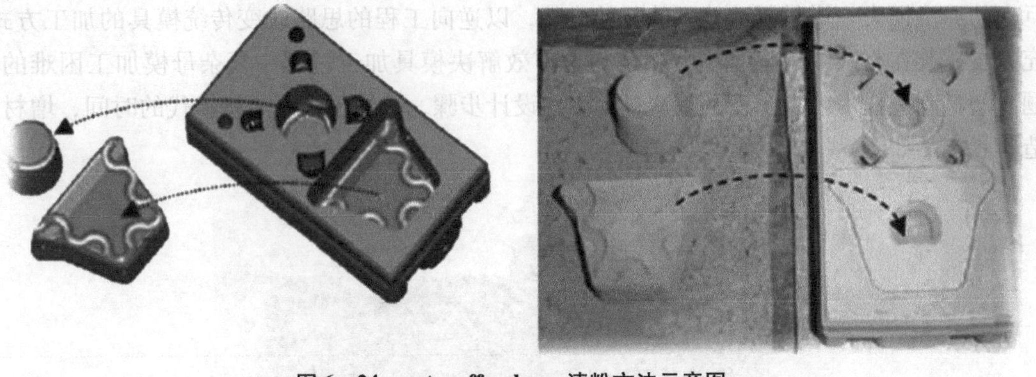

图 6-24 cut-off volume 清粉方法示意图

才能完成的任务，但同时模具原型也存在耐磨性和力学性能不足等问题，进而大幅缩短了模具使用寿命。

2. 国内

雷凯云[7]等研究了汽车发动机连杆激光增材制造工艺，以铁基合金粉末为打印材料，在 4.3 h 内完成发动机连杆的制造，获得的产品质量较高，屈服强度、抗拉强度等力学性能均超越钢锻连杆，与国外粉锻连杆相比差别不大。另外，试验中的工艺参数（加工轨迹等）会导致制件的尺寸精度和表面粗糙度存在较大差别。但是，尚未充分考虑冶金过程可能出现的金属材料氧化等问题，导致制件内部形成气孔，质量下降。

邵中魁[8]等以树脂为打印原料，利用增材制造技术对离心泵叶轮压蜡模具快速制造进行工艺研究。为了改善模具的力学性能，在树脂模具内部填充了金属树脂混合液。经过处理过的金属树脂模具压制的叶轮蜡模尺寸精度可达 0.1 mm，表面粗糙度 Ra 可达 6.3 μm。

刘斌[9]等采用增材制造技术加工，对随形冷却水道与型腔一体的模具镶件进行了加工，如图 6-25 所示。在组装之前，必须对刚打印好的模具表面进行喷砂处理。测试结果表明，生产的模具完全满足塑料浇注的需要，属于符合要求的合格产品。

图 6-25 增材制造模具镶件

华中科技大学鲁中良[10]等借鉴国内注塑模、直线冷却水道设计的研究成果，结合国外对注塑模随形冷却水道的建立规则，提出了注塑模与注塑件均匀冷却的设计方法。根据该设计方法制造出电池盒注塑模，与直线冷却水道相比，采用带有随形冷却水道的注塑模成形电池盒注塑件，其成形周期缩短约20%，变形减少约10%。

6.3.2 增材制造技术在模具制造领域的应用实例

1. 异形型芯

从图6-26所示可以看出，塑料结构的腔体深度为65 mm，长、短边分别为30 mm和15 mm，图6-26（a）和图6-26（b）分别为该塑件的正、侧面和底、顶部结构。首先，采用UG软件对其进行造型设计，具体型芯结构如图6-27所示。由于塑件是细长型的，所以其型芯也应设计成细长型。在模具制造过程中，冷却是其中的一大难题，尤其是细长型芯的冷却。传统生产在型芯中设置水道比较困难，需要使用底部冷却的方法来进行处理。但由于型芯过于细长，故冷却效果不理想，从而导致塑件的弯曲变形，影响产品的质量和生产的效率[11]。

（a） （b）

图6-26 塑料结构

（a）塑件正面和侧面；（b）塑件底部和顶部

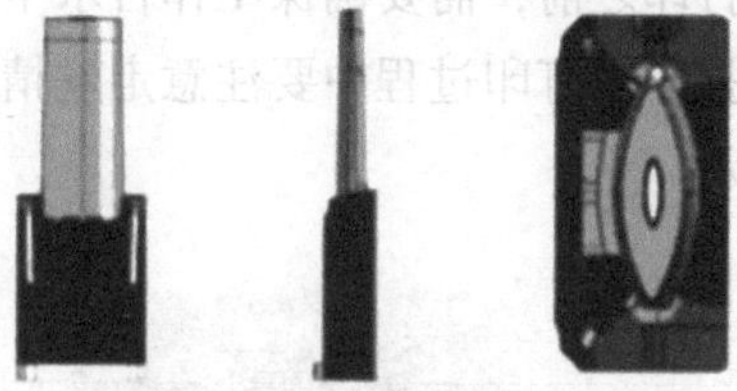

图6-27 型芯结构

接下来是打印型芯结构。为了更好地提高细长型芯的冷却效果，在型芯的结构上设置了相应的冷却水道。但传统的制备工艺无法对水道进行加工，因此可使用增材制造技术制备。图6-28（a）所示为使用传统方法生产加工出来的型芯，图6-28（b）所示为通过增材制造技术加工出来的型芯，经过测试，后者整体性较强且冷却问题得以解决。

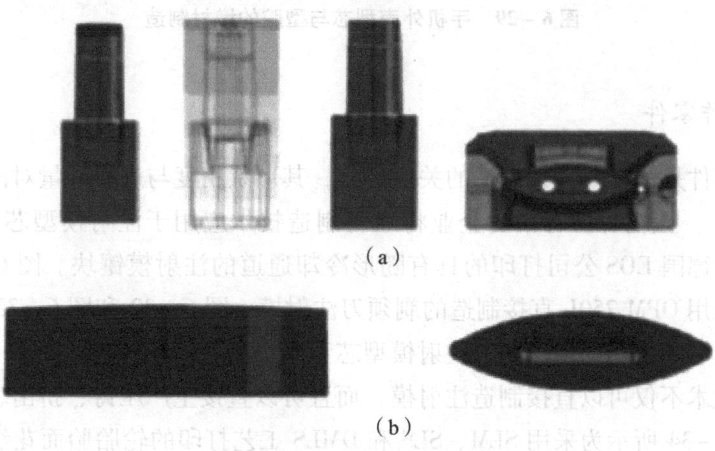

（a）

（b）

图6-28 打印的型芯结构

（a）传统方法；（b）增材制造

最后是模具的总装设计。传统制造加工方法显然难以完成细长型芯的冷却水道加工，而使用增材制造技术可以解决这一问题，提高了产品的生产效率和质量。另外，模具的制造水平也得到了提升，例如在模具冷却水道的设计及制造上，可以有效地缩短模具注塑的时间，同时也节省了大量的加工材料。

2. 手机外壳

手机外壳的注塑模具设计的核心零件是型芯与型腔两部分，在分模完成后，利用增材制造技术获得这两个零件，并验证设计的合理性[12]。

运用 UG 软件将 mold_core. prt 和 mold_ cavity. prt 输出为 STL 格式文件，使切片软件可以识别，从而设定模型的打印参数。鉴于该实例整体外形较为规则，没有异形结构，将质量中的层高设置为 0. 15 mm，壁厚为 0. 8 mm，填充中的上、下面厚度为 0. 6 mm，保证填充密度为 20%。因为手机底部是大平面，为了提高打印速度，将底层打印速度设置为 20 mm/s，空走速度设为 60 mm/s，顶层打印速度为 20 mm/s。设定参数后，分别将型芯、型腔保存为 core. gode 和 cavity. gode 格式。将这两个文件通过 U 盘导入到增材制造打印机中打印成形。在打印之前，需要确保工作台水平，线圈走丝不会互相干涉，待喷头加热升温至 200 ℃后开始打印。打印过程中要注意走丝情况，打印完毕待喷头冷却至室温再关闭电源，如图 6 – 29 所示。

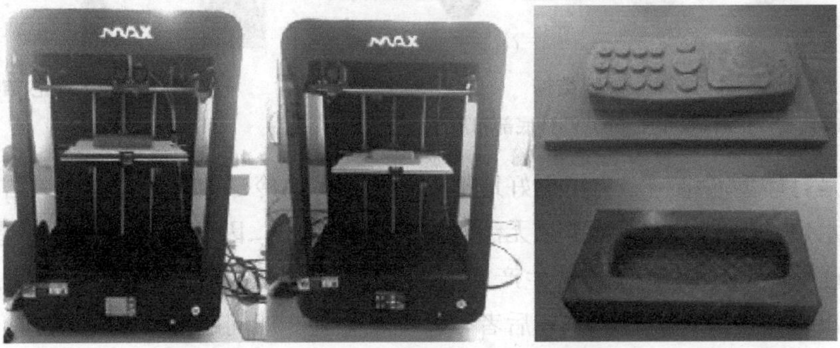

图 6 – 29　手机外壳型芯与型腔的增材制造

3. 成形工作零件

成形工作零件是注射模设计制造的关键部分，其形状精度与表面质量对注塑产品的质量产生很大影响[13]。国内外已有不少企业将增材制造技术应用于注射模型芯和型腔的制造。图 6 – 30 所示为德国 EOS 公司打印的具有随形冷却通道的注射模镶块。图 6 – 31 所示为日本沙迪克公司采用 OPM 250L 直接制造的剃须刀注射模。图 6 – 32 和图 6 – 33 所示分别为广东汉邦激光科技有限公司的增材制造注射模型芯和镶块。

增材制造技术不仅可以直接制造注射模，而且可以直接生产压铸、挤出、热冲压等其他金属模具。图 6 – 34 所示为采用 SLM、SLS 和 DMLS 工艺打印的轮胎胎面花纹模具零件。图 6 – 35 所示为 SLM 工艺与 CNC 技术相结合制造的具有随形冷却通道的压铸模型腔镶块；图

6-36 所示为采用 SLM 工艺和 CL50WS 金属粉末打印的一种局部冷却的挤压模具芯棒，该模具可用于挤出方形空心铝型材。

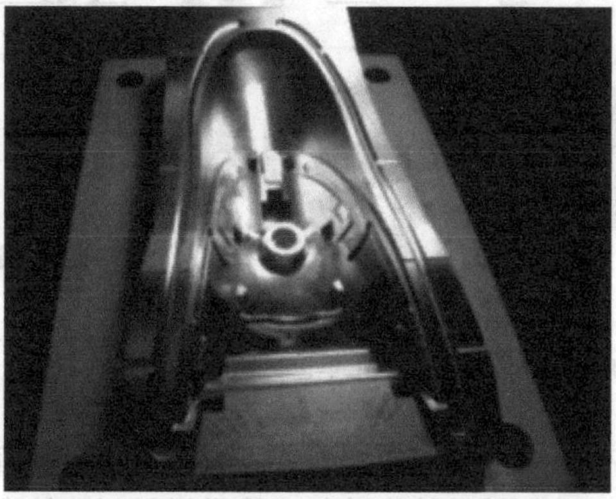
图 6-30 具有随形冷却通道的注射模镶块

图 6-31 剃须刀注射模

图 6-32 注射模型芯

图 6-33 注射模镶块

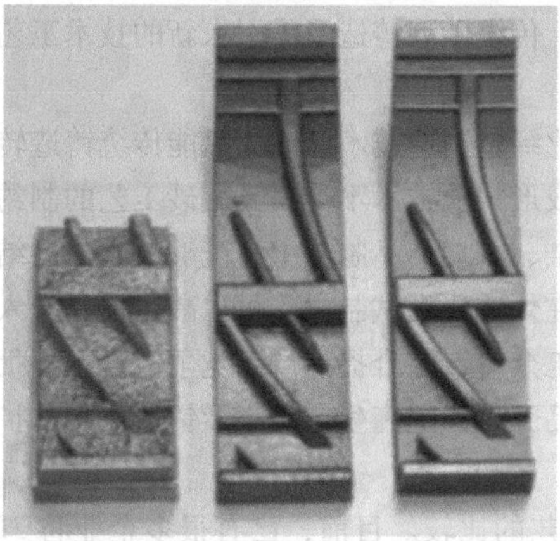
图 6-34 采用 SLM、SLS 和 DMLS 工艺打印的轮胎胎面花纹模具零件

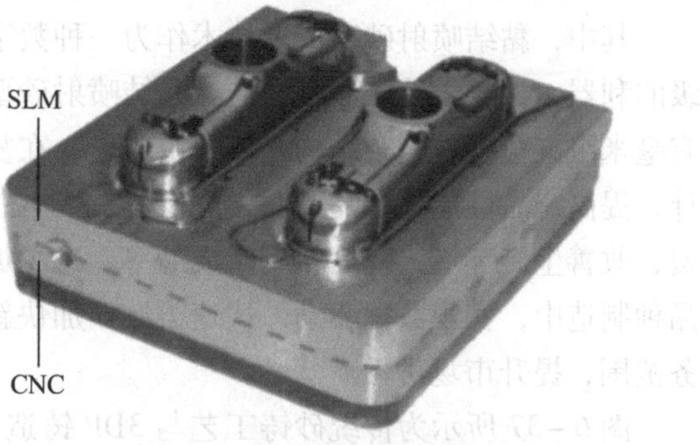

图 6-35 SLM 工艺和 CNC 技术相结合制造的具有冷却通道的压铸模型腔镶块

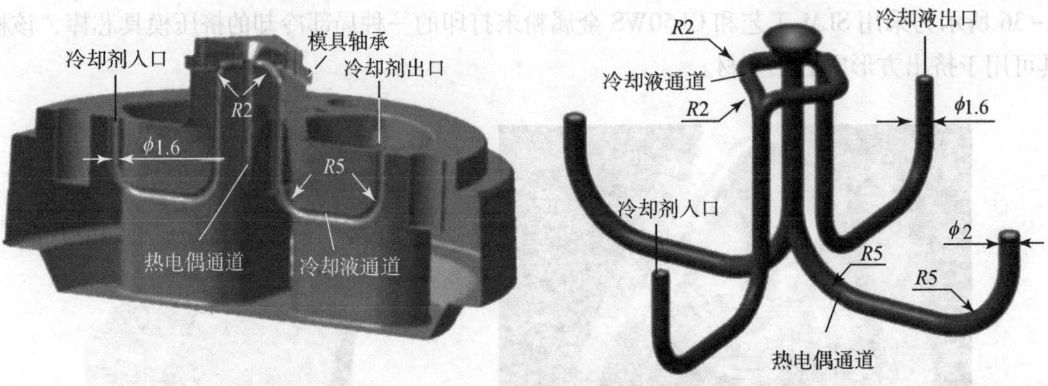

图 6-36　挤压模具芯棒及内部冷却通道设计（单位：mm）

当前，随着增材制造技术的快速发展，模具行业也应紧跟时代步伐，将增材制造技术与测量工程、逆向工程等相互结合，推动模具设计领域的技术革新，推进增材制造技术在模具制造与开发过程中的应用，提升模具设计和制造效率。

6.3.3　黏结喷射成形技术在铸造领域的应用

砂型铸造作为铸造生产中最基本的工艺，占铸造行业 30% 以上的市场份额。相比其他铸造工艺，砂型铸造具有生产成本低、工艺简单、生产周期短、可批量化生产等优势，但是也存在高能耗、高污染、不强、不精的问题，以及节能减排压力大、技术工人短缺、自主创新能力弱、同质化竞争严重等现象[14]。

砂型铸造工艺流程包括配砂、制模、造芯、造型、浇注、落砂、打磨加工、检验等步骤，其中制模和浇注系统的设计是耗时最长、成本最高的阶段。特别是复杂零件的成形，对工人的技术水平要求也更加严格。此外，由于制作复杂零件模具的失败率较高，铸造厂除了需要考虑模具的运输、存放等问题，还需要考虑模具清理问题，无形中增加了铸造厂的生产及运营成本。随着市场对产品的复杂性及时效性要求的日益提升，以及“十四五”提出的铸造行业绿色化、智能化、高端化发展的规划要求，传统砂型铸造亟需引入新的技术工艺和生产模式来实现转型升级[15]。

其中，黏结喷射砂型成形技术作为一种数字化绿色制造技术已成为赋能传统铸造转型升级的利器。相较于传统砂型铸造，黏结喷射砂型成形铸造技术不受模具翻砂工艺的制约，具有毫米级高精度，复杂结构一体自由成形。在复杂、高端产品制造中，能够改善产品结构设计，提高产品性能及产品利润，降低研发成本；在快速研发试制中，可以减少模具投入和浪费，改善生产环境，提高精度及成品率，减少加工余量，综合提高产品竞争力；在小批量多品种制造中，实现数据驱动、快速柔性、加快新品开发，提高生产效率及铸造质量，扩大业务范围，提升市场份额[16]。

图 6-37 所示为传统砂铸工艺与 3DP 铸造工艺的比较。目前，已有很多企业将 3DP 砂型打印技术应用到了铸造产线中，从而降低制造成本、缩短加工周期，提高市场响应速度，扩大竞争优势。如国内某公司自主开发的 3DP 砂型打印设备已帮助多家传统铸造厂建立了绿色、柔性、高端的快速铸造能力，能够完成如航空航天、军工等复杂、高端产品的快速制

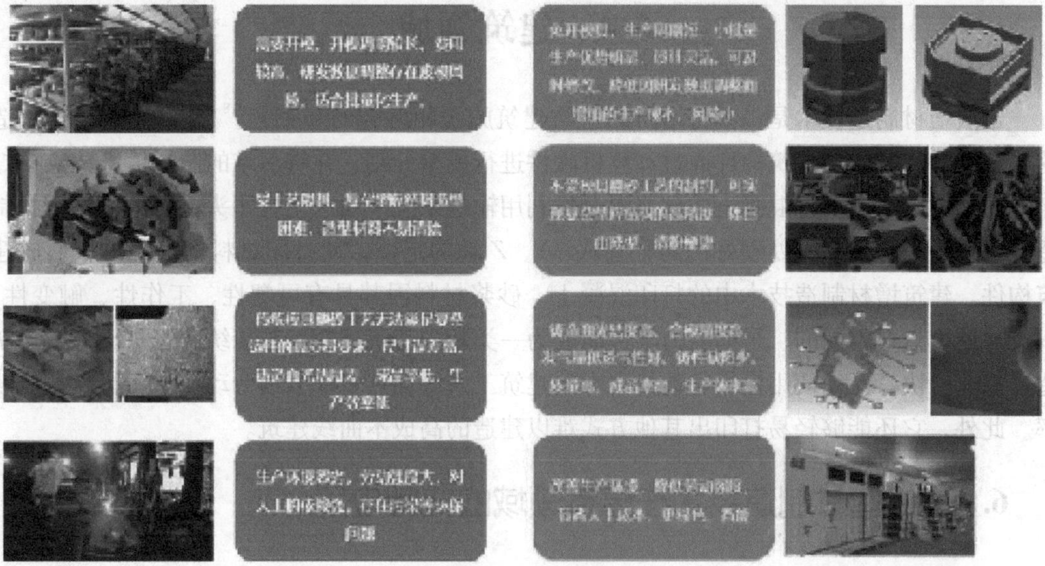

(a)　　(b)

图 6 – 37　传统砂铸工艺与 3DP 铸造工艺的比较

(a) 传统砂铸工艺；(b) 3DP 铸造工艺

造，也能够承接如汽车零件等有大量快速研发试制的订单，并实现小批量多品种的快速柔性制造[17]。图 6 – 38 所示为采用 3DP 砂型打印技术制备的部分砂型或砂芯。

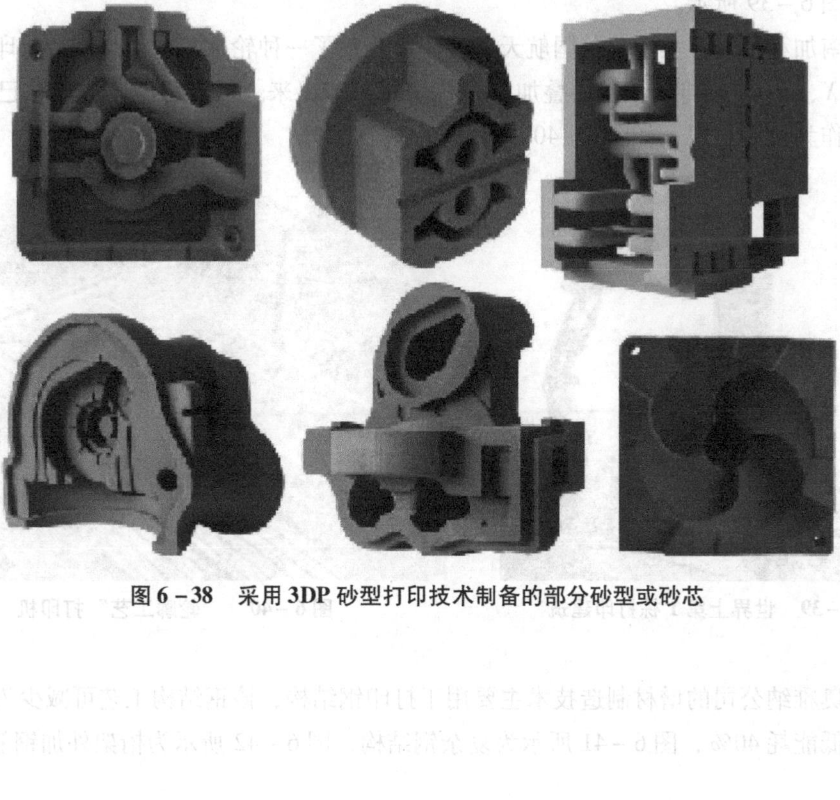

图 6 – 38　采用 3DP 砂型打印技术制备的部分砂型或砂芯

6.4 建筑领域

建筑增材制造技术是一项将增材制造与建筑施工相融合的新工艺[18-20]。建筑增材制造的原理是将待打印的建筑构件通过计算机软件进行模型分割，并将三维的图形信息转换成打印路径和打印速度，将混凝土或砂浆混合物利用输送系统泵输送至打印头，再由建筑增材制造打印机根据软件预先处理好的路径在 X、Y、Z 轴的走位，使打印材料层层叠加，形成建筑构件。建筑增材制造技术中的打印混凝土、砂浆材料因其具有可塑性、工作性、触变性，以及与传统材料不同的、早期的力学性而成为一类新型建筑材料。与传统建筑相比，增材制造具有速度快、无须使用模板和数量庞大的建筑工人等优点，可节约劳动成本、提高建造效率。此外，它还能够轻易打印出其他方式难以建造的高成本曲线建筑。

6.4.1 增材制造技术在建筑领域的典型应用

1. 国外

装配式建筑是一种高效率、低成本、节能、绿色环保的建筑形式，但其构造形式比较复杂。而增材制造技术可以有效解决这个问题，使其更好地应用于建筑领域。

荷兰“盖房者”利用增材制造技术，建造了全球第 1 栋打印建筑，该建筑主体部分所用材料是混凝土，其他部分材料是可再生塑料，它的绿色环保和美观程度受到了人们的高度评价。如图 6－39 所示。

美国南加利福尼亚大学与美国航天局合作，开发了一种轮廓工艺增材制造打印机，该机器可以在 X、Y、Z 轴打印，层层叠加将整栋房屋打印出来。目前房屋轮廓工艺已经使用水泥混凝土作为打印材料，如图 6－40 所示。

图 6－39 世界上第 1 栋打印建筑

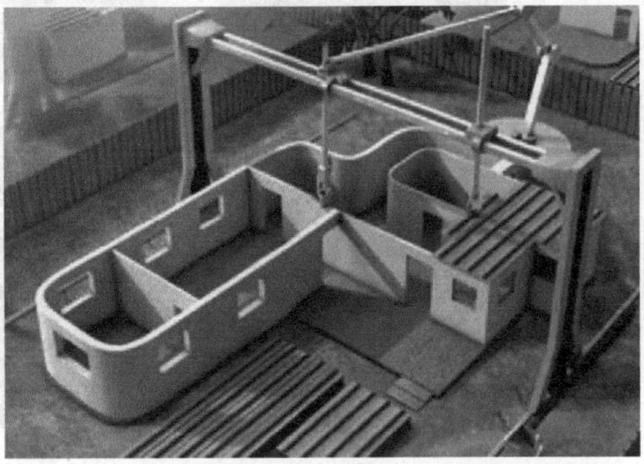

图 6－40 “轮廓工艺”打印机

英国奥雅纳公司的增材制造技术主要用于打印钢结构，该钢结构工艺可减少 75% 的 CO_2 排放，降低能耗 40%，图 6－41 所示为复杂钢结构，图 6－42 所示为桁架外加钢筋连接。

荷兰埃因霍芬理工大学学者以环氧基作为复合材料，通过抹平构件横断面接口，解决了接口截面不光滑导致出现的峰值应力问题，再将打印构件运至现场吊装并安装预应力筋，从而完成了8 m长的桥梁建造，如图6-43所示。

图6-41 复杂钢结构

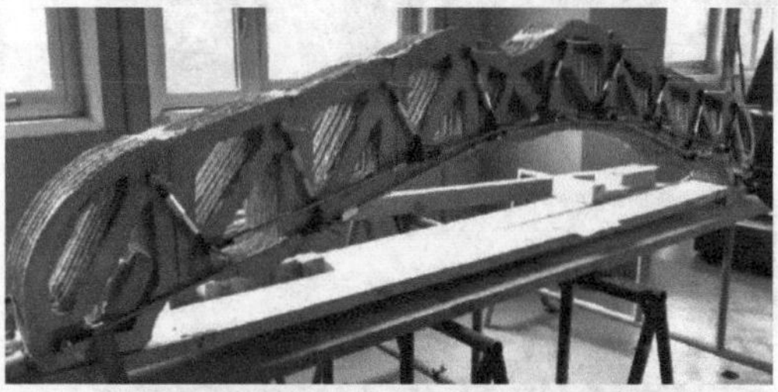

图6-42 桁架外加钢筋连接

图6-43 荷兰埃因霍芬理工大学学者增材制造的桥梁

2. 国内

中国盈创建筑科技（上海）有限公司在7天内完成了全球首栋精装1 100 m^{2}的3层楼别墅，如图6-44（a）所示；世界上第一座6层15 m高的住宅楼在10天内安装完毕，如图6-44（b）所示。2016年盈创公司为迪拜政府打印出首座3D政府办公楼，如图6-44（c）所示，还打印出供排水系统。上海枫泾镇是我国首个增材制造建筑试验区，已成功打印公交站台并投入使用，如图6-44（d）所示。

清华大学建筑学院数字建筑研究中心利用自主研发的机器臂增材制造混凝土技术，在上海宝山智慧湾建成了混凝土增材制造步行桥，如图6-45所示。这座步行桥全长为26.3 m、宽度为3.6 m，是根据中国古代赵州桥结构设计而成，采用单拱结构承受荷载，拱脚间距为14.4 m。整体桥梁工程的打印运用了两台机器臂增材制造系统，共计用时450 h打印完成全部混凝土桥梁。与同等规模的桥梁相比，它的造价仅为普通桥梁造价的2/3，而且该桥梁主体的打印及施工未使用模板与钢筋，大幅节省了工程成本。

河北工业大学马国伟教授率领的研究小组，以赵州桥为蓝本，采用BIM虚拟仿真、现

(a)　(b)　(c)　(d)

图 6－44　国内外增材制造建筑应用

(a) 别墅；(b) 住宅；(c) 政府办公楼；(d) 公交站台

代化智能监测，模块化打印等方法，对节点装配形式进行优化设计，实现了装配式混凝土增材制造桥梁的建造，如图 6－46 所示。该桥是目前世界上跨度最长、桥梁总长最长、规模最大的混凝土增材制造桥梁。

图 6－45　混凝土增材制造步行桥

图 6－46　增材制造的赵州桥

相较于采用传统方法模具制作的混凝土景观构件，增材制造工艺在异形、复杂、个性化混凝土景观构件的小批量生产时有巨大的优势。随着混凝土增材制造技术的发展，出现了大量创造性的混凝土增材制造景观构件产品，如增材制造景观牌匾、增材制造市政景观花坛、增材制造公共设施等多种类型，如图 6－47 所示。

（a）

（b）　（c）

图 6-47　增材制造景观构件

（a）增材制造景观匾牌；（b）增材制造花坛；（c）增材制造公园桌椅

6.4.2　增材制造技术在建筑领域的应用前景

（1）无地下室的低层别墅。当前，增材制造建筑多用于中低层，难以达到中高层建筑要求。增材制造技术只适合于地面工程建设，对于低层别墅来说，可添加具有自身独特风格的元素，既能提高房屋的美感，又能体现用户的个性，真正实现房屋定制。

（2）公共建筑。增材制造建筑构件可以在工厂内打印生产，再进行现场组装，因此增材制造建筑特别适用于公交站台、公共卫生间、休息长椅等建筑物，其材料性质既能满足要求，也可以根据变化进行拆除重装。这样不但节省时间，也降低财政支出。

（3）应急性建筑。利用增材制造技术，可以实现对新建住宅的快速打印和各类设备的自动装配，如快速打印出学校、公共卫生间等，极大地改善了救援地的医疗条件，让受灾群众尽快恢复正常生活。抢险救灾后，还可将建筑物拆卸到其他地点，进行组装再使用。

（4）室内装修。与一般工艺相比，增材制造技术更加美观和环保，可以按照顾客需求来定制装饰，这不但提高了产品的美观程度，还符合当今人们对个性化地追求。增材制造进入装修市场将会给室内装修业带来新的变化。

（5）高层建筑。由于缺少完善的验收规范和材料强度不足等因素，制约了增材制造技术向高层建筑领域的发展。如果未来能将传统建造方式与增材制造技术相结合，不仅为增材制造建筑进入建筑市场打下坚实的基础，而且能大幅加快建设速度。随着技术水平的提高，增材制造将在未来研发出钢筋材料或其他高强度材料，以推动其在建筑行业的发展。

增材制造作为一种新型的建筑节能和绿色发展技术，是解决传统建筑过程中高能耗、高污染的重要途径。传统建筑工艺会产生大量建筑垃圾，给人类带来巨大的生态危机。此外，增材制造技术在建造过程能够降低碳排放、减少污染和噪声，提高建筑材料利用率，具有节能、环保的优点，契合当前绿色建筑发展理念。然而增材制造混凝土技术在建筑领域的应用尚处在初级阶段，其所涉及的原材料、外加剂、配套设备、工艺技术、结构体系和技术标准等方面还有待进一步研究。

6.5 文化领域

创意文化产业是一个创新性强、知识含量高、大融合性的产业，而科学技术是其发展的引擎，因此新兴的增材制造技术在国民经济中具有不可替代的作用。增材制造既是将创意草图到成品加工产品连接起来的便捷手段，也是一种新颖的媒体，可以实现创意文化产品的个性化生产，甚至是创意私人定制，让创意文化产业具有更广泛的商业价值，让网络资源的价值被更广泛地集中使用，也可以减少创意文化产品的成本，加速产品的上市速度[21]。

增材制造最大的魅力在于它能给人们创造出无限的可能。现在，随着世界经济的飞速发展，人民对文化意识的要求也在不断提高，更多的人在寻求创新，市场上已有的固定成品，无法满足消费者的需要。而增材制造技术恰好符合消费者的这一需求。在传统制造业的设计中，首先考虑的是工艺设计，考虑用传统方式是否可以生产，同时还需要考虑生产周期。而增材制造技术首先考虑的是零件的结构和性能，尽可能忽略加工过程的约束，从而扩大了创新空间，刺激了设计者的创新思维。通过增材制造技术，可以根据客户需求，设计出个性化创意的产品，这些产品的艺术价值远远超过实用价值。因此，增材制造技术与文化、时尚、艺术、创意、设计等融合起来，在高端个性化定制产品设计应用中越来越重要[22]。

6.5.1 博物馆文创产品设计

假期去博物馆参观已经成为一种时尚，很多游客在看完展览后希望能将这些文物带回家，但这些文物是独一无二的。通过增材制造中的逆向扫描技术，用三维扫描仪将文物进行三维扫描，形成点云数据，对点云数据进行处理，得到文物的三维数字模型，然后利用增材制造打印机打印出来，制成与实物完全相同的仿制品。博物馆可以将这项立体文物模型服务渗透到游客的视觉感受之中，最大化地利用博物馆的社会职能，让增材制造文化博物馆成为一个交流平台[23]（见图 6－48）。

上海有一个特殊的博物馆，它是中国 3D 打印文化博物馆，里面有线材、食品材料，还有罕见的金属粉末。博物馆用倒装的玻璃瓶来进行粉末和成品的展示。展示的金属块由不同的材料打印，成品质量不同，如果不通过触碰，光靠网络上的资料知晓其大概质量，观众是无法获得直观的感受的。这造成了用户体验上的认知闭环，用户不能对自己的产品有一个全面的认知。用户必须透过真实的交互经验，才能真切地感觉到产品的质感、质量和硬度。不同的颜色，不同的质感，不同的材质，能够满足不同的设计需求。

当前，增材制造行业所面临的问题是，整个产业链的出口量非常小，由于缺少相关人

图 6－48　中国 3D 打印文化博物馆

才，所以数字产品的生产规模很小。通过运营博物馆和材料图书馆，期望达成数字扩容，使业界的产品能够进入市场。

6.5.2　文物保护

随着时间的推移，很多文物经历了风吹雨打，有些甚至已经不复存在，我们只能从照片上看到它的全貌。尽管经过大量修复工作，使文物得以重现，但由于展出时摄像机所产生的辐射，加上一些参观者的不文明行为，让文物保护举步维艰。最好的保护方式是把文物保存起来，然后将它的仿制品拿出来展示，供大家观赏、学习[24]。

图 6－49 所示为皿方罍器。为了保证“完罍归湘”万无一失，采用增材制造的皿方罍器盖代替真品带到美国的器身身边，两者完美契合，从而证实了器身与器盖是“同根生”的事实。此外，扬州博物馆、杭州博物馆、四川三星堆都已采用增材制造技术成功还原文物，使民众对国宝的修复、国宝的价值以及国宝修复和增材制造技术的结合有了更深的了解。

文物不仅是一个国家、一个时代、一种文化的象征和代表，同时也是一种具有教育意义的文化宣传工具。增材制造技术既能实现对文物的复制，又能对受损的文物进行修复，还可以进行二次创造，产生别出心裁的文创作品，如图 6－50 所示。

图 6－49　皿方罍器（盖为增材制造而成）

图 6－50　增材制造的部分作品

6.5.3　民间传说类非遗

目前，人们对非遗的研究主要集中在传统手工技艺、传统音乐、美术、戏剧、曲艺等表演类非物质文化遗产的研究上，而对民间传说类非遗的研究却很少，造成了一些民间传说类非遗面临着濒危的情况，这就迫切需要对其进行保护。增材制造是当前最为流行的一种新的技术，它对民间传说类的非物质文化遗产的保护研究，能把无形转化为有形、可触摸的、可观看的实体，让人们更直接地感受到非遗特有的魅力，从而对其进行更好的认识与传承[25]。

比如，土家吊脚楼作为土家族的一种重要的传统文化，其传承着土家族数千年的历史和文化价值，保护和发展的价值极高。在土家吊脚楼的开发过程中，需要先对故事的内容进行数字化建模，使用 3d Max 进行三维造型，包含角色造型、剧情场景设计，3D 人物角色及故事场景的纹理渲染。动物模型有老虎、豹子、狼、蛇、狗、牛、蜈蚣、鸟类、鼬和蚂蚁；场景模型包括草垛、水井、农具、河流、碗具、水果、悬空屋、吊脚楼等。图 6－51 所示为土家祖先造楼时的故事场景。

图6-51 "土家祖先造楼"增材制造工艺品成品图——土家吊脚楼形成

6.5.4 实验性服装设计

传统的服装设计方法、制版及裁剪方式都比较成熟，在批量化服装的设计和生产方面有很大的优越性。但是随着思想、文化和审美意识的广泛融合，人们不再满足于既有的服装形式和大众化、同质化的审美倾向。为了满足消费者个性化和多样化的需求，设计师和企业在不遗余力地创造具有广泛影响力和市场前景的新元素和体系。而新型材料、成形方法以及新工艺的快速涌现，使这种探索性的创新具有了可实现性。实验性服装的前瞻性和概念性使其成为设计师探索未来服装发展的有力工具[26]。

增材制造因其在造型上的诸多优点而逐渐成为设计者在设计实践与探索中的一项重要内容。尤其在某些前卫艺术、设计领域，能够打破过去科技与成本的局限，创造出令人惊叹的视觉效果和空前的体验。图6-52所示为由荷兰设计师 Iris Van Herpen 设计的增材制造服装，充分体现了新技术在传统设计领域的应用。

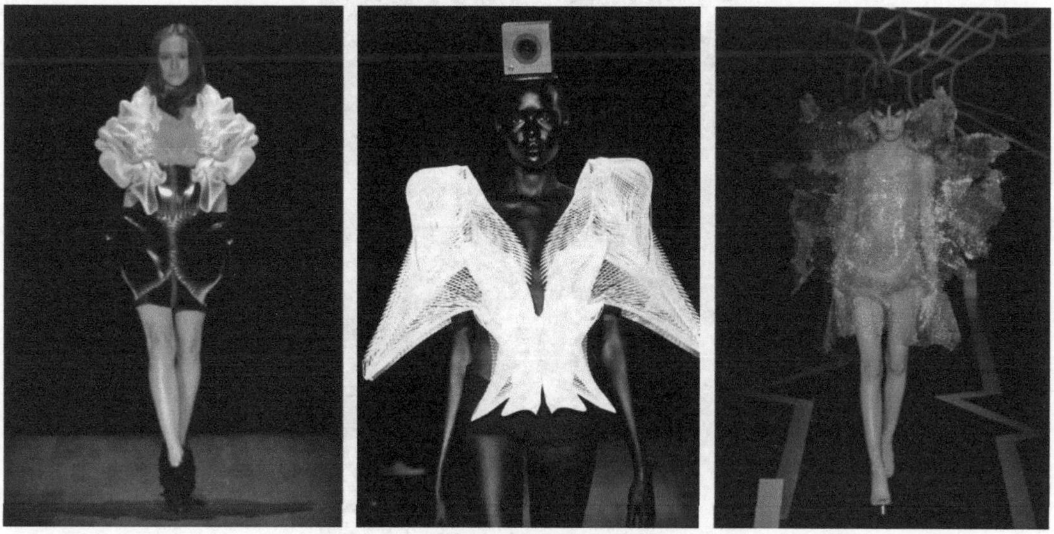

(a) (b) (c)

图6-52 Iris Van Herpen 设计的增材制造服装

近几年，New Balance、Adidas、Nike、匹克等运动品牌纷纷推出 3D 打印运动鞋。它们具有的制造特点包括以下几点。

（1）无模制造。3D 打印无须使用传统模具实现制造，使用这项技术可以更加高效、快速地创建高性能运动鞋。

（2）复杂制造。3D 打印的优势之一是制造多孔网格复杂结构，该结构无法通过传统手段制造。3D 打印的这一优势在制鞋领域发挥得淋漓尽致，采用更加轻质的材料、轻量化的结构设计，在运动鞋制造方面掀起一场风暴。

（3）个性化制造。基于生物力学和步态的研究，人们对鞋类的个性化需求多种多样，然而当前多为新鞋上脚"削足适履"，而通过将 3D 扫描、成像等先进的技术融入脚部健康扫描仪，再通过 3D 打印即可实现"量脚制鞋"。

除此之外，3D 打印制鞋突出缓振和舒适，独特的镂空点阵结构可以达到传统制造所能达到的强度、韧性以及力学性能，而特有的镂空特点可以将外部载荷均匀分布，实现减重的同时又保证了承载能力。

6.5.5 传统工艺

以增材制造为代表的新型数字化制造技术突破了传统工业生产的封闭性，形成了一种融合前工业革命时期手工作坊与现代数字化制造技术的新型民间生产模式。例如，通过增材制造等数字化制造技术，让一家设计工作室能够完成自己的设计与生产，配合线上直销等电子商务模式，一个小工作室便可以实现过去大企业无法完成的纵向整合。这就是传统手工技艺和数字化技术的交叉融合，为设计师、艺术家提供了难以估量的机遇与挑战[27]，如图 6－53 所示。

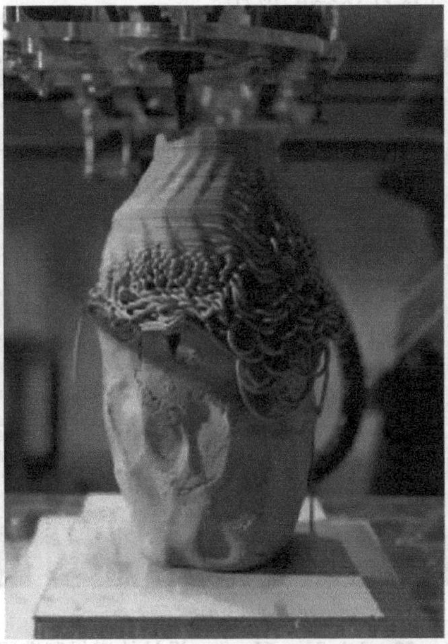

图 6－53　黏土增材制造与传统工艺结合

6.5.6 艺术设计

在艺术设计的试验中，增材制造技术具有直观、立体化和精确的真实化特征，可以让设计师迅速地将创意图转化成与现实中的产品相似的模型，既可以给设计师带来很好的设计体验，又极大地提升设计效率[28]。增材制造技术是艺术设计的一个专业分支，它包括包装设计、机械构造、综合构造、产品设计、模型小品设计、动漫形象、城市家具、公共雕塑、玻璃设计、珠宝首饰设计、三维体验等。已有研究表明，通过增材制造技术对已有的产品进行设计创新，不仅能极大地减少加工时间，提高产品的精度，还能有效地扩展设计者由图至实物的思路，如图 6－54 所示。

图 6－54　设计师利用增材制造技术设计的作品模型

增材制造技术对文化创意产品的设计产生了直接而革命性的影响。将增材制造技术与创意文化产品相融合，为文化创意产品的开发注入新鲜的血液与生机。以增材制造技术为基础的创意文化产品，因其创新、便捷、实用、普及等诸多显著特征，必将带动创意文化产业的革新和发展。

然而，现有的增材制造技术与创意文化产品相结合所暴露出的缺陷，也会反过来推动增材制造技术的创新和深入，进一步促进创意文化产品的变革和创新。因此，增材制造技术与创意文化产品的结合将会是双向双赢的结果。

6.6　医学领域

随着个性化治疗和转化医学的发展，3D 打印技术为临床诊断和治疗提供新的途径和方法。随着打印方式及打印材料限制的不断改进、医疗数据处理软件的开发，这项技术会变得更加完善，将提供把患者临床资料转化为实体模型更加直接的方法。

在医学领域中，3D 打印技术的应用大体上可以分成两种情况：非生物打印和生物打印。

其中，非生物打印的主要研究包括医学假体模型、口腔种植体、假体假肢、植入物及药学等研究[19]。生物打印主要包括生物材料支架、血管打印、骨关节、皮肤、细胞外基质材料及生物医学等。但受限于材料和其他方面的原因，这一技术最初用于临床是在骨科及口腔颌面外科中。随着技术的发展，3D 打印技术在临床学科得到了广泛应用，如在器官移植、血管外科、肿瘤、整形外科、肝胆外科、神经外科等方面有了飞速的发展。

目前，3D 医疗用建模软件有多种版本。比利时著名 3D 打印公司 Materialise 发布了 Mimics Innovation Suite 软件版，如图 6－55 所示，这是一套专为生物医学专业人士开发的完整 3D 工具软件。该软件通过对 CT、MRI 扫描所得到的解剖构造进行加工和编辑来获得解剖学结构数据。新版本在可视化功能上有很大的提升，如透视图、X 射线的虚拟模拟。通过这种透视，医生可以在手术过程中模拟病人可能出现的出血管造影，有助于医护人员确定最佳的 C 形臂透视角度，并精确地捕捉感兴趣的部位。

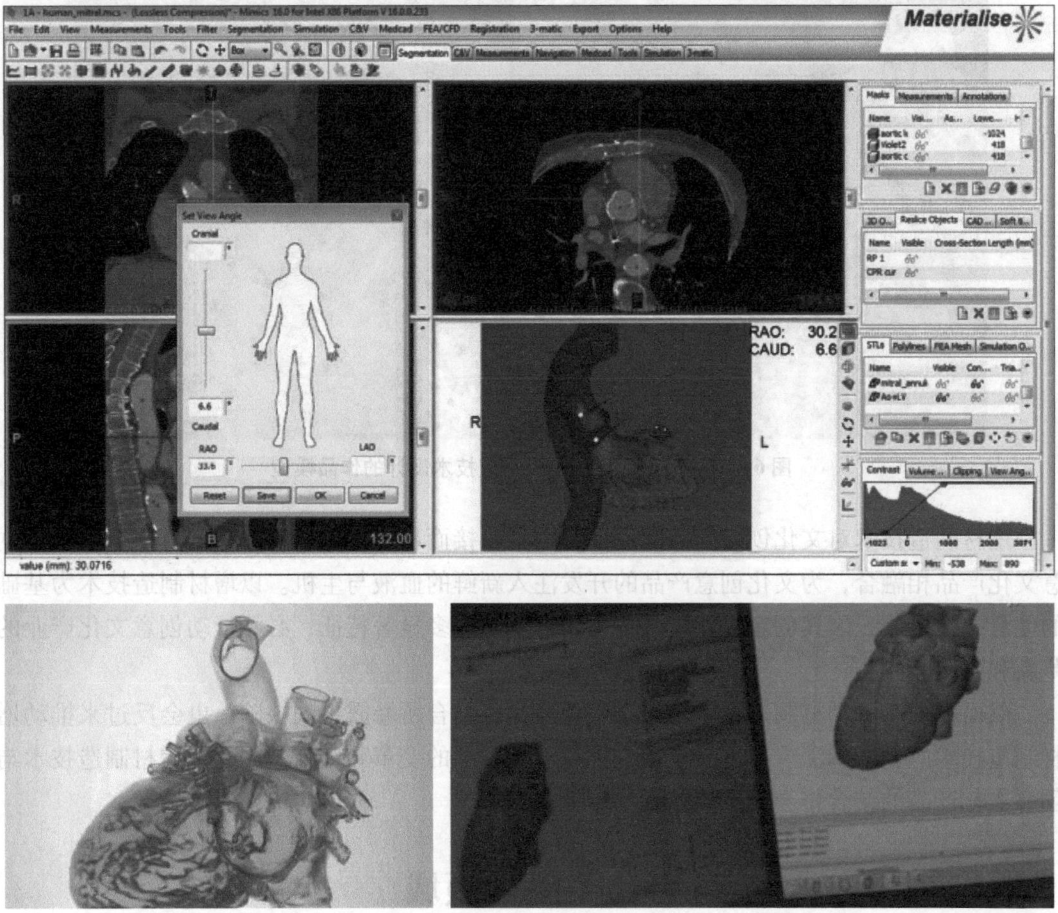

图 6－55　3D 医疗用建模 Mimics Innovation Suite 软件版

6.6.1　增材制造医学技术应用分类

3D 打印技术在医学领域应用包括以下方面[29－32]。

（1）基于仿生的多尺度生物复杂结构设计，建立具有多尺度复杂结构的生物系统模型，采用具有生物相容性的材料，制造出可植入的集合体。

（2）基于现代生物医学图像（如 CT，MRI 等）生物三维建模，然后转化为个性化的生物体外立体影像假体模型，应用于外科整形、手术规划和个性化假肢设计以及医学医疗教育等领域。

（3）基于组织支架（tissue scaffolds）和类组织结构体（tissue precursor）的生物制造技术。

（4）基于 3D 直接细胞打印。

（5）基于药学。

其中（3）、（4）主要应用于人工器官与组织的制造，它们既涉及 3D 打印又具备生长成形特点。

通过 3D 打印可实现对植入体的个性化定制。我国医疗产业自 20 世纪 80 年代末开始使用 3D 打印技术，最早是为了实现三维医学模型的快速制备，辅助医生与病人交流，精确诊断病情，制定手术方案。3D 打印在医学领域的应用已经有相当长的历史，并伴随着 3D 打印技术的发展走向深入。

21 世纪后，随着 3D 打印技术的快速发展，以及对精准化、个性化医疗需求的不断增加，其在医疗领域，如骨科植入物、助听器壳体、假肢等，得到了广泛应用。在制药业方面，利用 3D 打印技术研发缓释药物；在生命科学领域，通过 3D 打印对人造组织、器官进行修复，并期望实现可移植的器官或组织；在手术方案设计中，将医学图像数据、设计软件与 3D 打印技术有机地融合，使医师不仅可以在计算机上观看病人的 3D 模型，还可以通过实体模型，实现手术前的精确计划，减少手术时间，提高手术成功率；对于骨科植入物，采用 3D 打印技术可在植入体表面直接打印出复杂多孔结构，促进骨生长，有利于病人的康复；对于义齿加工，利用 3D 打印技术实现对多名病人的义齿进行同时打印，为临床医生提供了一种全新的解决方案。

由于 3D 打印活体组织是一项更加前沿的科技，科学家们已开始在实验室中打印活体组织，并将其商业化，用于药品毒性试验。

6.6.2 增材制造植入（包括药物）或置换物

3D 打印医用植入体在临床上的使用最广泛，骨科 3D 打印技术的梦想正在实现。3D 打印技术能够弥补传统医疗手段的不足，为患者提供新的治疗方案，减少手术的复杂性和费用。国际知名的骨科专家 Mahmoud A Hafez 坦言，与传统的加工工艺相比，3D 打印更多的是针对个性化、复杂性和高难度的技术要求。因为不同病人的骨骼损伤程度不同，所以 3D 打印技术是最佳的选择。3D 打印采用的是与生物相容性好的钛合金，它能够轻松实现钛合金植入物和表面类骨小梁结构的自由构建，既有利于骨科细胞的迁移、增殖，又能促进植入体与骨骼的可靠结合。目前，在国内骨科患者的医疗费用中，70% ~80% 来自医用耗材，如果使用 3D 打印能够达到高质量和低成本的效果。以 3D 打印的髋关节杯为例，国内的臼杯售价在 10 000 元左右，而同等级别的进口臼杯售价在 30 000 元以上，国内的臼杯自推出至今，已经应用多例，反响效果非常好[33-35]。

2014 年，国内一支科研队伍成功将 3D 打印脊椎植入到一位 12 岁男童体内，如图 6－56 所示，为世界首例。据称，这个男孩是因为一场橄榄球比赛受伤后导致脊柱上的恶性肿瘤生长，所以医生们必须将其脊柱切除。这一次的手术却有些特别，没有像以往那样进行脊椎移植，而是采用了更加先进的 3D 打印技术。这项研究显示，植入体能够很好地与现存的骨骼整合，并且可以大幅减少患者恢复的时间。因为植入的三维脊椎能与周围的骨头紧密贴合，无须进行外科固定。除此之外，研究者们还在脊椎上面设立了微孔洞，它能帮助骨骼在合金之间生长，也就是说，3D 打印出来的脊椎骨，将会和原本的脊椎紧密相连，不会有任何松动。然而，3D 脊椎并不是谁都可以在家打印的，因为它所用的材料是无法直接注射到普通的 3D 打印机中的钛合金粉末。

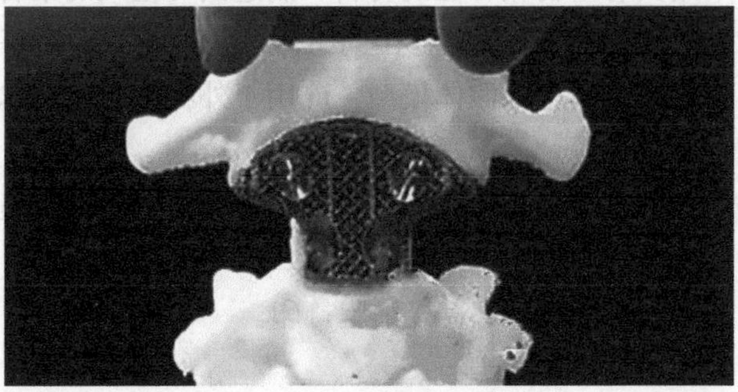

图 6－56　3D 打印脊椎

2015 年，英国首次采用美国药品监督管理部门认可的部分/全膝关节置换系统，该系统可根据患者自身的特点，设计出符合患者生理特征的人造膝关节，植入后使患者感觉更加自然。在这次的金属 3D 打印膝盖植入物中，所用的植入体材料为钴铬钼合金，如图 6－57 所示，其主要与胫骨、髌骨插入物相连，插入物材料为超高分子量聚乙烯（UHMWPE），可持续使用 15 年以上。研究人员利用计算机辅助设计软件，将患者受损的关节表面进行三维成像处理，并据此制作相应的植入物及器械，通过校正精确匹配的膝关节 3D 模型，解决因关节炎导致的畸形骨刺、囊肿等变形，在术后 2～3 周内即可正常上班。

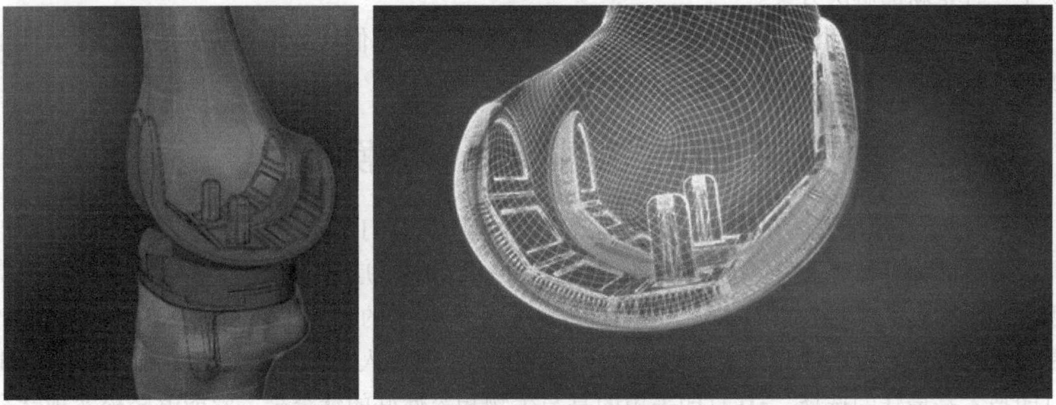

图 6－57　英国首例金属 3D 打印膝盖植入模型

3D 打印还可以用来进行个性化的身体定制，如图 6－58 所示。由 MHOX 和 CRP 集团共同开发的一种称为 Generative Orthoses 的肢体矫形器 3D 打印技术。该矫形器采用 CRP 集团供应的 Windform GT 聚酰亚胺材料，并进行了激光烧结工艺打印。Generative Orthoses 技术在打印过程中，利用红外线传感器对需要矫正的部分进行扫描，再将其打印出来。与传统 3D 打印相比，通用 Generative Orthoses 无须对接缝进行抛光处理，更重要的是，人们能够量身定做适合自己的矫形器。3D 打印矫形器具有其特有的蜂巢式通风模式，可根据特定的使用条件灵活调节。CRP 集团的开发者表示，Windform 材料具有防水性能，不会引起皮肤不适。

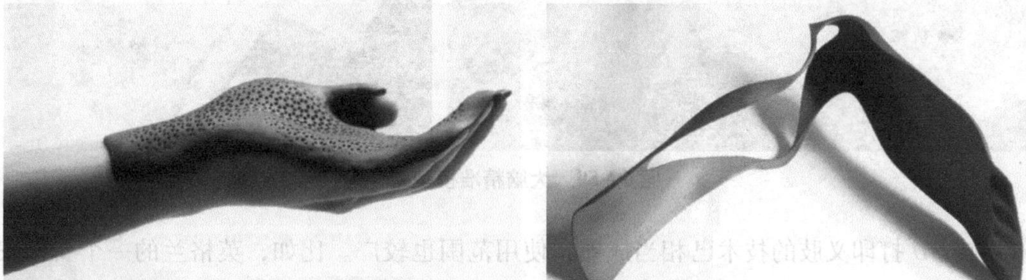

图 6 -58　3D 打印用于大规模肢体矫形器个性定制

6.6.3　基于现代医学图像的增材制造生物三维建模

医学模型，又称假体影像，已经在临床训练、医患互动等领域得到了广泛应用，并应用于外科手术规划、医疗计算模型、医疗设备等的开发。这些新的技术要求具有高保真度、组织模拟的医疗假体影像。它们不仅能紧密地模仿人体器官的几何结构，而且还具备器官的特性与功能。随着 3D 打印、三维打印等技术的快速发展，人们开始尝试将其应用于功能性医疗器械的制备中。

生物 3D 打印已经成为众多科研机构及生物科技企业开发与研究的热点。三维生物打印涉及将沉积层中的活性细胞在其表面构建出具有生物活性的三维结构，从而实现对其进行 3D 打印。这项研究成果将为 3D 打印在组织工程领域中的应用奠定基础。

医学模型的 3D 打印技术克服了传统制造工艺的缺陷，是一种以低成本基于医用模型的 3D 打印，可以解决传统的制作过程中存在的问题，且无须额外的工序即可实现对患者个性化定制的高精度医用假体的高效制备。基于 CT、MRI、超声等影像学技术构建的 3D 打印医学模型，不仅可以实现触觉反馈、直观操控，还能全面、深刻地了解患者的解剖结构和病变情况。在许多场合，3D 打印的医学模型能为外科手术提供便利，从而大幅缩短治疗流程。比如，一位整形外科医生利用 CT 扫描的影像，做出患者的骨骼的可打印副本，再将其打印出来，用来为患者进行外科手术设计。这种 3D 打印的神经组织模型能够为人类的各种复杂组织提供更直观的物理表征。精细的、高精度的三维建模方法，将有助于临床医师对大脑中复杂的，甚至是不清晰的、难以用传统的 2D 影像来描述的图像进行解释，最大程度地降低失误，避免造成严重的后果。

如图 6 -59 所示，大脑模型是由一种柔性塑料制成，每一层精度为 16 μm，同时，为了便于手术医师辨认，很多脑部的血管被涂上了不同的颜色。大脑精准模式也被用来向患者家属解释整个手术过程和各种可能出现的并发症。

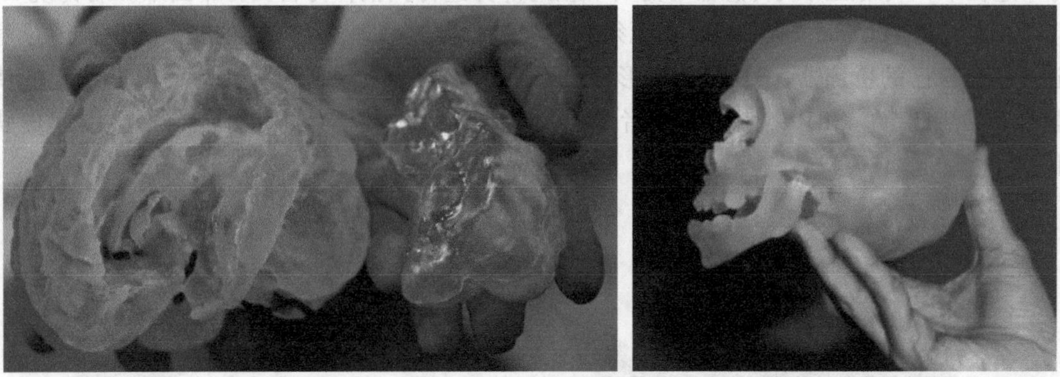

图 6-59 大脑精准模型

目前，3D 打印义肢的技术已相当成熟，使用范围也较广。比如，英格兰的一个女孩安装了 3D 手掌，一个农民工安装了一块 3D 头盖骨，甚至澳大利亚 CSIRO 公司定制出一个符合患者要求的钛材料胸骨和肋骨，如图 6-60 所示，从而为其建立一个 3D 胸腔。

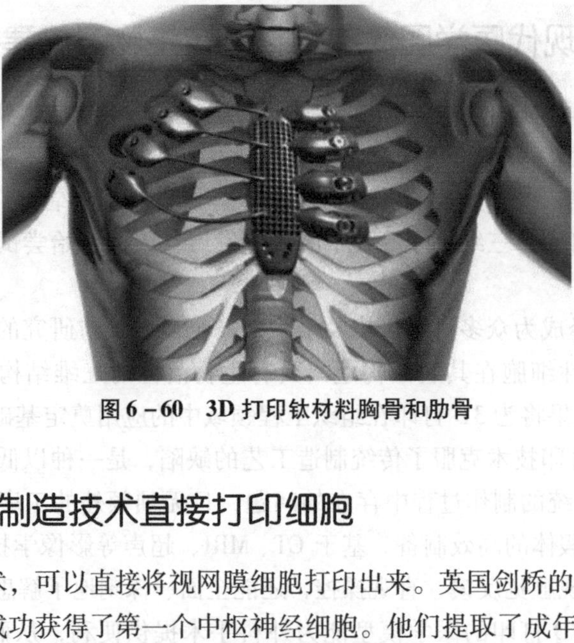

图 6-60 3D 打印钛材料胸骨和肋骨

6.6.4 增材制造技术直接打印细胞

通过 3D 打印技术，可以直接将视网膜细胞打印出来。英国剑桥的一个研究小组在 2015 年通过 3D 打印技术成功获得了第一个中枢神经细胞。他们提取了成年老鼠眼睛中的神经胶质细胞和视网膜神经节细胞，然后用电压式喷墨打印机将细胞打印出来，打印的细胞没有任何损伤。该技术在未来可能成为盲人视网膜修复和眼科疾病治疗的新途径。

视网膜上的神经细胞受损，是眼科疾病的重要诱因，而人类视网膜是由各种细胞组成的复杂组织。实验中所有的神经胶质细胞和神经节细胞都被打印、出来，用于向大脑传递信息，以及保护神经元。如何解决细胞在 3D 打印过程中的生存问题是目前亟待解决的问题。虽然在打印时有大量的细胞由于沉积在喷墨液底部而未被打印出来，造成部分细胞损失，但是打印出来的细胞均是健康的，即使使用直径不超过 1 mm 高速喷头打印，细胞生长也不会受到影响。

克服细胞打印后的存活难题，将使 3D 打印在生物医药领域的应用更进一步。在生物医药方面，3D 打印是一种新型的制备方法，可以实现软骨、关节、肝脏、肾等组织的快速制备，极大地提高了治疗效率，减轻了患者的经济负担，因此被认为是构建人工器官的理想选择。图 6 - 61 所示为世界上首例 3D 生物打印全细胞肾组织。

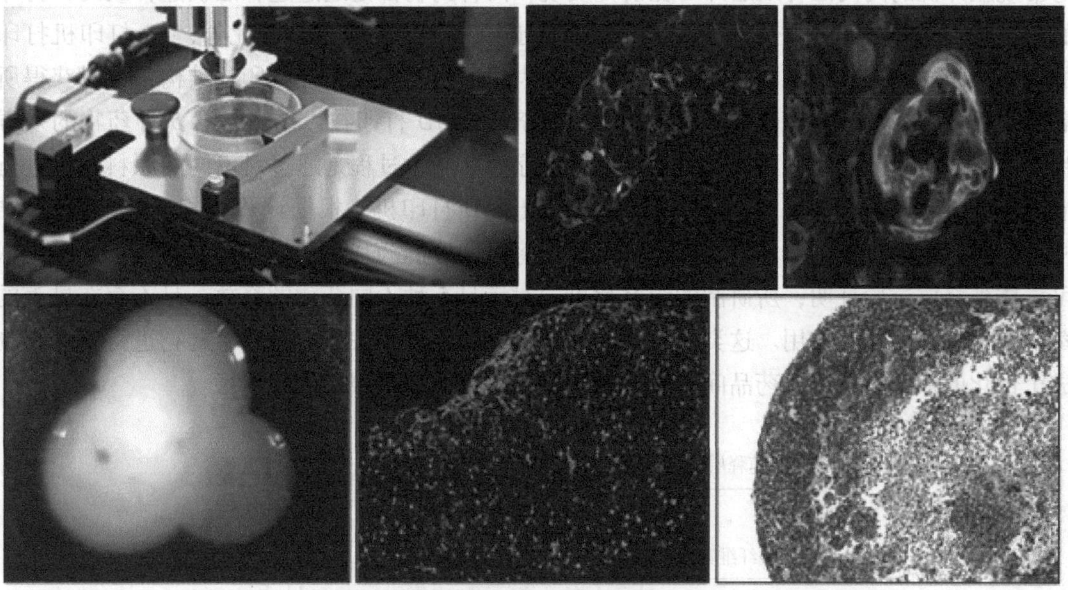

图 6 - 61　世界上首例 3D 生物打印全细胞肾组织

但是，想要打印器官，首先要用计算机扫描人体，将其转化为 3D 模型，然后将细胞一层一层地打印出来，最后才能制作出具有实际功能的人体器官。目前，虽然可以通过 3D 打印获得一些器官，但还不能实现真正意义上的人体器官，主要是因为不知道 3D 打印后的细胞是否能够在体内生存。下一步，研究者们将测试能否打印其他视网膜细胞，如光受体细胞，并探索能否利用商业 3D 打印技术，实现多喷头打印视网膜细胞。

传统的器官移植时，需要使用除病人本身患病之外的其他部位的组织，这样会对病人的身体造成很大的负担。现如今可以通过 3D 打印技术，将动物组织、塑料等作为材料，制备出可供移植的组织。这样做虽然可以减少病人的疼痛，但有感染的危险，而且需要花上两到三年的时间组织才能与身体完全融合，重点是头盖骨、大腿骨等有一定强度的组织很难被制造出来。研究人员指出，超过 70% 的基本结构组织，如皮肤、软骨是由胶原蛋白组成，以生物工程技术研发的人胶原蛋白肽为主体，将病人自身的干细胞以及促细胞增殖的生长因子等混合在一起，装入经过改良的 3D 打印设备中，并通过计算机断层扫描（CT）获取的人体组织信息，在 2 ~ 3 h 内即可完成所需要的组织打印，并可以针对不同病人进行加工。这种新的手术对再生医学的发展具有重要意义。

6.6.5　增材制造技术直接打印药品或试样

在医药领域，3D 打印以其精确的空间分布、精准的释放和可控的给药剂量，可以有效地弥补传统制药学的缺陷，有着极其广阔的应用前景。下面以 3D 打印在一些常用的药物，如片剂、植入剂和透皮给药制剂等方面的应用进行简单的概述。

(1) 片剂。

通过挤压式 3D 打印方法打印不同形状的阿司匹林双层片。将 3D 打印阿司匹林双层片与常规压片机的阿司匹林双层片对比研究发现，两种药物都是通过速释层快速释放的，打印的双层片初始释放速度更快，且最终的释放量也远高于压制双层片。此外，3D 打印机打印的不同形状的片剂具有不同的释放曲线，研究表明通过程序化设计打印片结构，可以获得所需药物释放行为的片剂。依此研究了能够使用挤压式 3D 打印技术制备包含 5 种药物的复方片剂，如图 6－62 所示，用于心血管疾病的治疗。其制备过程是通过对不同的原料辅料进行混合调配，制成适合挤出的软材，采用材料挤出 3D 打印机，根据计算机 CAD 模型设计结构，使用特定喷头将不同成分的软材挤出，再将打印好的药片放入烘箱中进行烘干、固化即可。体外释放试验证明，所研制的缓释片可同时满足 5 种不同药物的释放，且不存在显著的药物和辅料间的相互作用。这类复合片剂的研究显示，可以按需要将单个药物进行复合，制成个性化的片剂，解决了药品间不兼容的问题，改善了病人服药的顺应性。

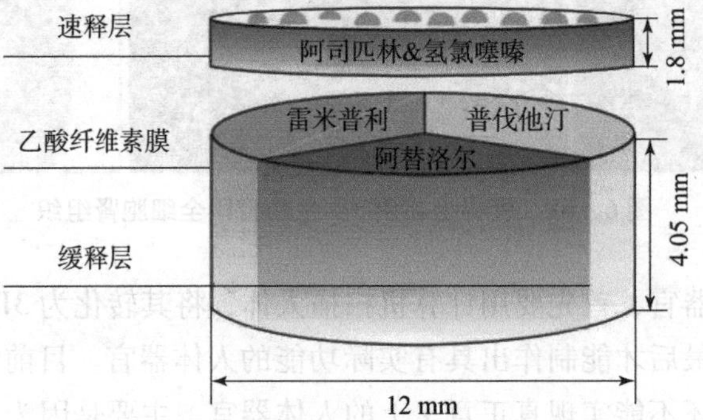

图 6－62　包含 5 种药物的 3D 打印缓释复方片剂

利用 FDM 技术可以制备泼尼松龙的缓释剂。首先，将聚乙烯醇（PVA）丝材料在泼尼松龙的甲醇溶液中浸泡 24 h，放入烘箱中进行烘干至恒重，利用计算机软件对片剂打印参数进行优化，即可实现泼尼松龙（2 ~ 10 mg）缓释片的制备。FDM 法制备片剂时，采用传统的丝材浸渍法，其载药量较小。研究者提出，利用热熔挤出（hot melt extrusion，HME）技术与 FDM 技术相结合的方法，达到高载药量或缓释的目的，如图 6－63 所示。具体制备方法为将茶碱与丙烯酸树脂进行熔融处理，制得含茶碱的丝材；采用计算机软件对所制备的胶囊状片进行设计；利用 FDM 3D 打印机，按照所设计的图案，将含有茶碱的丝材打印成片剂；通过扫描电镜对 3D 打印片剂进行观察，结果表明，该片剂厚度为 200 μm 的薄层，具有高达 50% 的载药量。此外，只需调整计算机建模，就可以得到不同规格和尺寸的茶碱缓释片。与其他 3D 打印材料相比，采用基于 HME 技术制备的丝材作为 FDM 3D 打印机的初始材料具有载药量高、易于存储等诸多优点。

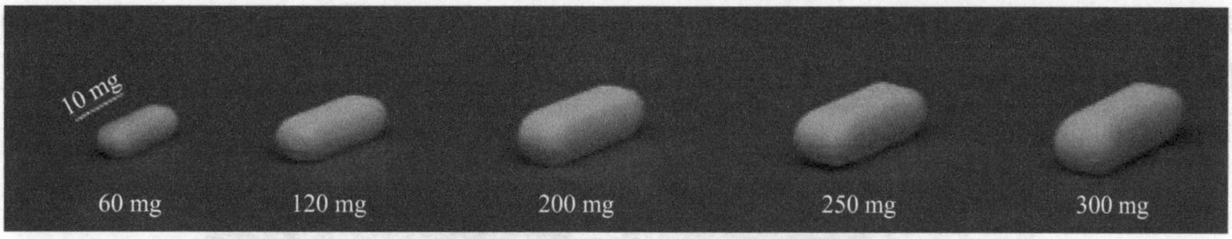

图6-63　3D打印的不同规格的茶碱缓释片

采用SLA技术以PEGDA为单体（即合成聚合物的小分子化合物），苯基双（2，4，6-三甲基苯甲酰基）氧化磷为光引发剂，分别以4-氨基水杨酸和对乙酰氨基酚为模型药物，如图6-64所示。在喷印剂中加入聚乙二醇（PEG）300，制成具有特定行为的“甜甜圈”型缓释片。结果表明，其中4-氨基水杨酸和对乙酰氨基酚的载药量分别为5.40%和5.69%，且在打印时无明显的降解现象；而此前的FDM 3D打印试验显示，4-氨基水杨酸缓释片在3D打印时降解率可达到50%以上。实验证明，SLA技术适用于遇热不稳定药物制剂的制备。

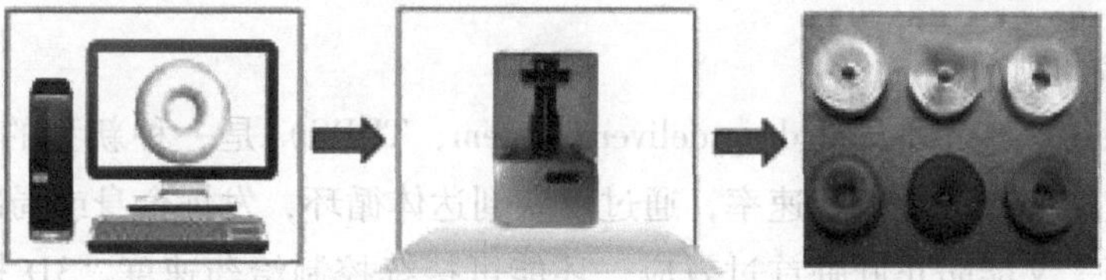

图6-64　4-氨基水杨酸和对乙酰氨基酚缓释片剂制备过程

另外，与传统的压片方法相比，3D打印能够将药物精准地定位到药片中部或特定位置，在实现精准的药物负载的同时，也可以有效地保护药品，避免毒性和活性较高的药品引起的安全问题。

（2）植入剂。

植入式给药体系（implantable drug delivery system，IDDS）是将药物和赋形剂按特定的工艺制备成的一种供腔道、组织或皮下植入用的无菌固体控释制剂。传统的制备方法是将药粉与辅料混匀后，再注入适当的铸型。这种方法很难精确地控制植入剂的内部结构，因而在一定程度上影响了药物的效果。

继粉液3D打印技术被发明之后，麻省理工学院的研究者们利用3D打印技术开发出了一种可生物降解的植入物，证实了3D打印技术在药物递送装置上的可行性。采用3D打印方法，以聚环氧乙烷作为聚合物基质，聚己内酯（PCL）为控释组分，以亚甲基蓝、茜素黄等为主要原料的替代物制备各种植入系统。研究结果显示，相对于传统制备方法，3D打印可有效调控植入材料的几何尺寸、表面积、内部构型和药物释放动力学等特性，既能最大限度地匹配药物分布，又能有效降低或消除突释效应，达到比传统植入材料制备工艺更为可控的零级释药过程。

国内外已有研究人员对传统方法与3D打印方法制备庆大霉素植入式给药剂的结构进行了对比研究，发现3D打印出的植入体的整个截面上具有大量均匀的微孔隙分布，水、体液都能通过孔隙进入制剂内部，但常规方法制备的植入体截面上的微孔数量少，且分布不均匀，如图6-65所示。还通过对两种制剂的释药行为进行了对比研究，确定两种制剂均具有体外释放速率快的特点。3D打印工艺制备的植入剂，初期释放浓度比较低，经快速释放后，稳定在 8 mg/L 以上质量浓度的平稳释放，且随着时间的推移逐渐减少；常规方法制备的植入体在 2 天内能获得质量浓度为 68 mg/L 的快速释放，即药物在初期大量释放，到后期仅保持 2 mg/L 的质量浓度。

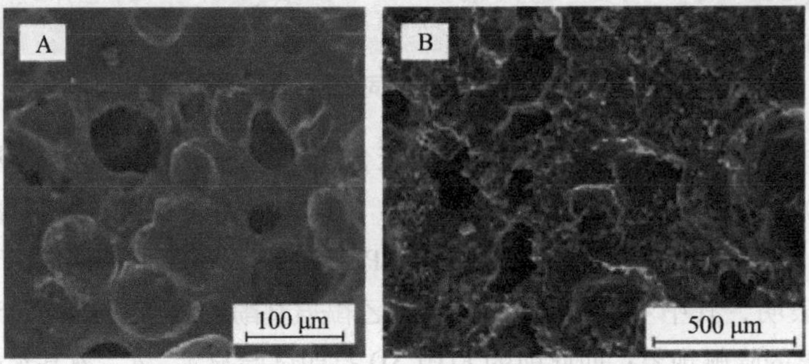

图 6－65　不同方法制备的植入剂的 ESEM 图

（a）传统工艺；（b）3D 打印工艺

（3）透皮给药制剂。

透皮给药系统（transdermal drug delivery system，TDDS）是一种新型的透皮给药方式，它将药物以一定速率或接近恒定速率，通过皮肤到达体循环，发挥全身或局部疗效，既能达到局部定向给药，又能防止肝脏首过效应，还能可持续控制给药速度。3D 打印技术在透皮给药方面有着明显的优势，特别是在微针和透皮贴剂方面。

采用 SLA 技术 3D 打印，以治疗皮肤癌的达卡巴嗪为模型药物，可打印由 25 根聚富马酸二羟丙酯微针组成的载药微阵列，以实现化疗药物的透皮给药。其中，该微型针的针尖直径为 20 μm，基底直径为 200 μm，针长为 1 mm，试验表明，该微型针可以有效地抵抗植入病人的皮肤所带来的压力。体外缓释试验显示，此药物微针阵列能够达到 5 周左右的定位释放。该给药系统使病人具有更好的合作性，可以控制药物的释放，以及使病人感觉到无痛。

研究人员利用 3D 扫描与 SLA 技术结合的方法，研制出一种抗痤疮透皮贴剂。利用 3D 扫描技术获取符合病人鼻子形态的三维模型，利用 SLA 技术按 3D 模型进行个性化鼻型透皮贴剂的制备。在 SLA 工艺中，将药物溶于 PEGDA 和 PEG 溶液中，利用激光对混合液进行固化。试验表明，SLA 技术 3D 打印设备（鼻形见图 6－66）比 FDM 方法有更高的分辨率和更高的载药量（质量分数为 1.9%），并且不会产生药物降解。

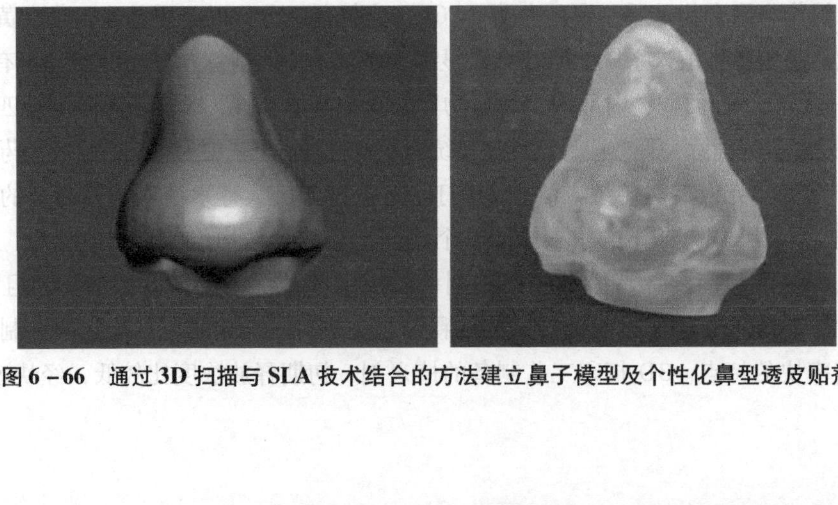

图 6－66　通过 3D 扫描与 SLA 技术结合的方法建立鼻子模型及个性化鼻型透皮贴剂

综上所述，可以看到3D打印在医疗领域中的特殊优势。尽管与3D打印相比，传统医药制造具有批量大、低成本等优点，但其设计缺乏灵活性。3D打印技术的应用将使制药行业由“一刀切”走向个性化和按需制造，相对于传统生产，3D打印有三大优点。

（1）产品设计复杂度。

针对传统制剂学在微观和空间精准调控方面存在的不足，以及与复杂的剂型设计不匹配等问题，1996年首次提出3D打印，为剂型研发提供了一种全新的思路，即剂型研发的数字化设计。20世纪以来，制药行业主要依靠“混配”“包膜”等方式实现，而现代制剂研发的数字化设计，为快速释药、改良制剂和复合制剂提供了新的契机。

虽然3D打印技术可以实现快速释放，但是目前的3D打印技术主要集中在改良制剂上。3D打印技术可通过材料选择、模型设计及工艺参数调节，实现对材料形貌、内部结构、各区域材料成分等的控制，进而更好地对药物释放周期、释放位置、释放速度等的调控。近几年来，研究者们一直致力于研发新型药物释放机理的新方法。通过3D打印制备出比米粒还小的磁控微载药系统，实现对药物的可控释放。随着药品和复合药品越来越受到人们的关注，研究者们将采用3D打印技术在这一领域进行持续的研究和创新。

（2）产品个性化。

个体化用药是根据患者的性别、年龄、体质或遗传因素、生理病理等特点，制定安全、合理、有效的用药。但是，现行的用药规范规定了用药剂量，病人通常要依赖口服制剂来获取所需的药量，这样不能保证给药的剂量，也不能满足所有病人的需要。相对于传统的药物治疗，3D打印更有利于实现个性化的药物治疗，其特点是通过改变药物的大小、填充率等参数，改变药物的用量，以及确定药物的用量、给药方式等信息。简单地说，3D打印技术是一种成本低廉、个性化的批量制造技术。

3D打印技术对儿童用药有其独到的优点，可保证各年龄段儿童的精准用药，从而达到个性化用药的目的。3D打印可实现对片剂外形的精准调控，利用彩色3D打印技术可制备出指定颜色、形状的制剂，也可根据儿童喜好制作各种卡通小动物形状片剂，极大地提高了患儿在临床上的依从性。另外，个性化用药是指将多个药品组合物打印出来，将病人所需的多个药品结合在一起，形成一个单一的每日剂量，这样既方便了老年人服用，又避免了病人漏服。

（3）按需制造。

在紧急情况下，3D打印技术具有重要的现实意义，如在急救中心、手术室、救护车、加护病房以及军事任务等。目前，3D打印技术已成为加快新药开发速度的重要手段，在临床试验中，当病人对一定剂量的药物无效时，3D打印可快速生产出多个剂量的药物，极大地缩短了研制周期。3D打印技术不仅可以用于新药临床试验，还可以用于药物的早期开发。随着医药产业的发展，在新药研发初期，研发失败的概率非常高，企业迫切需要从最小的成本中筛选出最优的候选药物。有潜力的新药需要先进行临床前研究，然后进行临床试验，其中一些研究是通过对各种剂型、剂量的检测来验证药效。3D打印技术是一种高效、便捷地制备多种制剂的新途径。传统制备方法不仅难以满足这一要求，还存在药物溶解度和液体制剂稳定性等问题。

以上三个方面的优点为3D打印药物的发展提供了新的思路。另外，3D打印不需要库存，不会造成积压，它能实现本地定制，无须库存、运输，也不产生垃圾。与此同时，3D打印技术也可以让供应短缺或者大型药厂较难生产出的药物制造变得更加容易。

习题

1. 请列举并描述3D打印在汽车领域的应用，包括功能性零件，汽车内、外饰和整车制造方面的应用。
2. 探讨3D打印在航空航天领域的应用，包括零件应用和整机应用，并举例说明。
3. 分析增材制造技术在模具制造领域的发展现状，包括当前的技术应用和趋势。
4. 举例说明增材制造技术在模具制造领域的应用实例，重点描述其优势和应用效果。
5. 研究增材制造技术在建筑领域的典型应用，包括建筑结构组件的制造和建筑外观的装饰。
6. 讨论增材制造技术在建筑领域的应用前景，包括其在建筑创新、可持续发展和定制化方面的潜力。
7. 探讨3D打印在文化领域的应用，包括文物复原、艺术品制作和文化遗产保护方面的案例。
8. 分类介绍3D打印在医学领域的应用，包括植入物、生物建模、细胞打印和药物打印等方面。
9. 解释3D打印技术在医学领域中直接打印细胞的原理和应用方法。
10. 讨论3D打印技术在医学领域中直接打印药品或试样的优势和应用前景。

参考文献

[1] 张薇，于洪阳，王昌斌，等．浅谈3D打印零部件在汽车上的应用和展望［J］．汽车工艺与材料，2019，03（7）：7-10.
[2] 王强，王守权，齐晓杰，等．汽车零部件3D快速成形技术［J］．交通科技与经济，2014，13（6）：106-109.
[3] 谭立忠，方芳．3D打印技术及其在航空航天领域的应用［J］．战术导弹技术，2016，08（4）：1-7.
[4] 安国进．金属增材制造技术在航空航天领域的应用与展望［J］．现代机械，2019，15（3）：39-43.
[5] 陈兴龙，陶士庆，李志奎，等．3D打印技术在模具行业中的应用研究［J］．机械工程师，2016，56（1）：174-176.
[6] 范兴平．3D打印在模具制造中的应用展望［J］．粉末冶金工业，2018，28（6）：69-73.
[7] 雷凯云，秦训鹏，徐昀，等．汽车发动机连杆激光3-D打印工艺研究［J］．激光技术，

2018，42（1）：136－140.
［8］邵中魁，姜耀林，何朝辉，等．基于3D打印的离心泵叶轮压蜡模具快速制造工艺研究［J］．机电工程，2016，33（4）：434－437.
［9］刘斌，谭景焕，吴成龙．基于3D打印的随形冷却水道注塑模具设计［J］．工程塑料应用，2015，43（10）：71－74.
［10］鲁中良，史玉升，刘锦辉，等．注塑模随形冷却水道设计与制造技术概述［J］．中国机械工程，2006，（S1）：165－170.
［11］刘亦文．3D打印技术在机械制造中的应用［J］．现代工业经济和信息化，2022，12（5）：135－136.
［12］李福多．基于3D打印技术的手机外壳注塑模具设计［J］．南方农机，2017，48（10）：69.
［13］张佳琪，王敏杰，刘建业，等．3D打印直接制造金属模具零件的研究进展［J］．模具制造，2019，19（2）：72－79.
［14］徐伟业．复杂零件的3D打印砂型铸造成形模拟及工艺研究［D］．广州：华南理工大学，2020.
［15］黄志光，叶学贤．铸造合金及熔炼技术［M］．北京：化学工业出版社，2007.
［16］赵火平，叶春生，樊自田，等．黏结剂体系对微喷射黏结成形砂型精度和性能的影响［J］．铸造，2017，66（3）：223－227.
［17］刘怡乐，李翔光，胡健．3DP砂型打印在铸造生产中的应用研究［J］．中国铸造装备与技术，2021，56（1）：68－70.
［18］张耀东．3D打印在现代建筑中的应用及发展前景［J］．居舍，2023，（22）：139－142.
［19］张静，薛雨桐．3D打印建筑的应用现状及发展前景［J］．城市住宅，2019，26（8）：64－66.
［20］文俊，蒋友宝，胡佳鑫，等．3D打印建筑用材料研究、典型应用及趋势展望［J］．混凝土与水泥制品，2020，12（6）：26－29.
［21］贾品第，郇易萱．基于3D打印技术的创意文化产品创新设计［J］．包装世界，2017，23（3）：126－128.
［22］闫红蕾．3D打印在文化创意产品设计中的应用［J］．现代制造技术与装备，2019，21（8）：112－113.
［23］王蕾．中国3D打印文化博物馆：让用户完成感知闭环［J］．中国广告，2018，18（1）：37－39.
［24］刘杰，孙令真，李映．3D打印技术在文物保护方面的应用［J］．科技风，2019，28（6）：86－87.
［25］叶师舒，余日季．3D打印技术视角下的民间传说类非遗数字化开发研究［J］．科技与创新，2019，9（22）：39－41.
［26］侯玉．基于3D打印技术的实验性服装设计研究［J］．美与时代，2019，12（11）：

99－101.
[27] 杨婧. 浅谈3D打印技术在创意包装设计中的应用［D］. 昆明：云南大学，2016.
[28] 叶小峰. 数字化3D打印与艺术设计［J］. 艺术教育，2019，13（1）：242－245.
[29] 郭朝邦，胡丽荣，胡冬冬，等. 3D打印技术及其军事应用发展动态［J］. 战术导弹技术，2013，26（6）：1－4.
[30] 谢经华，刘志仁，童伟林，等. 增材制造技术在班组创新的应用［J］. 中国信息界，2024，12（2）：45－47.
[31] 张亚莲，常若寒，姚草根，等. 增材制造技术的研究应用进展：由3D到4D［J］. 宇航材料工艺，2022，52（2）：67－75.
[32] 朱宏康，贾豫冬，王方. 漫谈3D打印——机遇与挑战［J］. 中国材料进展，2014，33（11）：690－691.
[33] 王美晴，段小群. 3D打印技术在药物制剂领域的研究进展［J］. 广东化工，2024，51（2）：62－68.
[34] 乔森，潘昊，崔梦锁，等. 3D打印技术在药物制剂领域的研究及应用［J］. 药学进展，2020，44（5）：332－341.
[35] 马薇. 3D打印技术在药物制剂中的研究进展［J］. 今日药学，2018，28（3）：204－206.

附录Ⅰ
常用的3D建模软件

1. PTC Creo 软件

PTC Creo 是一种基于参数化和特征化建模的软件，适用于机械设计和制造行业的三维建模。

PTC Creo 具有以下特点和功能。

（1）参数化建模：PTC Creo 允许用户创建基于参数的三维几何模型。通过定义参数和关系，用户可以随时修改模型并自动更新。

（2）装配设计：软件支持装配设计，允许用户将多个零部件组装在一起，并模拟它们之间的运动关系。用户可以检查装配的几何关系和相容性。

（3）零件建模：PTC Creo 允许用户创建三维零件模型，并对其进行详细设计。用户可以添加特征，如孔、凸台和螺纹等，以及进行操作，如旋转、镜像和拉伸等。

（4）图纸绘制：软件允许用户从三维模型中生成二维工程图纸。用户可以创建标准化的视图、尺寸注释和符号，并生成可打印的图纸文件。

（5）模拟和分析：PTC Creo 集成了有限元分析工具，可以帮助用户评估模型的强度、刚度和振动等特性。用户可以对零件和装配进行静态和动态分析。

（6）工具路径生成：软件支持数控编程，可以生成加工零件所需的刀路。用户可以定义工具、切削参数和工艺路径，以生成机床可执行的数控代码。

（7）数据管理：PTC Creo 集成了产品数据管理（FDM）功能，可以帮助用户组织、共享和版本控制设计数据。用户可以追踪设计变更、权限控制和项目协作。

2. SolidWorks 软件

SolidWorks 软件是一款基于特征的建模软件，可以帮助用户创建复杂的三维模型，应用于机械设计和制造等各个领域，如图Ⅰ-1 所示。

SolidWorks 独有的拖拽功能使用户在比较短的时间内完成大型装配设计。在装配设计中可以方便地设计和修改零部件，对于超过一万个零部件的大型装配体。SolidWorks 的性能得到极大的提高，可以动态地查看装配体的所有运动，并且可以对运动的零部件进行动态的干涉检查和间隙检测；可用智能零件技术自动完成重复设计；可用镜像零件功能产生基于已有零部件（包括具有派生关系或与其他零件具有关联关系的零件）的新的零部件；可用捕捉配合的智能化装配技术，来加快装配体的总体装配。

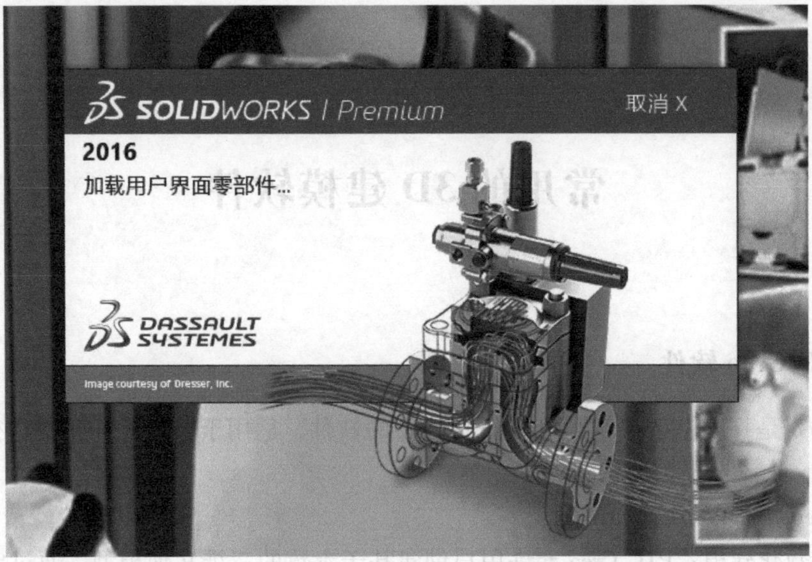

图Ⅰ-1　SolidWorks 软件页面

3. CAXA 软件

CAXA 是基于 CAD 基础上设计出的一款二维绘图软件，如图Ⅰ-2 所示。它使用简单方便，有很多基础的块，包括齿轮、螺栓、垫片，甚至减速器，能够直接调用，提高使用者的绘图效率。提供强大的图形绘制和编辑工具，除提供基本图元绘制功能外，还提供孔/轴、齿轮、公式曲线以及样条曲线等复杂曲线的生成功能；同时提供智能化标注方式，具体标注的所有细节均由系统自动完成；提供诸如尺寸驱动、局部放大图等工具，系统自动捕捉用户的设计意图，轻松实现设计过程，所见即所得。可直接读入和编辑 AutoCAD 绘图图元、文本和标注以及图层、线型等数据，特别增强了对填充数据、多义线生成和编辑、线型线宽、

图Ⅰ-2　CAXA 软件页面

多格式文字生成和编辑的完全兼容；支持关联引用和块属性，图片和OLE插入和编辑方式一致，OLE对象编辑方式一致。

4. 3DS Max软件

3D Studio Max常简称为3DS MAX或MAX，是基于PC系统的三维动画渲染和制作软件。其前身是基于DOS操作系统的3D Studio系列软件。3D Studio MAX + Windows NT组合的出现降低了CG制作的门槛，首先开始运用在计算机游戏中的动画制作，后更进一步开始参与影视片的特效制作。该软件具有强大的角色（character）动画制作能力；可堆叠的建模步骤，使制作模型有非常大的弹性；“标准化”建模方式，针对建筑建模领域相较其他软件有不可比拟的优越性，如图Ⅰ-3所示。

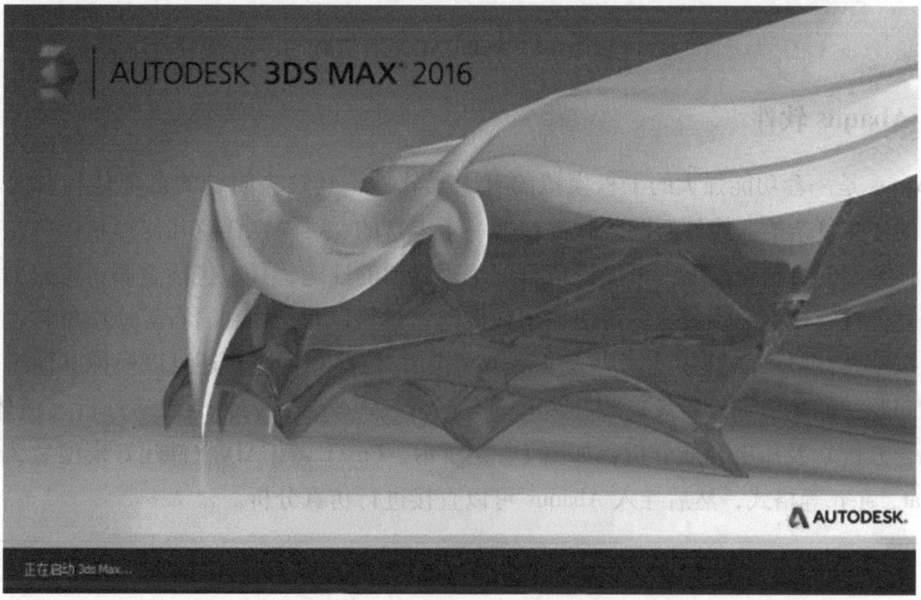

图Ⅰ-3 3DS MAX软件页面

5. AutoCAD软件

自动计算机辅助设计软件（autodesk computer aided design，AutoCAD）用于二维绘图、详细绘制、设计文档和基本三维设计。该软件具有完善的图形绘制功能；强大的图形编辑功能；可采用多种方式进行二次开发或用户定制；可进行多种图形格式的转换，具有较强的数据交换能力；支持多种硬件设备；支持多种操作平台；具有通用性、易用性，适用于各类用户。从AutoCAD 2000开始，该系统又增添了如：AutoCAD设计中心（ADC）、多文档设计环境（MDE）、Internet驱动、新的对象捕捉功能、增强的标注功能以及局部打开和局部加载功能。常用于工程制图、建筑工程、装饰设计、环境艺术设计、水电工程、土木施工等领域，如图Ⅰ-4所示。

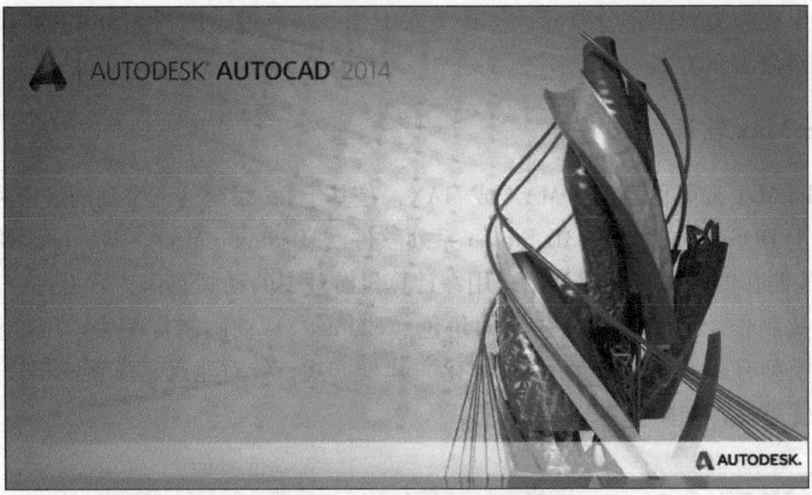

图Ⅰ-4 AutoCAD 软件页面

6. Abaqus 软件

Abaqus 是一套功能强大的工程模拟的有限元软件，其解决问题的范围从相对简单的线性分析到许多复杂的非线性问题。软件包括一个丰富的、可模拟任意几何形状的单元库。并拥有各种类型的材料模型库，可以模拟典型工程材料的性能，其中包括金属、橡胶、高分子材料、复合材料、钢筋混凝土、可压缩超弹性泡沫材料以及土壤和岩石等地质材料，作为通用的模拟工具，Abaqus 除了能解决大量结构（应力/位移）问题，还可以模拟其他工程领域的许多问题，如热传导、质量扩散、热电耦合分析、声学分析、岩土力学分析（流体渗透/应力耦合分析）及压电介质分析，如图Ⅰ-5 所示。Pro/E 等 CAD 软件建好模型后，另存为 jges，sat，step 等格式，然后导入 Abaqus 可以直接进行仿真分析。

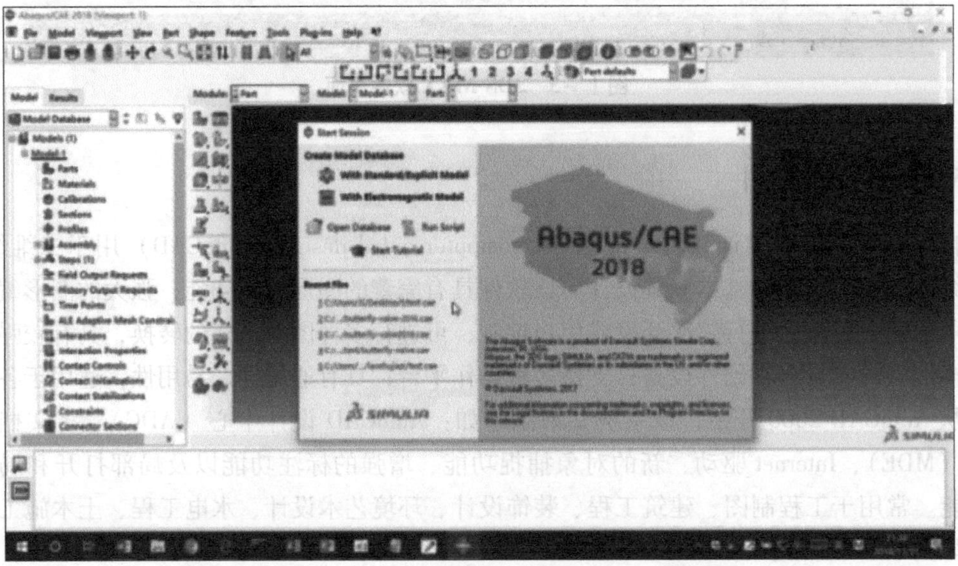

图Ⅰ-5 Abaqus 软件页面

7. UG NX软件

UG NX（Unigraphics NX）为用户的产品设计及加工过程提供了数字化造型和验证手段。利用NG NX建模，能够迅速地建立和改进复杂的产品形状，可视化工具，可提供先进的渲染以求最大限度满足设计概念的审美要求。

UG NX是当今流行的一种模具设计软件，其中注塑模向导（MoldWizard）是基于UG NX开发的，针对注塑模具设计的专业模块。而UG NX具有高性能的机械设计和制图功能，为制造设计提供了高性能和灵活性，以满足客户设计任何复杂产品的需要。其优于通用的设计工具，具有专业的管路和线路设计系统、钣金模块、专用塑料件设计模块和其他行业设计所需的专业应用程序，如图Ⅰ-6所示。

图Ⅰ-6 UG NX软件页面

8. Magics软件

Magics是一个强大的STL文件自动化处理工具，如图Ⅰ-7所示。通过使用Magics中的修复工具，可以快速地对有各种错误的STL文件进行修复，修复文件格式转换过程中产生的三角面片损坏。Magics也是目前唯一一个能很好满足快速成形工艺要求和特点的软件。Magics是强大而高效的3D打印工具，它可以在最短的时间内生产出高质量的原型，并为用户提供详尽的工艺过程文档。

Magics 可以对 STL 文件进行各种不同的操作，其中包括：①STL 文件的显示、测量和处理；②STL 文件修复、壳体合并、平面闭合以及重合三角面片探测；③STL 文件的切割、打孔、拉伸和面的偏移；④布尔操作、减少三角面片数量、平滑、标签功能等。

图Ⅰ-7 Magics 软件

附录Ⅱ

GB/T 35021—2018《增材制造　工艺分类及原材料》部分

1. 基本工艺分类

1）立体光固化

立体光固化的定义为通过光致聚合作用选择性地固化液态光敏聚合物的增材制造工艺。其工艺原理如图Ⅱ-1所示。

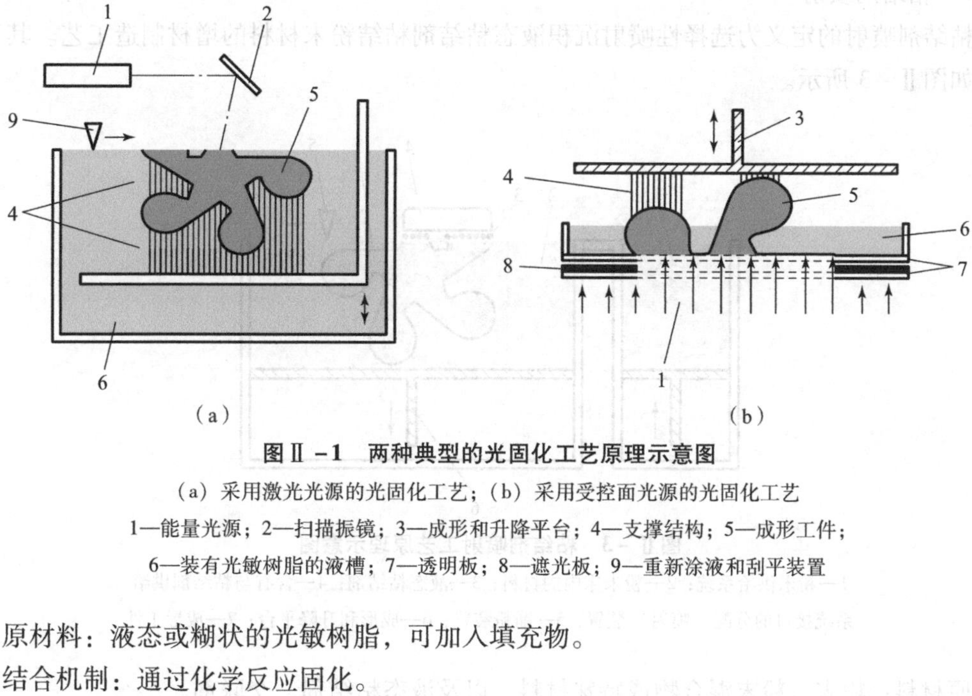

图Ⅱ-1　两种典型的光固化工艺原理示意图

(a) 采用激光光源的光固化工艺；(b) 采用受控面光源的光固化工艺

1—能量光源；2—扫描振镜；3—成形和升降平台；4—支撑结构；5—成形工件；6—装有光敏树脂的液槽；7—透明板；8—遮光板；9—重新涂液和刮平装置

原材料：液态或糊状的光敏树脂，可加入填充物。

结合机制：通过化学反应固化。

激活源：能量光源照射。

二次处理：清理，去除支撑材料，通过能量光源照射进一步固化。

2）材料喷射

材料喷射的定义为将材料以微滴的形式按需喷射沉积的增材制造工艺。其工艺原理如图Ⅱ-2所示。

原材料：液态光敏树脂或熔融态的蜡，可添加填充物。

结合机制：通过化学反应黏结或者通过将熔融材料固化黏结。

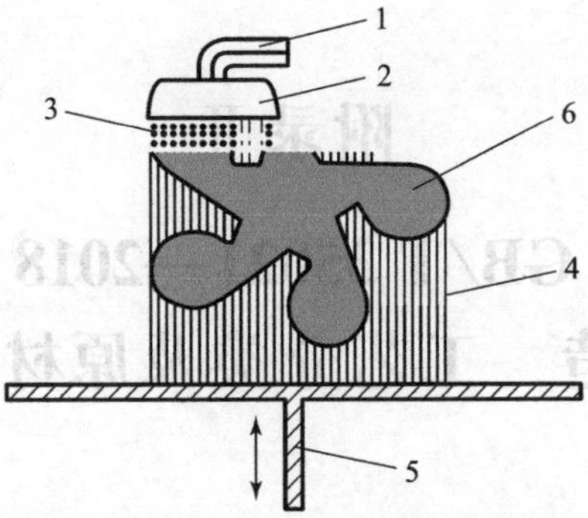

图Ⅱ-2　材料喷射工艺原理示意图

1—成形材料和支撑材料的供料系统（为可选零件，根据具体的成形工艺来定）；2—分配（喷射）装置（辐射光或热源）；3—成形材料微滴；4—支撑结构；5—成形和升降平台；6—成形工件。

激活源：用来实现化学反应黏结的辐射光源或熔融材料固化黏结的温度场。

二次处理：去除支撑材料，通过辐射光照射进行进一步固化。

3）粘结剂喷射

粘结剂喷射的定义为选择性喷射沉积液态粘结剂粘结粉末材料的增材制造工艺。其工艺原理如图Ⅱ-3 所示。

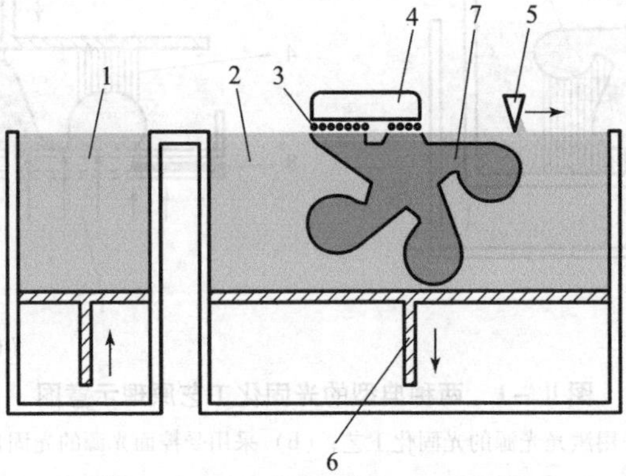

图Ⅱ-3　粘结剂喷射工艺原理示意图

1—粉末供给系统；2—粉末床内的材料；3—液态粘结剂；4—含有与粘结剂供给系统接口的分配（喷射）装置；5—铺粉装置；6—成形和升降平台；7—成形工件

原材料：粉末、粉末混合物或特殊材料，以及液态粘结剂、交联剂。

结合机制：通过化学反应和（或）热反应固化黏结。

激活源：取决于粘结剂和（或）交联剂，与所发生的化学反应相关。

二次处理：去除工件表面残留粉末，根据所用粉末和用途选择合适的液态材料进行浸渍或渗透以强化，或者根据工艺要求进行高温强化。

注：目前已将蜡，环氧树脂和其他胶黏剂用于聚合物材料的浸渗和强化，而对于金属和陶瓷材料则通常使用烧结和浸渗熔融材料的方法来进行强化。

4）粉末床熔融

粉末床熔融的定义为通过热能选择性地熔化/烧结粉末床区域的增材制造工艺。其典型工艺原理如图Ⅱ－4 所示。

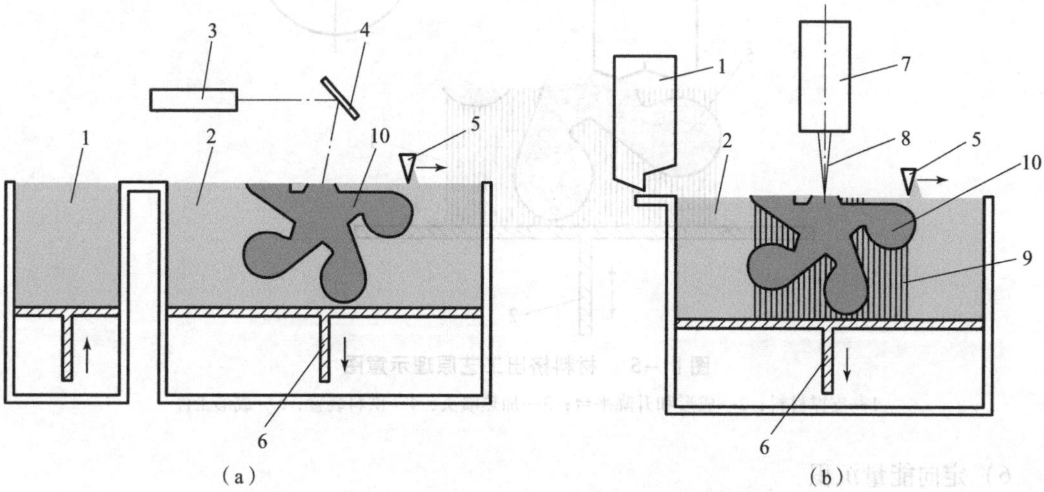

图Ⅱ－4　两种典型的粉末床熔融工艺原理示意图

（a）基于激光的粉末床熔融工艺；（b）基于电子束的粉末床熔融工艺

1—粉末供给系统（在有些情况下，为储粉容器，如图Ⅱ－4（b）所示）；2—粉末床内的材料；3—激光；4—扫描振镜；5—铺粉装置；6—成形和升降平台；7—电子枪；8—聚焦的电子束；9—支撑结构；10—成形工件

注：对于成形金属粉末，通常需要成形基板和支撑结构；而对于成形聚合物粉末，通常不需要上述基板和支撑结构。

原材料为各种不同粉末：热塑性聚合物、纯金属或合金、陶瓷。根据具体成形工艺的不同，上述粉末材料在使用时可以添加填充物和黏结剂。

结合机制：通过热反应固结。

激活源：热能，特别是激光，电子束和（或）红外灯产生的热能。

二次处理：去除工件表面残留粉末和支撑材料，提高表面质量、尺寸精度和材料性能的各种工艺，如喷丸、精加工、打磨、抛光和热处理。

5）材料挤出

材料挤出的定义为将材料通过喷头或孔口挤出的增材制造工艺。其工艺原理如图Ⅱ－5 所示。

原材料：线材或膏体，典型材料包括热塑性和结构陶瓷材料。

结合机制：通过热黏结或化学反应黏结。

激活源：热，超声或零件之间的化学反应。

二次处理：去除支撑结构。

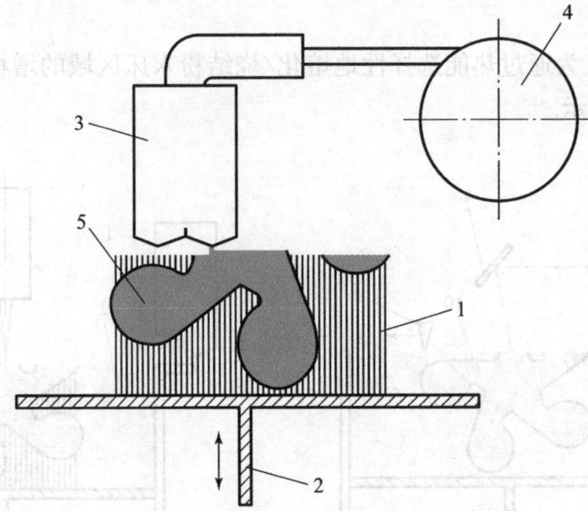

图Ⅱ-5　材料挤出工艺原理示意图

1—支撑材料；2—成形和升降平台；3—加热喷头；4—供料装置；5—成形工件

6）定向能量沉积

定向能量沉积的定义为利用聚焦热将材料同步熔化沉积的增材制造工艺。其工艺原理如图Ⅱ-6所示。

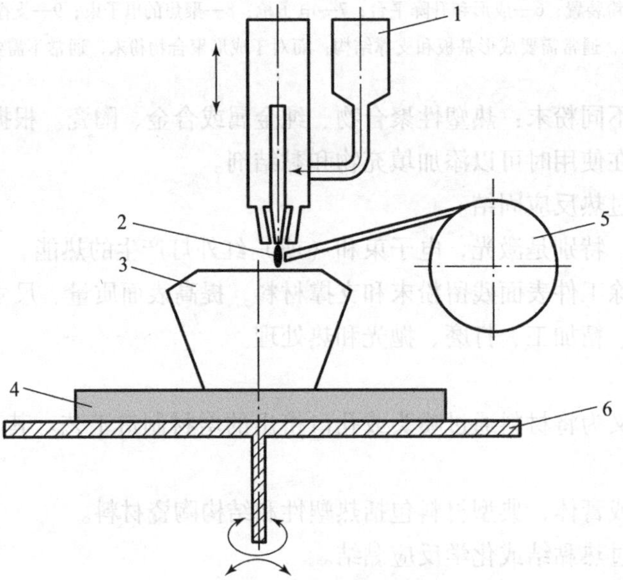

图Ⅱ-6　定向能量沉积工艺原理示意图

1—送粉器；2—定向能量束（如激光、电子束、电弧或等离子束）；3—成形工件；4—基板；5—丝盘；6—成形工作台

注1：喷头和成形工作台的移动，可以实现多轴（通常为3轴~6轴）联动。

注2：可采用多种供料系统，例如，能量束中平行供粉，或者能量聚焦点处供粉，或者能量聚焦点处供丝材。

原材料：粉材或丝材，典型材料是金属，为实现特定用途，可在基体材料中加入陶瓷颗粒。

结合机制：热反应固结（熔化和凝固）。

激活源：激光、电子束、电弧或等离子束等。

二次处理：降低表面粗糙度的工艺，如机加工、喷丸、激光重熔、打磨或抛光，以及提高材料性能的工艺，如热处理。

7）薄材叠层

薄材叠层的定义为将薄层材料逐层粘结以形成实物的增材制造工艺。其工艺原理如图Ⅱ-7所示。

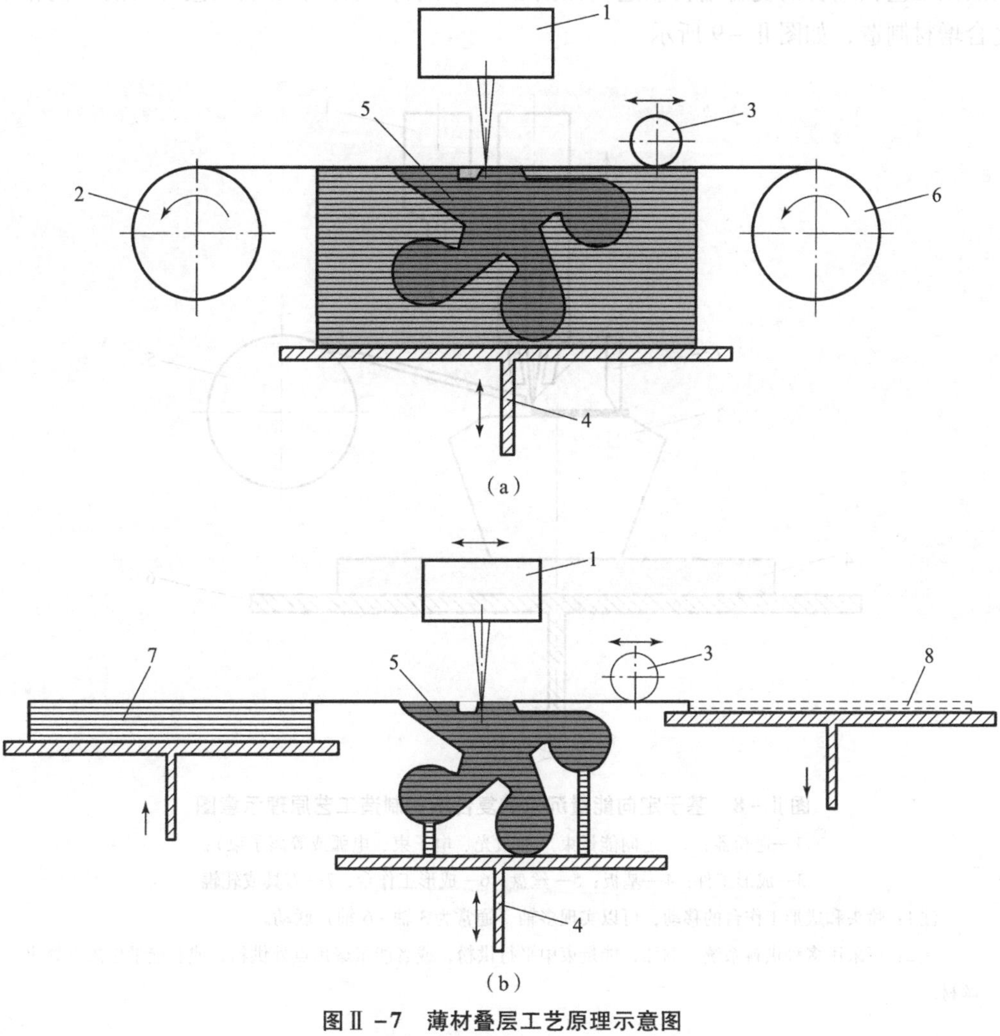

图Ⅱ-7　薄材叠层工艺原理示意图

(a) 连续薄材叠层工艺；(b) 非连续薄材叠层工艺

1—切割装置；2—收料辊；3—压辊；4—成形和升降平台；5—成形工件；6—送料辊；7—原材料；8—废料

原材料为片材：典型材料包括纸、金属箔、聚合物或主要由金属或陶瓷粉末材料通过粘结剂黏结而成的复合片材。

结合机制：通过热反应、化学反应结合，或者超声连接。

激活源：局部或大范围加热，化学反应和超声换能器。

二次处理：去除废料和/或烧结、渗透、热处理、打磨、机加工等提高工件表面质量的处理工艺。

2. 复合增材制造

复合增材制造的定义为在增材制造单步工艺过程中，同时或分步结合一种或多种增材制造、等材制造或减材制造技术，完成零件或实物制造的工艺。例如，定向能量沉积工艺与切削或锻压工艺相结合的复合增材制造，如图Ⅱ -8 所示；粉末床熔融工艺与切削工艺相结合的复合增材制造，如图Ⅱ -9 所示。

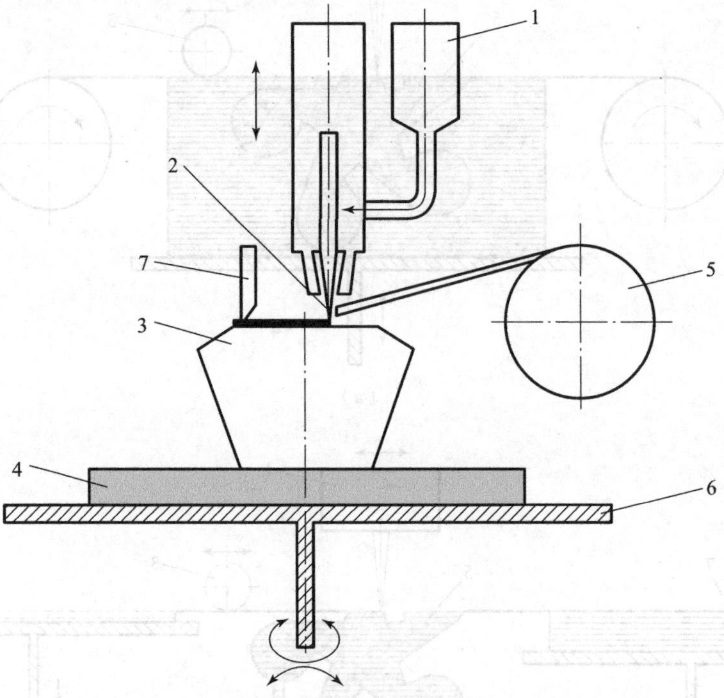

图Ⅱ -8　基于定向能量沉积的复合增材制造工艺原理示意图

1—送粉器；2—定向能量束（如激光、电子束、电弧或等离子束）；

3—成形工件；4—基板；5—丝盘；6—成形工作台；7—刀具或轧辊

注 1：喷头和成形工作台的移动，可以实现多轴（通常为 3 轴 ~6 轴）联动。

注 2：可采用多种供料系统。例如，能量束中平行供粉，或者能量聚焦点处供粉，或者能量聚焦点处供丝材。

复合增材制造工艺涉及的原材料、结合机制、激活源、二次处理根据相关增材制造工艺确定。

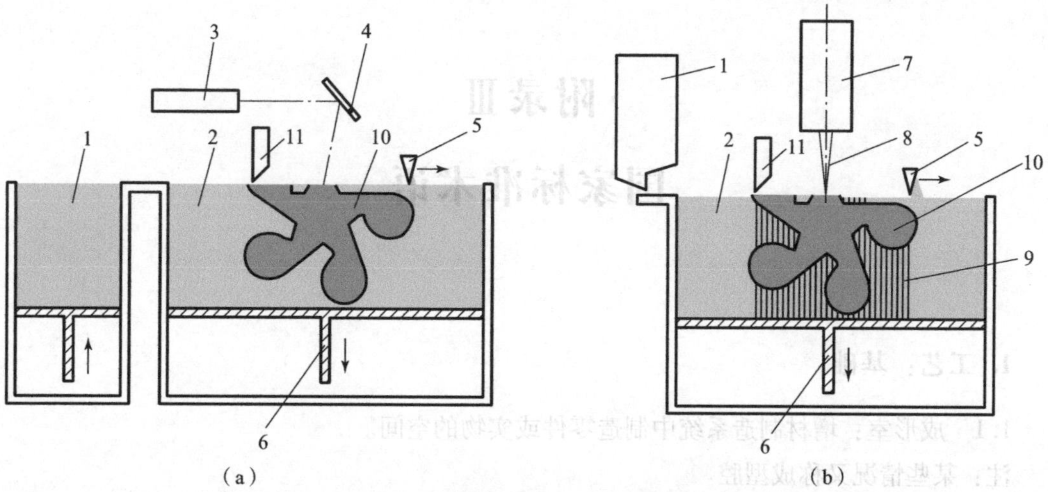

图Ⅱ-9 基于粉末床熔融的复合增材制造工艺原理示意图

(a) 基于激光粉末床熔融的复合增材制造工艺；(b) 基于电子束粉末床熔融的复合增材制造工艺

1—粉末供给系统（在有些情况下，为储粉容器，如图Ⅱ-9（b）所示）；2—粉末床内的材料；3—激光；4—扫描振镜；5—铺粉装置；6—成形和升降平台；7—电子枪；8—聚焦的电子束；9—支撑结构；10—成形工件；11—刀具

注：对于成形金属粉末，通常需要成形基板和支撑结构；而对于成形聚合物粉末，通常不需要上述基板和支撑结构。

附录Ⅲ

国家标准术语

1. 工艺：基础

1.1　成形室：增材制造系统中制造零件或实物的空间。

注：某些情况又称成型腔。

1.2　成形周期：一个或多个零件或实物在增材制造系统成形室中被制造出来的单一工艺过程。

1.3　成形尺寸：在成形空间中可制造零件或实物的 X，Y 和 Z 轴方向的最大外部尺寸。

注：成形空间的尺寸大于成形范围的尺寸。

1.4　成形空间：制造零件或实物的空间，通常在成形室中或在成形平台上。

1.5　层：材料展平、铺开所形成的薄层。

1.6　成形面：叠加材料的平面区域，通常为最新的沉积层，作为下一层成形的基础。

注1：对第一层，通常成形面为成形平台。

注2：在定向能量沉积工艺中，成形面可以是已有零件或实物，在此基础上进行材料堆积成形。

注3：如果材料沉积或固化方向是变化的（或两者均变化），可以相对于成形面定义。

1.7　给料区：（粉末床熔融系统中）设备中储存原材料，并在成形周期中持续提供原材料的区域。

1.8　溢料区：（粉末床熔融系统中）在成形周期期间设备内用于收储过量粉末的区域。

注：某些设备的溢料区可以由一个或多个专用室或粉末回收系统组成。

1.9　成形原点：通常位于成形平台的中心，且固定于成形面上，也可以另行定义。

2. 工艺：数据

2.1　面片：通常用来表示三维网格表面或模型元素的三角形或四边形等多边形。

注：在 AM，AMF 和 STL 中文件格式均使用三角面片，但在 AMF 文件中允许三角面片为曲面。

2.2　几何中心：（包围盒的）位于零件的包围盒的算术中心。

注：包围盒的中心可以位于零件或实物外部。

2.3　STL：增材制造文件格式的一种，通过将实物表面的几何信息用三角面片的形式表达，并传递给设备，用以制造实体零件或实物。

2.4　AMF：增材制造数据文件格式的一种，包含三维表面几何描述，支持颜色、材料、网格、纹理、结构和元数据。

注：AMF 可在一个结构关系中表达一个或多个实物。与 STL 相似，表面几何信息用三角形网格表示，但在 AMF 中三角形网格可以弯曲。AMF 也可以在网格中指定每个三角形的颜色以及每个体积的材料与颜色。

3. 工艺：成形机理及材料

3.1　粉末床（powder bed）：增材制造工艺中的成形区域，在该区域中原材料被沉积，通过热源选择性地熔化、烧结或者用黏结剂来制造零件或实物。

3.2　粉末料：作为原材料的粉末，可以是使用过的粉末、原始粉末或两者的混合。

注 1：使用过的粉末可以是同一成形周期使用过的粉末，也可以是经过不同成形周期使用过的粉末之间的混合。

注 2：一个粉末料可以用于一个或多个使用不同工艺参数的生产序列。

4. 应用

4.1　原型：功能不一定完善，但可以用来分析、设计和评估整个产品或其零件的实体模型。

注：用作原型零件的要求仅取决于满足分析和评估的需求，一般由供应商和用户协商确定。

4.2　原型模具：可用作为原型使用的铸模、冲模等。

注：有时称为过渡模或软模具。当制造生产用模具时，原型模具有时用于试验模具设计和/或生产终端零件或实物。此时，该模具通常称为过渡模（bridge tooling）。

4.3　快速原型制造：为减少样品生产时间而使用增材制造的技术。

注：应用增材制造工艺来生产原型产品从而缩短开发周期的技术。历史上，快速成形是增材制造技术在商业上的最初应用，因此被视为增材制造技术的通用术语而普遍使用。

4.4　快速制模：应用增材制造技术来制造模具或模具零部件的工艺，与传统模具制造工艺相比，缩短了模具制造周期。

注 1：快速模具可以由增材制造工艺直接制造模具，或者用增材制造工艺间接制造出模型，然后再利用二次工艺加工出真正模具。

注 2：除增材制造工艺外，“快速制模”技术也可应用减材制造工艺来制造模具和缩短模具交付周期，如数控铣削加工等。